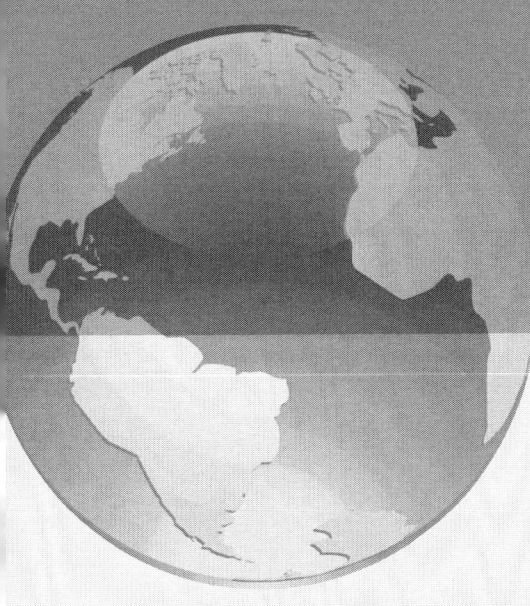

企業戰略管理

(第二版)

主　編　李成文
副主編　王相平、汪　騰

修訂說明

　　轉眼之間，本書已出版7年之久，應該修訂了，但由於此書廣受歡迎，加之其諸多理論為經典理論，所以修訂之事延遲至今。但在許多二本院校培養應用型人才的趨勢中，企業戰略管理教材有諸多的問題，如如何把戰略的宏觀轉化為微觀、如何把理論轉化為應用、如何讓沒有企業高管經歷甚至沒有企業管理經驗的學生掌握企業戰略管理的思維等。以上問題成為本教材修訂的指導思想，主編思索再三，決定增補相應內容，提高教材的應用水平，使之既有理論厚度，又有工具的功能，讓管理專業的學生增強專業應用能力。

　　本書在修訂和出版過程中，得到了參編者的關心、支持和指導。同時，本書還參考、借鑒了國內外企業戰略管理的研究成果和諸多同仁的教學科研信息。在此，一併表示最誠摯的謝意。

李成文

目 錄

第一章 戰略與戰略管理 (1)
 第一節 戰略的定義與特點 (1)
 第二節 企業戰略管理 (8)
 第三節 戰略家和高層管理團隊 (16)

第二章 企業戰略管理理論的產生與發展 (24)
 第一節 西方企業戰略管理理論的演進 (24)
 第二節 當代企業戰略管理理論流派 (29)
 第三節 中國企業應用戰略管理的概況 (33)

第三章 戰略分析的基本框架 (44)
 第一節 戰略分析的功能 (44)
 第二節 一個基本的戰略分析框架 (45)
 第三節 SWOT 分析方法 (46)
 第四節 戰略管理的環境分析 (49)
 第五節 企業的宏觀環境分析 (68)

第四章 產業結構分析與競爭對手分析 (74)
 第一節 產業分類法 (74)
 第二節 「結構—行為—績效」範式 (78)
 第三節 產業結構分析 (84)
 第四節 產業內部結構分析 (89)
 第五節 競爭對手分析 (91)

第五章 企業資源與能力組合 (97)
 第一節 資源與能力 (97)
 第二節 資源本位企業觀 (104)
 第三節 資源與能力的基本分析框架 (108)
 第四節 資源獨特性的進一步探討 (112)
 第五節 資源本位企業觀與產業分析理論的關係 (117)

第六章　公司戰略 ……………………………………………………（123）
第一節　公司戰略的任務與公司戰略類型 ………………………（123）
第二節　經營領域與業務範圍 ……………………………………（128）
第三節　縱向一體化 ………………………………………………（131）
第四節　多元化戰略 ………………………………………………（136）
第五節　多元化戰略的管理 ………………………………………（144）

第七章　業務戰略 ……………………………………………………（153）
第一節　業務戰略概述 ……………………………………………（153）
第二節　基本競爭戰略 ……………………………………………（155）
第三節　競爭優勢 …………………………………………………（163）
第四節　動態競爭與競爭優勢 ……………………………………（169）

第八章　企業戰略管理工具 …………………………………………（178）
第一節　企業外部環境分析工具 …………………………………（178）
第二節　企業內部條件分析工具 …………………………………（187）
第三節　戰略信息輸入工具 ………………………………………（193）
第四節　戰略匹配工具 ……………………………………………（196）
第五節　戰略決策工具 ……………………………………………（200）
第六節　國際化進入戰略模型 ……………………………………（204）

第九章　戰略的實施 …………………………………………………（207）
第一節　戰略實施的基本模式 ……………………………………（207）
第二節　戰略實施的領導者 ………………………………………（212）
第三節　戰略實施的組織結構 ……………………………………（215）
第四節　戰略實施的評估與控制 …………………………………（220）

第十章　企業戰略管理實踐案例精選 ………………………………（230）
第一節　企業戰略管理實踐典範 …………………………………（230）
第二節　工業企業戰略規劃 ………………………………………（242）
第三節　商業企業戰略規劃 ………………………………………（250）

參考文獻 ………………………………………………………………（257）

第一章　戰略與戰略管理

第一節　戰略的定義與特點

一、戰略的定義

(一) 戰略的經典定義

(1) 一個全面的計劃：界定在所有可能出現的不同情況（選手）如何做出選擇。（約翰·馮·諾依曼和奧斯卡·摩根斯坦，《博弈論與經濟行為》，1944）

(2) 戰略可以被定義為確立企業的根本長期目標並為實現目標而採取必需的行動序列和資源配置。（小阿爾弗雷·錢德勒，《戰略與結構》，1962）

(3) 戰略是聯結公司所有活動的共同線索，是實現目標的途徑，是一整套用來指導企業組織行為的決策準則。戰略應由四個基本要素組成：①經營範圍：產品與市場組合；②競爭優勢：選擇優勢產品與市場，識別環境變化的特點，尋求機會；③協同作用：產品間的相似性，資源與能力的共享，市場、生產、投資和管理方面的協同；④增長向量：選擇公司發展與成長的方向，如市場滲透、市場開發、產品開發和多元化。（伊戈爾·安索夫，《公司戰略》，1965）

(4) 企業戰略是這樣一種決策格局：決定並昭示企業的使命、要旨和目標，提供現實目標的基本政策和計劃，界定企業的業務的範圍、它所代表的或者希望成為的那種經濟與社會組織，以及它要為股東、雇員、顧客和社區所作出的經濟的和非經濟的貢獻。（肯尼斯·安德魯斯，《公司戰略的概念》，1971）

(5) 戰略是一系列決策中反應出的某種模式。（亨利·明茨伯格，《戰略制定中的模式》，1978）

(6) 戰略是企業與環境的聯結手段。（雷蒙德·E.邁爾斯和查爾斯·C.斯諾，《組織戰略、結構和過程》，1978）

(7) 戰略是將組織的主要目標、政策和行動序列整合於一個有機整體的計劃模式。一個好的戰略幫助企業獲取和配置資源，從而根據其相對的內部實力與缺點、預期的環境變化，以及明智的對手的伺機舉動，造就企業的獨特和有利的態勢。（詹姆斯·B.奎因，《變革的戰略：邏輯漸進主義》，1980）

(8) 保證企業的基本目標能夠得以實現的一個統一的、綜合的全面的計劃。（W. F. 格力克，《企業政策和戰略管理》，1980）

(9) 戰略是企業所追尋的目標以及其實現方法或政策的結合。（邁克爾·E. 波特，

《競爭戰略》，1980）

（10）業務戰略的實質，一言以蔽之，就是競爭優勢……戰略計劃的唯一要旨在於使企業可以盡可能有效率地獲得相對於對手的持久優勢。公司戰略因此意味著試圖通過最有效率的途徑改變企業相對於對手的實力。（大前研一，《戰略家的頭腦》，1982）

（11）戰略是對能夠創造和增強企業競爭優勢的某種行動計劃的有意搜尋。（布魯斯·D. 亨德森，《戰略的起源》，1989）

（12）戰略關乎輸贏……戰略是運用資源建立優勢地位的總體計劃。戰術是一個有關某種具體行動的謀劃。（羅伯特·M. 格蘭特，《當代戰略分析》，1996）

（13）競爭戰略在於與眾不同。它意味著可以選擇不同的活動系列來提供獨特的價值組合。（邁克爾·E. 波特，《什麼是戰略》，1996）

（14）戰略是使得企業保持和增進其績效的某種資源配置模式。（杰伊·B. 巴尼，《獲取和保持競爭優勢》，1996）

（15）戰略的實質在於通過打破現有的價值/成本均衡改變遊戲規則從而創建藍海。（W. 錢·金和勒納·莫博尼，《藍海戰略》，2005）

（二）綜合的定義

亨利·明茨伯格，戰略管理領域中的一位具有重要貢獻的學者，他選擇從不同的層次和側面對戰略進行複合定義，從而能夠全面詳實地把握戰略的要義，並能夠適合不同的情景之需。他採用5個在英文中以「P」為開頭字母的詞語來為戰略做出一個綜合的「5P」定義，即計劃（Plan）、計謀（Ploy）、模式（Pattern）、定位（Position）與視角（Perspective）。這種綜合的處理雖然略顯不甚簡約和精當，卻無疑以豐厚與包容見長，更加全面具體地捕捉到了戰略概念與現象的多面性與複雜性。

1. 戰略乃計劃

在最高層面上，戰略是一個宏大的計劃和藍圖，是某種有意識、有企圖的行動進程，體現於一系列為了實現某種目標和結果而制定的基本方針、政策和準則。總而言之，這種計劃通常富於理性和綜合性，試圖涵蓋企業運行和管理的所有重要方面，涉及和警示企業內外各種可能的突變與不測。

2. 戰略乃計謀

在操作層面上，戰略可以被理解為一個睿智機敏的策劃、聰明狡黠的計謀或者乖巧伶俐的手腕，以利於在某個具體的爭鬥或衝突中比對手占上風。相比於總體計劃而言，作為計謀的戰略，在時間上更加迅速和短暫，內容上更加具體和特定，範圍上更加有限和明確，實質上更具有操作性和策略性，受企業的總體計劃支配並服務於總體計劃。

3. 戰略乃模式

戰略可以是理性的和有意圖的，也可以是在一系列決策中自然而然產生的，它作為一種事后體會和總結成的某種模式而被追認和存在。作為模式戰略，指的是企業在一個決策序列中展現出的行為一致性，不管有意與否。作為理性計劃的戰略可能並未得到實現，而在行動中滋生的「突現戰略」（Emergent Strategy）卻可能在無意間自然

形成。

4. 戰略乃定位

在其最為容易觀察的狀態，戰略主要反應在企業的定位上，即在競爭圖景中相對於競爭對手的定位。戰略聯結企業與環境。作為定位戰略，揭示企業所選定的經營範圍、產品與市場組合以及其獨特的競爭優勢。通過這種定位選擇，一個企業確定它的細分市場或「利基」，選擇面對某種競爭而迴避另外某種競爭，對外部資源與市場空間進行取捨。從這個意義上講，戰略的實質在於尋求恰當的市場定位，從而獲取持久競爭優勢和長期卓越經營績效。

5. 戰略乃視角

戰略是一種根深蒂固和系統一致的世界觀，是一個企業觀察和理解現實的獨特視角。作為某種視角或世界觀的戰略，它昭示企業的基本經營哲學、核心精神、管理邏輯和占主導地位的企業文化。它定義企業的形象認知和「人格」特點。企業通過主導的和共享的價值體系和管理邏輯來感知世界。從這個意義上講，戰略並非一個真實有形的物理存在，而是一個概念，一個概念化了的存在，作為通過某種想像力虛構而成的記憶，儲存於相關人士的腦海中。

二、戰略的階層

在現代企業中，我們經常會發現戰略階層現象：戰略在不同的企業管理層面上同時存在和作用。霍夫和申德爾（Hofer 和 Schendel, 1978）對企業的戰略階層給出了最早也最為詳盡的論述。他們把企業的戰略分為制度戰略、公司戰略、業務戰略和職能戰略。

（一）制度戰略

制度層面的戰略是一個企業在社會領域而非競爭領域的戰略，它所面對的問題是如何解決企業的社會合法性問題。在其所進行經營活動的社區中，作為一個企業公民，承擔社會責任和義務，關注人文和自然環境，在非經濟領域為社會做貢獻等，可以幫助企業增進其公眾形象和認知。也就是說，行善可以轉換成營利。那些社會形象良好的企業通常可以享用各類免費的宣傳和報導，提升顧客的忠誠度和美譽度，從而間接地對其在競爭領域中的作為進行反饋。

（二）公司戰略

公司，在現代企業制度下和通行的管理文獻中，通常指的是多元化經營的企業。公司戰略，或曰公司總體經營戰略，主要應對的是如下問題：我們將要經營哪些業務？就實質而言，公司總體經營戰略的要務在於企業經營範圍的選擇，即企業經營業務的數量、種類和相關性。在此基礎上，公司戰略還要關注和管理企業資源在不同業務之間的配置、核心競爭力的培養、公司總部與業務單元之間的關係，以及公司與其他企業之間的關係和交往，包括戰略聯盟以及其他方式的合作安排。具體而言，公司戰略的主要任務是管理企業的多元化經營，從多元化的動機和誘因、種類和形式、方式和途徑、手段與模式（比如內部發展或者兼併與併購），到多元化經營的績效與風險。

(三) 業務戰略

業務單元，通常指的是公司中一個相對獨立的並擁有自己的總體管理階層的經營實體和利潤中心。業務戰略，或曰戰略業務單元的競爭戰略，主要應對如下問題：給定企業的經營範圍，在某一個具體的行業或市場中，一個業務單元如何去競爭並獲取競爭優勢？就實質而言，業務戰略的要務在於如何在某項業務中耕作和挖掘，以確定相應的競爭定位與競爭態勢，發現競爭優勢的源泉和持久動力，並實現長期的優秀經營績效。

(四) 職能戰略

職能戰略，是指一個業務單元中不同職能部門的戰略，其主旨在於為業務單元的競爭戰略服務。職能戰略應對如下問題：我們職能部門如何為業務單元的戰略選擇和實施做出相應的貢獻？具體而言，職能戰略通常支持業務戰略，甚至在某些情況下決定業務戰略的成功。比如，在業務戰略層面，差異化戰略的成功實施通常取決於出色的行銷戰略和制度或操作戰略。聰明的行銷戰略可以從強調身分、地位和榮耀入手，幫助增進和提高企業產品和服務的無形價值。合適的制定和操作戰略能夠使得企業的產品和服務質量優異、工藝精良、準確一致、可靠性強，這種有形優勢的組合才會使差異化的優勢真正強大持久。

三、戰略的特點

每個企業都有自己的戰略，無論管理者意識到與否。戰略，或公開或隱含，或有意企圖，或自然突現，乃企業與環境聯結與溝通的根本媒介與手段。戰略有一些共同的一般特點：目標導向、長期效應、資源承諾和衝突互動。

(一) 目標導向

戰略通常具有強烈的目標導向性，戰略是實現目標的方法和手段。如果你不知道你要到哪裡去，什麼戰略都無所謂。常識告訴我們，一個戰略，只有在具體的目標前提下討論和實現才真正有意義。否則，戰略只不過是脫離實際情況的簡單準則與政策，或是毫無生氣的技術手段。當然，沒有特定目標的戰略也不是完全沒有可能。比如，無論任何情況和遊戲規則，一個企業可以採取和遵循一個簡單的準則和方法：無論在任何時候都不第一個採取行動。然而，也許這種戰略本身也隱含了某種目的性。

其實，就戰略的定義本身而言，作為一個實現目標的手段和方法，戰略並不包括目標。如此，戰略和目標是兩個不同的概念，儘管它們通常密不可分。

(二) 長期效應

戰略，更確切地說是戰略管理，不僅要注重目標，而且有長期效應。戰略面向未來，把握企業的總體發展方向，聚焦於企業的遠見和長期目標，並給出實現遠見與長期目標的行動序列和管理舉措。由於戰略決定大政方針和基本方向，它就不可能是短期的伺機行事和即興發揮，不可能朝令夕改，隨意更張易弦。戰略對企業的行動通常

具有制約和規範作用，表現出某種一致性和穩定性。然而，戰略的長期效應，或者說戰略決策通常具有長期影響，並不一定意味著對戰略進行決策的時間拖得很長。戰略可以在某一個短暫的瞬間被一蹴而就地果斷敲定，也可以在選擇與實施的往返交替中漸進形成。問題的關鍵是，可以稱為「戰略」的東西，一般都具有長期的影響和效應。

(三) 資源承諾

戰略是一種以承諾所支持的姿態和境界。戰略決策往往牽扯到大規模、不可逆轉、不可撤出的資源承諾。成功則承諾成為明智投資，失敗則承諾變成沉沒成本。這就意味著，在企業的戰略決策序列中，每一步都是有約束力的，通常朝著某個方向深入和強化。有約束力的承諾，意味著對靈活性的某種主動喪失或放棄，使得戰略不可能是免費進出和輕易改轍的遊戲。當一個企業決定選擇某種戰略方向時，它也自動和其他一些可能的方向暫時或者永遠地分手。這種承諾正是戰略長期效應存在的原因。承諾幫助企業創建和確定其競爭定位，並通常是持久競爭優勢存在的充分必要條件。

(四) 衝突互動

戰略主要應用於衝突與競爭之中，因此有明顯的互動性，必須考慮競爭雙方或者多方的動機、利益、實力和行動及其后果。如果沒有衝突和競爭，戰略也就沒有存在的必要。各取所需，各自按照自己的自由意志行事即可。然而，在現實生活中尤其是商業活動中，由於利益的不同和資源的稀缺，衝突和競爭在所難免。戰略的互動性也就不言自明。自我不需戰略，只需計劃；打敗別的對手，則需要戰略。一個企業可以閉門造車，不管對手的行為，只顧自己的意願，這種所謂的「戰略」還不能被稱為真正意義上的戰略，只是一種不切實際的計劃而已。戰略不可避免地要考慮對手的行為和反應，因為一個企業的行為結果注定要受其他競爭對手的反應的作用和影響。

戰略不是單行線，而是雙邊和多邊的相互運動，只不過對手間直接接觸的程度和互動的激烈程度隨著競爭的環境不同而變化罷了。比如，足球和籃球比賽通常互動性強，你來我往，競爭激烈，而體操和跳水比賽則基本沒有對手間的身體接觸，各賽各的，互不干涉。即使如此，在賽前準備和參賽項目的選擇上，參賽選手也要關注對手的實力和選擇。不可否認，一個企業可以通過戰略創新獨闢蹊徑，開創「藍海」，在某個特定時間和空間組合，甩開對手，特立獨行。但是，以模仿或替代等為手段的競爭對手也必定實際地或潛在地尾隨其後，虎視眈眈。因此，長期而言，所有的市場和企業都是「可競爭的」或者說是具有「可競爭性的」（Contestable），衝突和競爭是不可避免的，即使對壟斷企業來說也是如此。

四、戰略的基本準則

(一) 獨特性

戰略的生命線是其獨特性。一個企業獨有的、難以被對手模仿的特點與資質可以幫助企業獲取和保持競爭優勢，是戰略的可靠基礎。從這個意義上講，戰略的精彩在於特色突出、性格顯著、出類拔萃、卓爾不群。波士頓諮詢公司創始人布魯斯·亨德

森教授曾經聲稱，企業的獨特性乃是「戰略的根源」。他如此引述「高斯競爭性互斥原理」：1943年，莫斯科大學的高斯教授將兩個同屬的非常小的動物（原生物）放在一個瓶子裡並提供適量的食物。如果兩個是不同類的，它們可以共同生存和持續；如果它們是同類的，則不可能共生和持續。這種觀察導致了「高斯競爭性互斥原理」——兩個生存方式完全相同的物種不可能同時共存。（Henderson，1989）

顯然，作為高斯原理的派生原理，在同質化的競爭遊戲中，與採用同樣戰略的競爭對手（同類物種）爭鬥到死實際上是主動自殺。一個企業必須尋求其可以賴以生存和延續的「利基」，發現和發揮其獨特性及其帶來的競爭優勢。

（二）合法性

一個企業在拓展其獨特性邊界的時候，也要考慮所謂社會合法性問題，即需要被對手、公眾、政府、社區和整個社會所容忍和接納。制度學派的理論強調組織的趨同性，亦即企業的特性和行為向著某種大家公認的主導規範和形態收斂的趨勢。與主導規範和形態保持一致可以賦予企業必需的社會合法性，使之從容正當地獲取資源，坦然自若地從事經營活動。這種合法性不僅意味著在某種法律和道德底線之上進行經營，而且還意味著社會和經濟生活中其他有形和無形的制度安排下，比如傳統規範和風俗習慣等，企業的行為和做派要顯得合情合理。

合法性顯然是制度層面的戰略需要解決的問題，對於一個獨特性凸顯的企業來說尤其如此。因為獨特性強，就容易不合群。比如，像微軟這樣一個擁有獨特資源和能力的企業，通常也會有強大的市場地位，它往往會成為對手恐懼甚至憎恨的對象，也會受到政府和公眾的懷疑，懷疑它是否依賴市場強權，採取所謂「不正當競爭手段」打壓對手，損害消費者利益。實際上，在過去的幾十年中，西方管理學教科書中在每一個時代所標榜和吹捧的「偉大企業」或「管理典範」，基本上毫無例外地都在某個時期被政府警告、懲治或處罰過。所謂「木秀於林，風必摧之」，被警告或懲治之後，這些原先以為在所有領域都可特立獨行的企業也會變得謙恭起來，刻意注重改善自己的形象，增進與政府、顧客、社區和各種相關利益集團的關係。

隨著全球化的進程日益迅猛，許多跨國公司現都逐步意識到自己在所在國當地的社會合法性問題的重要性。比如，一個財大氣粗的跨國銀行，可以利用它的全球資產和聲譽等獨特優勢，對所在國本土的銀行採取極端的競爭手段，從而激怒它們。這些本土對手就會集體向政府告狀，要求政府對跨國銀行進行限制和制裁。相反，如果跨國公司積極主動地增進其合法性，效果就會好得多。

因此，雖然一個企業的戰略需要在競爭領域充分發掘、培育和張揚其獨特性，從而不斷創造和保持競爭優勢，但它同時還需要保證和滿足社會合法性的要求，從而成為一個既獨特領先又合法合群的選手。也就是說，企業要與對手既不同又相同，最大限度的獨特、最低限度的合法，這需要非常藝術地保持一種微妙的平衡。

（三）原本性

戰略在商業競爭中最終的目的是「贏」，是為消費者創造卓越的價值。一個企業的

戰略要先回答的一個根本問題應該是「我們為顧客提供什麼樣的價值」，而不應該主要去擔心「如何打敗我們的競爭對手」。戰略的原本性準則要求企業的戰略從「盯住對手」轉向「擁抱顧客」，要求企業清楚地知道誰是他們的顧客，顧客究竟需要什麼，企業如何去滿足他們的需要。從顧客的實際需求出發是原本性準則的核心要義。戰略靈感的源泉應該來自顧客的需要，而不是對手的作為。顧客的需要是企業的終極目標和參照系，企業應該對其核心客戶有深入詳細的瞭解，建立親切和愉悅的習慣性的長期關係，甚至達到在審美和精神層面的交流。比如，蘋果公司的忠誠客戶對其產品往往具有某種不可抑制的好感。

大前研一，戰略思維和全球化戰略的主要倡導者之一，曾經呼籲「迴歸戰略的根源」。他觀察到當企業越來越重視對手的舉動時，他們也就離如何創造消費者價值越來越遠。比如，在美國市場上，大多數咖啡壺製造商都在原材料、表面設計、定時遙控、容量和時間方面大做文章，然而，幾乎沒有一家廠商去問「人們為什麼要喝咖啡?」顯然，味道是一大誘因。因此，這些廠家面臨的問題實際上是「我們的咖啡壺如何才能夠釀造味道好的咖啡?」而這個關鍵顧客需求很少被考慮到。經過走訪咖啡釀造高手，才知道咖啡壺中處理水的機制是影響咖啡味道的一個重要因素。有這樣理解的企業和願意花工夫去這樣理解顧客需求並千方百計滿足這種需求的企業，往往能在關鍵層面上正本清源，出奇制勝。這就是原本性準則的力量。

(四) 創新性

創新性實際上和獨特性與原本性緊密相連。隨著競爭對手的模仿和替代、顧客需求的轉變和發展，最終，所有的戰略都將失去其獨特性和原本性。創新性、創造力、可以重建或更新戰略的原本性和獨特性，使其在競爭中領先一步。創新，尋求新的辦法滿足顧客的需求，不僅是新建企業之必需，也是成熟企業不斷發展所不可或缺的。創新研究的開山鼻祖熊彼特將創新定義為「創造性的破壞」，意為打破常規與均衡，開發新產品、新原材料、新市場、新組織方式等。創新性準則可以在文獻中找到多種理論流派的支持。

布蘭登伯格和內爾巴夫（Brandenburger 和 Nalebuff, 1996）以博弈論為基礎，提倡「改變遊戲」。企業不應該碰見什麼遊戲就玩什麼遊戲，首要的問題永遠是「我們能不能依據我們的優勢和意志改變現有遊戲?」顯然，改變遊戲需要創新性和創造力。蓋·川岐曾經勸告企業「跳到下一個曲線」，而不要在現有的市場中挑戰強勢企業的領袖地位。最近，金和莫博妮的「藍海戰略」一說，再次倡導對創新性準則進行推崇和應用。通過對產品和服務性能進行創造性的刪除、減少、新加和增多等手段的組合，企業可以在自己開創的藍海中更加準確和適當地滿足明確顧客群體的需求，避免漫無目的地在同質化競爭極為激烈的「紅海」中遊弋。

第二節　企業戰略管理

一、企業戰略的概念

企業戰略是企業根據其外部環境及企業內部資源和能力狀況，為求得企業生存和長期穩定發展，為不斷地獲得新的競爭優勢，對企業的發展目標及達到目標的途徑和手段的總體謀劃。

根據上述定義，可以看出企業戰略要素包括六個方面：

（1）企業應該認真研究企業的外部環境。20世紀90年代以前的戰略管理理論比較偏重於靜態地分析企業外部環境及競爭優勢，而之後，尤其是在進入21世紀以來，國際、國內環境日益動態化，即：環境變化的速度加快；技術創新日益加劇並產生新的競爭來源及新的競爭對手；市場和消費者的需求越來越複雜多變和不可預測。因此，一種新的動態競爭的戰略觀正在形成，它要求我們在分析企業外部環境方面具有更前瞻的眼光和更強的戰略主動性，而不僅僅是適應環境。

（2）企業應該認真分析企業的內部資源及能力狀況。20世紀90年代以前，在分析企業內部環境時比較偏重於靜態地分析企業優勢和劣勢，而20世紀90年代以來，尤其是在進入21世紀后，企業優勢理論的重點開始轉向以資源為基礎的競爭優勢觀，並出現了核心競爭力等一系列新的理論與模型，強調戰略形成的學習觀，並認為唯一可持續的競爭優勢就是具有比對手更快的學習能力。因此，核心競爭力是企業可持續競爭優勢和新事業發展的源泉，企業只有形成核心能力、核心產品和市場導向的最終產品這種層次結構時，才能在全球競爭中取得持久的領先地位。

（3）為使企業生存和長期穩定地發展並不斷獲得新的競爭優勢是制定企業戰略的出發點和歸屬。要使企業未來生存並長期穩定地發展，就必須不斷地創造新的競爭優勢；只有不斷地創造新的競爭優勢，才有可能使企業生存並長期穩定發展，兩者相輔相成，成為企業制定戰略的根本出發點。

（4）企業戰略應當有一個明確的戰略目標。戰略目標是指在一定戰略時期內企業所預期達到的理想成果。戰略目標的作用不僅僅在於指明企業未來的發展方向、引導企業進行正確的資源配置、協調不同部門及個人之間的活動、增強企業的凝聚力，同時戰略目標也要與企業主要利益相關者的期望一致。

（5）企業戰略應當指明從現狀到達長期目標所選擇的途徑。企業為了達到長期目標，可以通過技術創新，不斷地開發新產品、新技術從而不斷地創造技術優勢，爭取競爭的勝利；企業也可以通過不斷地併購，迅速達到一定的經濟規模，創造成本的優勢，爭取競爭的勝利；企業也可以通過開拓市場，不斷創造市場優勢，取得競爭勝利；企業也可以通過多角化經營，在核心競爭力方面進行新的組合，在核心競爭力、核心產品及最終產品等方面不斷創造新的優勢，從而取得競爭勝利等。

（6）企業戰略應當指明實施戰略所應當選擇的手段。企業為了達到長期目標，選

擇了正確的戰略途徑之后，還需要有各種戰略措施來保證戰略的實施，即企業組織機構、人力資源開發與管理、企業的供應、生產、行銷、財務、技術等企業管理各方面的相應策略，同時與企業戰略相匹配，保證企業戰略目標的真正實現。

二、企業戰略的特徵

（一）企業戰略的一般特徵

1. 全局性及複雜性

（1）企業戰略的全局性表現在四個方面：①企業戰略要符合整個世界的政治、經濟、技術的發展趨勢。世界經濟全球化是21世紀不可抗拒的潮流，企業戰略必須要符合世界的政治、經濟、技術的發展趨勢，企業才可能取得競爭的勝利。②企業戰略要符合所在國的政治、經濟、技術的發展趨勢。即企業戰略必須與所在國國民經濟的發展計劃相一致，企業戰略才有可能實現。③企業戰略管理要符合企業所在行業的發展趨勢。每個行業都有其自身的發展趨勢，企業戰略必須與企業所在行業的發展趨勢相一致，企業戰略才有可能實現。④企業戰略管理要符合本企業的發展趨勢。每個企業的昨天、今天與明天是連續變化的，企業歷史是不可能割斷的，因此，企業戰略也必須與本企業發展趨勢相一致，才有可能實現。

綜上所述，企業戰略要符合世界的、所在國家的、行業的及企業本身的發展趨勢，沒有這樣的全局觀念，就無法制定企業戰略。

（2）企業戰略的複雜性表現在兩個方面：①企業戰略的制定是企業高層領導人的價值觀的反應，是一種高智慧、複雜腦力勞動和集體決策的結果，是一種非程序性決策。因此，完全要靠戰略諮詢專家及企業高層領導團隊的政治敏感、遠見卓識、機遇捕捉、戰略技巧的有機組合才能制定出好的企業戰略，因而戰略製作的過程是非常複雜的。②企業戰略的實施是非常複雜的。因為新戰略的貫徹實施會牽扯到企業產品結構、組織機構、人事安排的調整，關係到企業內部幹部和職工的切身利益、權利、地位等問題。實際上，企業戰略的實施是企業內部高層領導者政治權利平衡的結果，因此，企業的董事長和經理如果沒有堅定的決心，即使企業戰略制定得很好，也未必能貫徹到底。

2. 未來性及風險性

所謂未來性是指制定企業戰略需要對企業未來幾年的外部環境變化及內部條件變化做出預測。企業戰略能使未來企業更好地行動，因此預測很重要。成功的戰略往往是預測準確的戰略，因此企業戰略具有未來性。

但是，隨著科學技術及國內外經濟的變化速度變快，環境的動態性增強，環境的不確定因素增多，因此企業戰略的制定及實施具有一定風險性，這是人們在制定及實施戰略時必須充分估計到的。

3. 系統性及層次性

企業戰略通常分為三個層次，即公司戰略、業務戰略和職能部門戰略（見圖1-1）。

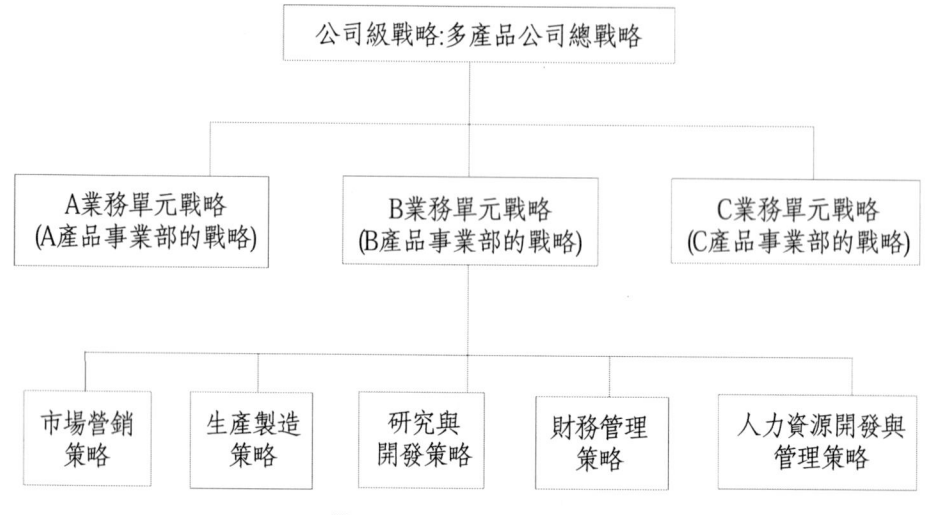

圖1-1　大型企業戰略系統

公司戰略，由安索夫首先提出，主要關注兩個問題：第一，公司經營什麼業務；第二，公司總部應如何管理多個業務單位來創造企業價值。

業務戰略，也稱「業務單元戰略」，起源於安德魯斯的論述，主要關注企業經營的各個業務如何獲取競爭優勢的問題。

職能戰略，是公司戰略與競爭戰略在企業各職能領域的體現，是連接戰略與企業職能活動的橋樑。職能決策主要包括市場行銷策略、財務管理策略、人力資源開發與管理策略、研究與開發策略、生產製造策略等。在學術界，職能戰略的內容通常由工商管理的各個職能學科研究；在企業界，職能戰略的內容通常由戰略諮詢專家與企業職能部門共同參與制定，由職能部門負責實施。

應當指出，公司戰略、業務單元戰略與職能戰略之間必須保持高度的統一和協調，即各職能部門的戰略是為保證實現業務單元（事業部或子公司）戰略服務的，而各業務單元（事業部或子公司）戰略是為保證實現公司戰略服務的。戰略的三個層次之間必須要同步化、協調化，否則公司戰略是實現不了的，這就是企業戰略的系統性及層次性。

4. 競爭性及合作性

制定企業戰略的目的在於使企業能在激烈的市場競爭中發展壯大自己的實力，並在與競爭對手爭奪市場和資源的鬥爭中佔有相對的優勢。因此，競爭性是企業戰略的本質特徵之一。

但是企業存在的目的不是為了競爭，所以在競爭中還可能與競爭對手在某些領域進行有條件的合作（如結成戰略聯盟），以取得雙贏或者多贏的效果，因此企業戰略也具有合作性。

5. 穩定性及動態性

不能因為在企業經營中發生了一些枝節性的問題，就隨便修改戰略。企業戰略必

須在一定時期內保持相對的穩定性，才能在企業經營活動中具有指導意義。但是，如果企業外部環境或內部條件的確發生了較大的變化，企業戰略也必須隨之進行修改，因此戰略又具有對環境動態適應的特點。因此，企業戰略在執行過程中要按月、按季度、按半年、按全年隨時觀察企業內外環境變化，及時進行調整、修正，才能達到戰略目標，因此企業戰略又具有動態性。

(二) 中國企業戰略的特徵

中國正在不斷完善社會主義市場經濟，因此，中國企業戰略還具備以下三個方面的特徵：

(1) 動態性及短期性；
(2) 生存性及保守性；
(3) 調整性及重組性。

這就是說，在中國相當多的企業產品結構亟須調整；相當多的企業人才結構亟須調整。

同時，市場結構、財務結構、組織結構也都亟須調整。

三、企業戰略目標體系

(一) 戰略目標的概念、特徵與作用

1. 戰略目標的概念

戰略目標是對企業願景進一步的具體化和明確化，是企業在一定時期內預期達到的理想成果。戰略目標是企業戰略的重要組成部分，體現著企業的戰略思想和使命，是制定、選擇戰略方案以及戰略實施與控制的依據。戰略目標可以是定性的，如競爭地位目標等；也可以是定量的，如企業營利能力目標或市場份額目標等。

正確合理的戰略目標，對企業的經營具有重大的引導作用，它是企業制定戰略的基本依據和出發點。基於戰略目標涉及時間的長短，企業的戰略目標可以分為中長期和短期目標；基於其涉及的範圍，戰略目標又可以分為總體戰略目標和經營單位戰略目標。

2. 戰略目標的特徵

企業戰略目標需要根據企業願景選定目標參數，簡要說明需要在什麼時間、以怎樣的代價、由哪些人員完成哪些工作並取得怎樣的成果。這樣才能為企業的有序經營指明方向，為業績評估與資源配置提供標準和依據。

戰略目標是企業戰略意圖的具體表現，因而是設定的而不是推算出來的。但是，設定並不意味著隨意。為了使戰略目標真正發揮應有的作用，它應具有如下特徵：

(1) 可測量性。戰略目標應該是具體的、可度量和可檢測的。當然，也有許多目標難以量化。一般的，時間跨度越長、戰略層次越高的目標，越具有模糊性，也就越難以量化。對於這樣的目標，應當盡可能對要達到的程度做出準確的界定，一方面明確實現目標的時間，另一方面說明工作的特點。只有這樣，戰略目標才會變得具體而又有實現意義。

（2）可操作性。在制定戰略目標時，必須從實際出發，在全面分析企業內、外部環境的基礎上，判斷企業經過努力所能達到的程度。戰略目標必須是引領性和挑戰性的有機結合，既不能脫離現實將目標定得過高，也不可把目標定得太低，要在可行性和挑戰性之間建立平衡。過高的目標讓員工覺得不切實際，難以接受，還會挫傷其積極性，使之失去信心，甚至導致企業資源的浪費；反之，過低的目標會使組織滋生惰性，使企業的優勢資源失去活性。此外，若目標不具有挑戰性，容易被員工忽視，非但不能起到激勵、引領的作用，更嚴重的是可能導致市場機會尤其是重大戰略機會的喪失。

（3）系統性。戰略目標是企業的整體目標。企業是在開放環境下運行的組織，戰略目標的制定必須建立在實事求是地對內、外部環境進行分析和預測的基礎上，然后根據整體目標的要求，制定出一系列相應的分目標。這些分目標之間，以及分目標和總目標之間，應該具有內在的相關性，並形成一個完整的、相互配套的目標體系。

從時間上看，企業發展的不同階段都會有不同的戰略目標。從層次上看，企業的不同管理層、職能部門都有自己的目標。

3. 戰略目標的作用

相對於核心價值觀、願景、使命和經營目標而言，戰略目標起著承上啓下的作用。一方面是對核心價值觀、願景和使命的具體化、細化或量化；另一方面又指導經營目標。換言之，經營目標必須服從並體現戰略目標。戰略目標對企業有很多益處，包括指明方向、促進協同、幫助評價、明確重點、減少不確定性、減少衝突、激勵員工以及有助於資源配置和戰略實施的方案設計。

(二) 戰略目標的內容

戰略目標會因企業使命的不同而不同，決策者應從以下幾個方面，考慮企業戰略目標的內容。

1. 獲利能力

任何企業在長期生產經營中，都追求一種滿意的利潤水平，企業一般都有自己明確的利潤目標。企業戰略的成效，首先表現為企業的營利水平，通常以利潤、資產報酬率、所有者權益報酬率、每股平均收益、銷售利潤率等指標來表示。

2. 市場競爭地位

大多數企業喜歡根據其銷售總量或市場佔有率來評價自己在增長和獲利方面的能力。可以說，市場的競爭地位是衡量企業績效好壞的重要標準。企業在競爭中相對地位的提高，是企業戰略所追求的重要目標。常用指標有市場佔有率、總銷售收入、產品質量名次、企業形象地位等。

3. 生產能力

在市場環境相對有利的前提下，企業提高單位產出水平是提升獲利能力的一種方法。為此，企業在設定生產能力目標時，需要改進投入和產出的關係，制定出每單位投入所能生產的產品或提供服務的數量；同時，企業還可以根據降低成本的要求，制定生產能力目標。提高生產效率是企業又一個重要的戰略目標。常用指標有投入產出

比率、年產量、單位產品成本等。

4. 財務狀況

財務狀況是企業經營實力和運行能力的綜合表現。通常以資本總量、資本構成、新增股份、現金流量、流動資本、紅利償付、固定資產、資金週轉率等指標來表示。

5. 產品結構

合理的產品結構是企業生存發展的重要基礎。常用指標有新產品的銷售額占企業總銷售收入的比率、新開發產品數、淘汰產品數等。

6. 技術水平

在知識經濟時代，知識作為重要的生產能力要素，對經濟增長的貢獻日益突出。企業的技術水平，關係到企業在生產中的競爭地位，進而關係到企業的戰略選擇。因此，許多企業把技術領先作為自己長期追求的目標。企業在戰略目標中，常常規定在戰略期內企業的技術水平應有哪些改善和提高。常用指標有應完成的開發與創新項目、技術集成能力、研究與開發費用占銷售收入的比重、企業獲得的專利數量、國產化率、關鍵技術對外依存度等。

7. 人力資源開發

企業發展的推動力量來自企業的人力資源，人力資源水平的高低取決於企業職工素質的高低。常用指標有戰略期內培訓費用的多少、培訓人員的數量、技術人員比率、高水平技術人員的增加率、職工技術水平的提高率、知識管理水平、人員流動比率等。

8. 企業發展

企業在戰略時期內的成長與發展，是企業戰略的重要目標。常用指標有經濟效益提高速度、生產規模的擴大率、生產能力的增加率、生產自動化水平的提高率、節能減排水平、在行業中的地位、管理創新能力、可持續發展能力、品牌、商譽、影響力等。

9. 職工福利

員工對企業的忠誠度與組織承諾，是企業競爭能力的重要因素。常用指標有員工薪酬在同行業中的競爭力、人均工資水平的提高率、員工健康（生理、心理）狀況、員工滿意度、人員流動比率等。

10. 社會責任

現代意義上的企業，必須認識到自己肩負的社會責任。社會責任要求企業承擔有利於社會長遠目標的義務，而不僅僅是履行法律和經濟上的義務。社會責任反應企業對社會的貢獻情況，常用指標有環境保護、節約能源的措施、對社會和社區的各項事業的支持等。

企業並不一定在以上所有領域、所有方面都制定目標，戰略目標也並不局限於以上十個方面。企業決策者應找出對本企業發展最關鍵的指標。

(三) 戰略目標體系的構成

從縱向上看，企業戰略目標一般由總體戰略目標和主要的職能目標構成。企業依據其使命和願景定位，先給出總體戰略目標。為保證總戰略目標的實現，必須將其層

層分解，制定保證性職能戰略目標，即總戰略目標是主目標，職能性戰略目標是保證性的分目標或子目標。戰略目標體系的縱向構成如圖1-2所示。

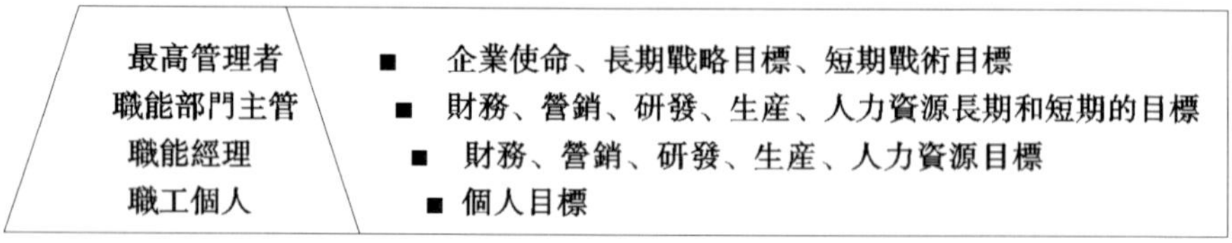

```
最高管理者      ■ 企業使命、長期戰略目標、短期戰術目標
職能部門主管    ■ 財務、營銷、研發、生產、人力資源長期和短期的目標
職能經理        ■ 財務、營銷、研發、生產、人力資源目標
職工個人        ■ 個人目標
```

圖1-2　戰略目標體系的縱向構成

從橫向上看，企業的戰略目標大致可分為兩類：

第一類是用來滿足企業生存發展所需要的項目目標，這些項目目標又可以分解成業績目標和能力目標兩類。業績目標主要包括收益性、成長性和穩定性指標三類定量指標。能力目標主要包括企業綜合能力、研發能力指標、生產製造能力指標、市場行銷能力指標、人力資源開發能力指標和財務管理能力指標等一些定性和定量指標。

第二類是企業利益相關者所要求的目標。與企業具有利益關係的主要有客戶、企業、職工、股東、所在社區、債權銀行、供應鏈上的合作夥伴、行業協會及其他社會群體，具體如表1-1所示。

表1-1　　　　　　　　　　企業戰略目標體系

分類	目標項目	目標項目構成
業績目標	收益性	資本利潤率、銷售利潤率、資本週轉率
	成長性	銷售額增長率、市場佔有率、理論增長率
	穩定性	自有資本比率、附加價值增長率、盈虧平衡點
能力目標	綜合能力	決策能力、集團組織能力、企業文化、品牌商標、管理創新、知識管理
	研發能力	新產品比率、技術創新能力、專利數量
	生產製造	生產能力、質量水平、合同執行率、成本降低率
	市場行銷	推銷能力、市場開發能力、服務水平
	人力資源	職工安定率、職務安排合理性、直接間接人員比率
	財務管理	資金籌集能力、資金運用效率
社會目標	客戶	提高產品質量、降低產品價格、改善服務水平
	股東	分紅率、股票價格、股票收益性
	員工	工資水平、職工福利、能力開發、士氣、學習與成長
	社區	公害防治程度、利益返還率、就業機會、企業形象
環境目標	生態	節能減排、循環經濟、綠色GDP

（四）戰略目標的制定過程

1. 調查研究

在制定企業戰略目標之前，必須進行調查研究工作。調查研究既要全面，又要突出重點。

2. 擬定目標

擬定戰略目標一般需要經歷兩個環節：擬定目標方向和擬定目標水平。在擬定目標時，還要注意目標結構的合理性，列出諸多目標的優先順序。同時，在滿足實際需要的前提下，要盡可能減少每個方案中目標的個數。

3. 評價論證

戰略目標擬定出來之後，就要組織多方面的專家和有關人員，對提出的目標方案進行評價和論證。

四、企業戰略管理過程

（一）戰略管理過程的主要構成部分

1. 戰略分析

戰略分析是對企業戰略及其影響因素的系統考察、研究、考量與評估。戰略分析的起點是企業使命與目標，其重點在於考察企業內部和外部影響和制約企業行為的實務和要素，其結果表現為對不同戰略備選方案的提出、對比和建議。戰略分析的核心是尋求企業內部運作和與外部環境的契合，從而保證企業的戰略有利於實現其使命和經營目標。

2. 戰略制定

戰略制定的關鍵在於對戰略分析結果的判斷和具體戰略決策的選擇。首先，選擇企業的使命定位和目標體系，要在分析的基礎上判斷使命與目標是否清晰明確、是否切實可行。其次，選擇相應的戰略來實現企業目標，要判斷戰略與目標是否匹配，戰略與實施戰略的境況是否匹配。

3. 戰略實施

戰略實施意味著設計和使用企業的組織體系，配置和應用企業資源與能力，通過協調的組織行動，促使整個企業向既定的戰略目標邁進。戰略實施或執行離不開人，需要調動企業全員的積極性，使之積極參與，並通過激勵、溝通、控制等方法與手段實現企業的戰略意圖。

（二）三部分的潛在關係模式

1. 多向互動

戰略分析、戰略選擇和戰略實施前後呼應、循序而行。然而，由於環境的複雜性和不確定性以及管理決策者的有限理性和其他局限性，實際的戰略管理過程可能並不像預期的那樣按部就班、順理成章、系統正規、合乎理想，而是在系統嚴謹的理性設計與靈活任意的即興發揮之間遊走和搖擺，三種構成部分同時多向互動，呈現出三者間不同的順序、關係、組合和模式。

一些企業，尤其是新創企業，可以盡量理性分析、選擇和執行其戰略，從而井然有序地實現其目標與戰略意圖。也有些企業，則可能邊分析邊行動，邊選擇邊實施，在實施的同時做出進一步的分析和評審。還有一些企業在進行某些活動（比如執行某種在當時顯得模糊不清、章法不明的戰略）時，不斷地在活動中進行分析和事後補充

分析，追認和證實先前選擇，及時在行動中調整應變、尋求意義。

2. 不同過程的戰略結果：有意圖謀與自然形成

戰略管理的過程可以是理性設計、有意圖謀，也可以是靈活多變、隨機即興的。因此，戰略可以是制定出來的，也可以是自發形成的。如圖1-3所示。第一節所陳述的明茨伯格關於「戰略乃模式」的說法，就是自生戰略的恰當詮釋。這裡，戰略意指企業在一系列行為決策中自覺或不自覺地展現出的某種一致性。

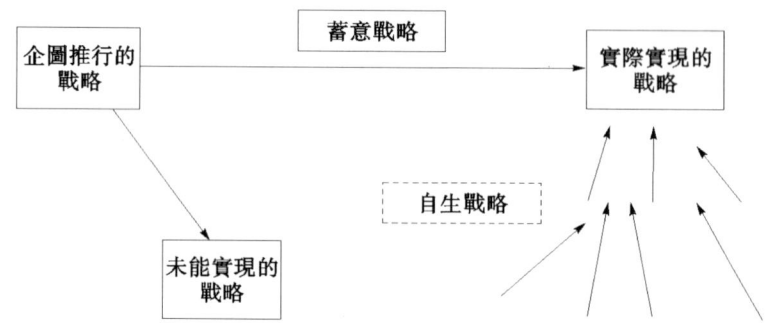

圖1-3　戰略管理過程中的理性程度：自生戰略與蓄意戰略

五、企業戰略管理科學的邊界

如果把戰略管理領域的知識創造與開發過程看作一個科學研究的鏈條，那基礎學科大致相當於基礎研究，戰略管理相當於應用研究，戰略諮詢相當於開發研究，而企業正在進行的是戰略的實踐。具體如圖1-4所示。

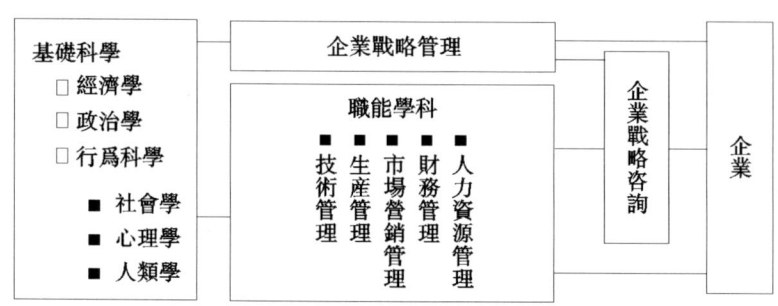

圖1-4　企業戰略管理科學的邊界

第三節　戰略家和高層管理團隊

一、戰略家的素質與能力

（一）戰略家的素質

企業戰略實施領導者應具有以下素質：

（1）要有強烈的事業心和堅定的信心。
（2）要有領導才能，尤其是要有計劃、組織、指揮、協調、控制、激勵等方面的能力。
（3）要有深刻的洞察力，善於創造及發現機遇，有創造及尋找機遇的執著，而不管目前可利用的資源是否充足。
（4）對風險和不確定性的承受力。
（5）善於調動全體員工的主動性、積極性，有創新能力。
（6）超越自我的能力。

有的學者認為：與發達國家的企業家相比，中國企業家在強烈的事業心和堅定的信心、領導才能、超越自我的能力等方面沒有差別；中國企業家缺乏的是創造並尋找機遇的執著、對風險和不確定性的承受能力以及創新能力。這是中國企業家值得注意的。

(二) 戰略家的能力

1. 信息整合能力

戰略家需要對政治、經濟、社會文化、技術信息，對行業發展信息的收集、加工和應用能力強。

2. 資源整合能力

戰略家的有效能力表現在能對企業內外資源進行分配，以發揮資源的最大效應。

3. 感悟能力

感悟能力指戰略家縱觀大局的視野和把握企業總體方向的能力。它能使戰略家領悟快、識大體、概念清楚、方向感強，能夠在複雜和不確定的環境中迅速地抓住問題的實質和主要矛盾。

4. 領導能力

戰略家對戰略的推進要有先行力（計劃、設計、榜樣）、指導力、溝通力、激勵力。

二、戰略家的任務與作用

(一) 戰略家的任務

戰略家有三項主要任務，這就是確定戰略方向、聯合群眾、促動和激勵他人。

其中，確定戰略方向要注意：

（1）勾畫戰略方向是領導行為的核心。
（2）領導行為中戰略方向的確定，並不是制定計劃而是擬定願景和戰略。
（3）戰略方向的擬定過程需要分析，但更需要想像。

(二) 戰略家的作用

1. 確立企業的未來方向

所有戰略管理的邏輯，都建立在對未來環境判斷的基礎之上。如果對未來環境的

判斷發生錯誤，不管採取什麼決策方法，都會導致戰略上的差錯。而且不管企業是從內部進行戰略決策，還是利用外部資源進行決策，最終的判斷還是落到戰略領導人身上。因此，領導人應起著正確引領企業發展方向的作用。

境界決定企業的高度，從而決定了企業事業的成就。除了對環境的判斷外，戰略領導人對事業的追求，決定了企業戰略的高度，也限定了企業成就的理論上限。

一個偉大的企業背後，一定有一個偉大的追求。為企業描繪一幅偉大而適合於企業的戰略願景，是戰略領導人的首要任務。

2. 戰略激勵作用

除了引領企業正確的發展方向外，戰略領導人還需要具備激勵全體員工朝這個企業目標努力的能力。戰略激勵首先要求領導人有正確的領導哲學。戰略激勵最核心的內容是通過利益來激勵員工實現企業的戰略意圖。

設計一個與戰略相匹配的激勵制度，並讓員工分享企業戰略成功帶來的好處，是戰略激勵最為重要的內容。當然，所謂的利益，並非完全是經濟和物質的利益，更包括精神上的感受。設立遠大的目標和崇高的理想，往往能激發員工的榮譽感和自豪感，起到良好的激勵作用。小松的「包圍卡特彼勒」，佳能的「打敗施樂」，這些戰略意圖為員工樹立了一個值得為之奮鬥的目標，起到了很好的鼓舞人鬥志的作用。

以身作則，是發揮領導作用最有效的途徑。面對戰略實施中的種種困難，戰略領導人需要在各種逆境面前保持樂觀、自信和積極的態度，感染全體員工，帶領企業走出困境。

3. 戰略指導作用

戰略領導人還需要為員工提供戰略實施的指導，需要具備將企業的戰略意圖分解到不同職能、不同業務之間的能力，幫助員工保持自己的工作與企業戰略的一致性。

4. 戰略堅持與調整作用

企業戰略在實施過程中，經常發生偏離。戰略領導人需要保持企業戰略執行過程中不偏離既定目標，以及在變化的環境中根據具體情況對企業進行靈活的調整。一個成功的戰略，除了方向正確外，長期堅持不懈的努力是最為關鍵的。

三、作為戰略管理者的企業高層管理團隊

(一) 企業高層管理團隊的構成

1. 戰略家

戰略家首要任務是要把握企業的遠見（Vision）。戰略家要高瞻遠矚，從企業的全局和總體出發，幫助企業搞清自身定位和長期發展的方向，即做正確的事情，關注有效性（Effectiveness）問題。如前所述，戰略家必須具有超凡的感悟能力，能夠在錯綜複雜、瞬息萬變的經營環境中看清潮流，為企業指明方向，昭示前景。

2. 管理者

狹義而言的管理者，或曰職業經理人，類似於管家，比較關注細節，注重效率，善於執行。管理者的最高境界是秩序（Order），或者說是有條不紊地實現目標、促成

結果（Orderly Results）。相對於戰略家對有效性的關注，管理者對效率的關注意味著用正確的方法去做事情，迅速、靈活、準確、低成本，並善於變化和調整，按照戰略意圖把任務完成。

3. 企業家

企業家最大的特點在於創新（Innovation）。他們往往賦予激情和創新精神，不安於現狀，敢於冒險，不斷尋求新的技術手段和資源組合來更好地為消費者提供價值。無論是自辦企業還是在大企業中革新，他們在創新旅程中鍥而不舍、執著求索。他們自信心通常較強，相信自己能夠有所作為，相信一定有比現行做法更好的方法。通過企業家的創新、「創造性的破壞」，舊的秩序及均衡不斷被打破，新的天地得以不斷被開闢。

4. 領導者

領導者，或曰領袖人物，其立身行事可以依靠人格魅力、道德稟賦、精神至上、價值優越、技藝精良，等等。領袖人物的領導力，主要體現在對別人尤其是下屬行為的影響上。真正的影響，往往並不產生於領導者有意為之的故作姿態，而通常是表現在下屬的自發行為和舉動：主動追隨靠攏，自願獻身聽命。一個具有超強價值體系的組織中領軍者不一定是，或者不僅僅是依靠自己的職務權威發號施令的管理者，他們往往是組織中的精神領袖或制度的化身。領導力的關鍵在於感染（Inspiration），這種領袖的感染通常是大家行動中重要的精神支撐。

（二）高層管理團隊的角色互補

顯然，上述四種角色既有所重疊，又有所衝突，更有各自非常獨特鮮明的個性。比如，戰略家和企業家都注重方向的把握，管理者和領導者都要通過激勵下屬把事情順利辦成；戰略者可以大行不顧細謹，管理者通常小處入手去執行。在一個高層管理團隊中，一個人可以扮演多種不同的角色，比如管理者和企業家在創業初期往往集於一身，難以分割；某個具體角色也可以有多位具有不同能力和經驗的人士來承擔，比如大企業中管理者們有的更具有創新的傾向，有的則更善於守成；有些團隊個別角色突顯，有些團隊四種角色齊全。一個企業的高層管理團隊是否有效，不僅在於自身的構成和動態，也在於所處的時代、環境的制約、產業的進程、企業自身的條件、下屬的素質和對手的競爭。

本章小結

戰略是基於競爭的一種適得其位的全局性謀劃。戰略是計劃、計謀、模式、定位。戰略有制度戰略、公司戰略、業務戰略、職能戰略，戰略應遵循獨特性、合法性、原本性、創新性原則。

企業戰略是企業謀取競爭優勢而進行的戰略策劃。它具有四個方面的特點。戰略管理過程主要有戰略分析、戰略制定、戰略實施等環節。企業戰略管理是由多學科構成的邊緣學科。

戰略管理是一項複雜的系統工程，它需要有戰略家素質的團隊或個人進行領導，並由具有戰略家能力的人進行操作。作為戰略管理團隊，需要有戰略家、管理者、企業家、領導者等角色構成。

案例

安然破產警示：戰略管理是企業管理的核心

2001年12月2日，安然（Enron）公司根據美國《破產法》第十一章規定，向紐約破產法院申請破產保護，創下美國歷史上最大宗的公司破產案紀錄。

安然公司的主要問題是：利用複雜的財務合夥形式，虛報近6億美元的盈餘，掩蓋10億多美元的巨額債務。該公司的29名高級主管，在股價暴跌之前已出售173萬股股票，獲得11億美元的巨額利潤。而該公司的2萬名員工卻被禁止出售大幅貶值的股票，使他們投資於該公司股票的退休儲蓄金全部泡湯，損失高達數十億美元。一年前，安然公司的股票為每股85美元，現在卻不到1美元，使該公司股票的持有者損失極其慘重。

安然公司成立於1985年，總部設在美國得克薩斯州的休斯敦，曾經是世界上最大的天然氣交易商和最大的電力交易商。安然公司擁有資產498億元，雇員達2萬多人，其業務遍布歐洲、亞洲和世界其他地區。除了能源外，安然公司還從事紙漿、紙張、塑料、金屬交易、金融和風險管理服務。鼎盛時期，其年收入達1,000億美元，在美國公司500強中名列第七位。公司曾被《財富》雜志評為美國最有創新精神的公司，它的股價最高達到每股90美元，市價約700億美元。

安然公司與美國政界關係密切。從20世紀90年代初開始，該公司就開始向兩黨議員提供競選資金捐助。據《紐約時報》報導，安然公司是布什總統政治生涯中最大的競選資金捐助者，一共為布什提供了55萬美元的競選資金捐助。另據政治捐款監督機構披露，在2000年的大選中，安然公司為71位現任參議員和188位現任眾議員提供過競選資金捐助，分別向共和黨和民主黨人士捐助了177萬美元和68.1萬美元。

全球著名能源公司的破產案，引起世界廣泛關注。中國石油天然氣集團公司總經理馬富才對記者說，安然公司破產的一個重要原因是企業戰略決策出了問題，而方向性的錯誤是很難補救的。吸取安然的教訓，中國石油將把戰略管理擺上更加重要的位置，確保公司向主業突出、核心競爭力強的大型跨國企業集團的目標邁進。

馬富才對記者說，安然破產給國內企業發出了警示：戰略管理是企業管理的核心，戰略決策上的失誤是致命的。他舉了一個國內的例子：東北一家企業年前上了一項聚酯工程，由於決策時沒有充分預料到市場可能發生的變化，「小馬拉大車」，結果背上了沉重包袱，至今未能從虧損中翻身。

資料來源：

[1] 安然破產警示：戰略管理是企業管理的核心. 新華網（http//www.xinhuanet.com），2002-01-25.

[2] 冷菊芬. 美國能源業巨頭——安然公司. 2002-01-25.

[3] 安然公司破產案震動美國政壇. 央視國際網路（http://www.cctv.com），2002-01-14.

>>> **專家觀點連結**

戰略研究專家呂成立把安然戰略失誤概括為三個方面：

戰略失誤一：盲目做大，忽視主業核心競爭力的穩健提升。

安然的前身是休斯敦天然氣公司，其真正從成立到輝煌時期僅有 15 年時間（1985—2000 年）。公正地講，其發展歷程中曾經出現過許多成功的戰略運作，比如當其僅僅排在美國天然氣製造商第十三位的時候，它就有戰略遠見地建立了美國最大的天然氣輸送系統，並成功地利用英、美等國開放能源市場的機會，將它在天然氣上累積的核心競爭力推向動力和發電領域。

直到 20 世紀 80 年代末之前，其主業還是維護和操作橫跨北美的石油與天然氣輸送管網路，從事能源及相關產品的買賣交易。但安然新任董事長和 CEO 肯尼思·雷不顧自身資源和實力，力圖迅速做大，主要做法是：

（1）迅速擴張業務領域，不僅從原來的天然氣、石油的開發與運輸擴展到包括發電和供電的各項能源產品與服務業務，而且還經營紙漿、煤炭、化工、風力、水力氣投資、木材、廣告等；不僅從提供貿易服務擴展到提供有關能源輸送的諮詢、建築工程等服務，而且還向客戶提供金融、風險管理及在線交易服務，涉足金融證券和高科技領域。

（2）不斷增大關聯企業數量，通過使用和完善金融重組技巧，建立複雜的公司體系，使其各類子公司和合夥公司數量超過 3,000 個。

（3）為實現從「全美最大能源公司」變成「全球最大能源公司」的目標，大舉進行國際化擴張，在英國、印度、菲律賓和其他國家紛紛投資設廠，包括建設玻利維亞到巴西的天然氣輸送管網路。

戰略失誤二：盲目創新，輕視創新風險的有效辨識和強化控制。

1996 年以來，安然公司曾連續 5 年被《財富》雜誌評選為「全美最具創新意識的企業」，同時更是以「規避金融風險」著稱，但也許正是這種規避風險的「專家企業」才可能在快速創新過程中犯輕視風險控制的錯誤，直至破產時還難以明白過來。

「創造性」運用金融工具，使本來不流動或流動性很差的資產或能源商品「流通」起來，這是安然公司主要的創新成就之一，但以此進行關聯交易、盲目舉債等也蘊藏著大量風險。20 世紀 80 年代中期，安然公司積極遊說美國政府解除對能源市場的管制，增大能源交易風險，並借機憑藉其能源衍生證券定價與風險管理系統，為能源及許多不相關的大宗商品（如風力、水權等）開闢期貨、期權和其他複雜的衍生金融工具。安然利用這些關聯企業為其提供融資、套期保值等服務，卻把風險隱藏在關聯企業中。

另外，安然公司以不動產（如水廠、天然氣井與油礦）作抵押，通過某種信託基金或資產管理公司向外發行流通性證券或債券。但在這些複雜的合同關係中，通常包括安然必須以現金購回這些債券或證券的特定條款；且用流動性差的資產去對沖流通性好的證券危險性很大。果然，在美國加州 2000 年以來持續的電力供應危機及其能源市場震盪中，上述風險「觸發」了安然現金流危機。

投身「新經濟」的寬帶網路和電子商務也是安然的創新「成果」，但缺乏對宏觀環境的持續戰略分析、脫離傳統業務、過度承擔交易風險的做法，也導致了創新的失敗。1999年，安然倫敦公司迫不及待，在未報告公司高級管理層的情況下，就自行調動資源啟動天然氣在線交易網，並一度「勃興」。事後安然董事會總結的成功經驗是：「創新想法的可行性不應由管理層來決定」，但隨著全球經濟陷入衰退，網路科技泡沫迅速破滅，安然網上交易市場也迅速喪失了抗禦風險的能力（包括償債能力、履約能力），成了該公司破產前虧損最大的部門。

戰略失誤三：喪失誠信，忽視企業文化的管理。

20世紀90年代以來，安然公司長期固守於不切實際的增長目標，鄙視企業文化管理的合理性，放棄誠信經營、以人為本、團隊合作等企業文化管理理念，造成了嚴重后果。

為快速實現過高的經營業績和股價目標，安然公司也採取了公開招聘和嚴格的考核辦法，但安然管理層對競聘過程中出現的「派系之爭」反應冷淡，嚴重忽視了員工的團隊建設和創造良好的企業文化氛圍；同時在堅持的業績考核中片面追求「結果衡量一切」，沒能把結果管理和過程管理有效結合起來。

另外，公司管理層以犧牲誠信為代價，大鑽美國會計準則的漏洞做假帳，虛誇收入（安然一貫把所有的交易額都歸入收入，而非按照華爾街銀行的規定只把交易中獲得的盈利作為收入，公司宣稱的2000年1,000億美元的收入其實只有80億美元而已），頻繁利用關聯交易隱瞞債務、虛報利潤。尤為嚴重的是，許多董事會成員不顧職業道德，長期以來熟視無睹甚至有意隱瞞公司經營中出現的問題，一方面鼓吹股價還將繼續上升，一方面卻在秘密拋售公司股票。

對此，通用的前任總裁韋爾奇就指出，安然公司的破產與其未及時建立起健全的企業文化有著密切關係。企業決策者鄙視企業文化的繼承與延續規律，正是安然戰略管理中最不可能「安然」的因素。

戰略研究專家呂成立認為，安然公司的破產倒閉不是偶然的，是與其長期忽視系統的戰略管理有著必然聯繫的。安然公司的失敗給中國企業的發展提供了以下三點啟示：

啟示一：以戰略管理為主題，集中資源和精力做強主業。

戰略管理是企業管理的核心，企業發展戰略的著眼點是：如何確保公司的有限資源用到核心競爭力強的主業發展上，而非輕易涉足其他領域。在大多數情況下，做強主業在先，做大企業在後，並且做強主業應該貫穿於企業經營的整個過程之中，但「大而不專、專而不強」卻是中國企業的通病。以安然為鑒，中國企業應切實把戰略管理置於首位，高度重視專一性和多樣化的平衡關係，嚴格貫徹指導國企改革的「有進有退、有所為有所不為」方針，加強對公司業務核心競爭力的深刻理解，從戰略高度有意識地增進集團公司共享性資源和能力的充分發揮，以迅速成長為「三強一好」、具有持續盈利能力和抗禦風險能力、具有國際競爭力的大企業集團。

啟示二：適時創新，規範決策，切實加強風險防範。

創新意味著機遇，但也包含著風險。正確的發展戰略加上有效的風險控制，才有

可能使企業在複雜多變的環境中穩步而健康地發展。企業在加快變革創新的過程中，應及時跟蹤、分析研究公司發展戰略環境，使公司發展與宏觀環境相匹配，同時要注意創新風險，提前辨識公司戰略管理過程中的風險因素，以安然為鑒，尤其是加強對戰略性投資的決策風險、不良資產或舉債風險和過度信用風險、集團內部交易或戰略協同風險（包括組織結構設計）、關鍵管理環節和核心業務風險等的控制，把人們創新的頭腦和管理風險的能力有機結合起來，建立有預警系統的戰略風險控制機制。

啟示三：誠信經營，以人為本，加強企業文化建設。

企業文化建設，是企業戰略管理的重要表現形式。市場經濟的本質是信用和法制經濟，而企業信用的建立又與員工素質及企業文化的提升密切相關。中國企業應該加強員工及企業管理者的職業道德素質建設，不斷提升公司人力資源開發與管理水平，並探索培育公司的核心經營理念；為建立起豐富完善的企業文化理念奠定基礎。

（資料來源：呂成立. 安然破產的戰略性因素分析及啟示. 中國行銷傳播網, 2002－05－29.）

［案例討論題］
1. 安然破產究竟是其戰略系統的問題還是其戰略管理團隊的問題？
2. 戰略管理與企業文化建設的內在聯繫是什麼？
3. 為什麼說戰略管理是企業管理的核心？

思考題

1. 戰略是什麼？什麼是戰略管理？
2. 企業戰略是什麼？企業戰略管理過程是什麼？
3. 企業為什麼需要戰略管理？
4. 戰略家需要的素質和能力有哪些？

第二章　企業戰略管理理論的產生與發展

第一節　西方企業戰略管理理論的演進

西方企業戰略理論研究時間並不長，自 20 世紀 50 年代到現在僅有半個世紀。從時間跨度來看，主要經歷了以下幾個發展階段：

一、早期戰略管理理論（20 世紀 50 年代—60 年代）

戰略管理學科領域的建立可以追溯到 20 世紀 60 年代的三本著作：錢德勒（Alfred Chandler）的《戰略與結構：工業企業史的考證》（1962）；安索夫（Igor Ansoff）的《公司戰略》（1965）以及安德魯斯（Kenneth Andrews）與克里斯滕森（Roland Christensen）合著的《企業策略：課本與案例》（1965）。

（1）錢德勒的著作著眼於大企業的成長，並分析了環境、戰略和組織之間的相互關係，提出了「結構追隨戰略」的論點。他認為，企業經營戰略應當適應環境——滿足市場需求，而組織結構又必須適應企業戰略，隨著戰略的變化而變化。他用通用汽車、西爾斯、新澤西標準石油、杜邦公司成長的案例中告訴人們，這些公司的總經理在公司發展的長期決策中如何顯示並提升自己在企業中的分量，然後進行投資和調整組織結構以保證企業戰略奏效。錢德勒進而說明這些總經理如何運用戰略管理來創造出優異的績效。同時，他還闡明了管理變革的全過程，它不只是為了提高某一效果而進行的調整，而是涉及戰略方向的轉變。因此，他被公認為「環境—戰略—組織」理論的第一位企業戰略專家。

（2）安德魯斯在他的教科書《企業策略：課本與案例》中認為，環境不斷變化會帶來機遇和威脅。一個組織既有優勢又有劣勢，應該適應這種變化，避開威脅，利用機遇。評估內部優勢與劣勢可以摸清自身的競爭力，評估外部環境的機遇和威脅可以辨別潛在的成功因素。優劣勢評估構成公司戰略擬定的基礎，這種被稱為「SWOT」的戰略制定方法一直被管理諮詢公司廣泛採用。

（3）曾任洛克希德電氣公司總經理的安索夫，打破了重在外延往日發展趨勢的規劃而更注重反應當前問題的公司戰略。他同意公司的目標應該是經濟回報的最大化，並提出了五要素選擇的「戰略經緯」：①產品市場範圍；②增長向量，即範圍變化的方向，是重在老產品市場還是新產品市場；③在產品或市場方面的競爭優勢；④反應內部各種能力的內部協同力（synergy）；⑤「自製還是外購」的決策。透過這些要素可跟

蹤此「戰略經緯」。

安索夫特別注重這些要素相輔相成形成的成功潛力。根據這些要素，他提出了一個廣為人知的四戰略矩陣：① 市場滲透（Market Penetration）——以現有的產品面對現有的顧客，以其目前的產品市場組合為發展焦點，力求增大產品的市場佔有率。採取市場滲透的策略，借由促銷或是提升服務品質等等方式來說服消費者改用不同品牌的產品，或是說服消費者改變使用習慣、增加購買量。② 市場開發（Market Development）——提供現有產品開拓新市場，企業必須在不同的市場上找到具有相同產品需求的使用者顧客，其中往往產品定位和銷售方法會有所調整，但產品本身的核心技術則不必改變。③ 產品延伸（Product Development）——推出新產品給現有顧客，採取產品延伸的策略，利用現有的顧客關係來借力使力。通常是以擴大現有產品的深度和廣度，推出新一代或是相關的產品給現有的顧客，提高該廠商在消費者荷包中的佔有率。④ 多角化經營（Diversification）——提供新產品給新市場，此處由於企業的既有專業知識能力可能派不上用場，因此是最冒險的多角化策略。其中成功的企業多半能在銷售、通路或產品技術等 know–how（指技術、技能、實際知識等）上取得某種協同效應，否則多角化的失敗概率很高。

二、傳統戰略管理理論（20 世紀 70 年代）

20 世紀 70 年代，企業經營環境劇烈動盪，對企業的長期目標的管理成為重點，因此形成了戰略管理的熱潮。企業戰略管理的研究視野更加開闊，方法更加多樣。致力於企業戰略管理研究的學者也與日俱增，各種專著、刊物如雨後春筍般出現。70 年代初，美國最大的 500 家公司中 85% 的企業建立了戰略計劃部門，到 70 年代末從事戰略管理諮詢的收入高達 3 億多美元。這個時期，企業不僅僅重視計劃制定，而且注重計劃制定、實施和控制整個過程的管理。

企業戰略管理的發展如此迅速，其原因歸納起來主要有以下三方面：

（1）企業環境的不穩定性使人們對於「戰略規劃」不再抱更多的幻想，使得一度興盛的長期規劃與戰略規劃受到冷落。1973 年石油禁運造成經濟波動，外匯匯率隨之急遽變化，通貨膨脹加劇。能源危機、通貨膨脹、放鬆管制以及許多行業所出現的全球化趨勢，加上日本在與美國和歐洲的競爭中占了上風，使美國企業的管理人員發現，要想準確預測未來斷無可能，而安於現狀又只會加速死亡，因此企業必須尋找能更有效地適應和利用環境變化的方法。企業組織從實踐中體會到，單從歷史推斷和僅僅依靠專業技術人員不可能帶來創新，也不可能順應變革，甚至有可能危及生存。規劃過程很容易退化為設立目標的練習，而不是對競爭優勢的真正正確的理解。此外，當複雜的規劃過程完成後，執行規劃的難度也會隨之增加，而且在執行中也可能產生難以預料的不同結果。因此，對戰略規劃的熱情減退就是必然的了。

（2）專業戰略諮詢公司紛紛湧現。它們以其新穎的分析工具和嶄新的戰略觀念，為企業排憂解難。波士頓管理諮詢公司是這一做法的始作俑者。在波士頓公司的帶動下，其他的管理諮詢公司也紛紛跟進，創造出各種相應的工具。一些企業的管理層甚至認為，所謂的戰略工作，就是對細分市場進行分析，對企業活動、成本加以研究以

及運用經營曲線的分析工具等。

（3）多元化經營企業變得成熟。在20世紀60年代和70年代初期，多元化經營是許多大型企業的最主要增長方式。高層管理機構把企業視為各業務單位的組合，他們的主要職責無非就是進行資源配置。然而，傳統的資金預算方式與系統，在企業經理們不熟悉業務環境的情況下，不僅派不上用場，而且會招致重大問題。新的系統開始逐步嶄露頭角，那就是所謂的「戰略管理」。

這個時代的另一個引人注目的現象是許多專業社團和專業雜誌相繼誕生，大學也開始開設戰略學專業和課程。儘管這門學科的水平並不高，但市場對「戰略」的需求卻日益增加。而該時期的主要著作有：

（1）1979年，安索夫又出版了《戰略管理》，系統地提出了企業戰略管理模式，提出了外部環境、戰略預算、戰略行為等八大要素，從而成為公認的較為正式、系統地提出「戰略管理」的學者。安索夫從企業戰略計劃在實施階段怎樣才能獲得成功著手，以「環境—戰略—組織」三者為支柱建立起了企業戰略管理的系統理論。

（2）麥爾斯和斯隆的《組織的戰略、結構與過程》是20世紀70年代另一本重要的著作。它以經驗主義為基礎，更加系統地對戰略管理進行了研究，整本書包含了（以前的）制度學家和（后來的）行為科學家的觀點。該書涉及了大量行業研究的理論與方法，並提出了企業通用的戰略如何產生及這些基本戰略對協同戰略的各個方面有何影響。

（3）奧利佛·威廉姆森的《市場與等級》是比《競爭戰略》更早的著作。該書研究的是部門化結構（M型結構）對企業的影響，認為企業邊界與外購和自我配套間的選擇有關，同時受相關市場與資產性質的影響。

20世紀70年代的著作所關注的主要問題是公司所處的行業環境。與20世紀60年代的著作相比，它們更多地假設企業處在競爭性的環境中，並以此為基礎來考慮企業戰略。但是，70年代的戰略熱中，企業尚未準確領會戰略的深刻內涵，往往只是根據層層上報的利潤、銷售額等指標，進行計量分析。為了追求財務上的短期利益，片面地注重財務方面的戰略改進，而不是從環境與企業的相互作用中去發掘新的戰略機會。由於缺少遠見卓識的氣魄和運籌全局的能力，一些企業錯失了許多有利的商業機遇。70年代只注重財務分析的戰略方法，使企業戰略走入了「盲區」，戰略管理聲譽日衰。

三、經典戰略管理理論（20世紀80年代）

20世紀80年代，以哈佛大學商學院的邁克爾·波特為代表的競爭戰略理論取得了戰略管理理論的主流地位。他在產業組織理論的「結構（S）—行為（C）—績效（P）」分析範式的基礎上，提出了以產業（市場）結構分析為基礎的競爭戰略理論。該理論認為：企業是作為一個「黑箱」，是同質技術上的投入產出系統，企業資源可以自由流動，並且在投入與產出之間存在相對確切的技術關係。他主張從外部環境中尋找機會，認為超額利潤源於產業中認識有利結構性特徵的基本能力，認為決定企業盈利能力首要的和根本的因素是產業的吸引力，強調產業結構分析是建立競爭戰略的基礎，理解產業結構永遠是戰略分析的起點。波特認為，企業戰略的核心是獲取競爭優

勢，而影響競爭優勢的因素有兩個：一是企業所處產業的盈利能力，即產業的吸引力；二是企業在產業中的相對競爭地位。因此，競爭戰略的選擇應基於以下兩點考慮：

（1）選擇有吸引力的、高潛在利潤的產業。不同產業所具有的吸引力以及帶來的持續盈利機會是不同的，企業選擇一個朝陽產業，要比選擇夕陽產業更有利於提高自己的獲利能力。

（2）在已選擇的產業中確定自己的優勢競爭地位。在一個產業中，不管它的吸引力以及提供的盈利機會如何，處於競爭優勢地位的企業要比劣勢企業具有較大的盈利可能性。而要正確選擇有吸引力的產業以及給自己的競爭優勢定位，必須對將要進入的一個或幾個產業結構狀況和競爭環境進行分析。為此波特設計了一個「五力」競爭模型，管理者可用來評估某個行業的利潤潛力。這五種競爭力決定該行業的吸引力的大小，並決定該行業的類型（成長或是衰退，走向成熟還是飽和）。這五種競爭力越強，該行業盈利就越少。針對這五種競爭力量，波特提出了使企業制勝的三大戰略，即通常所稱的通用競爭戰略，分別是成本領先戰略、差異化戰略和集中化戰略。

成本領先戰略即指企業在提供相同的產品或服務時，其成本或費用明顯低於行業平均水平或主要競爭對手的競爭戰略。或者說，企業在一定時期內為用戶創造價值的全部活動的累計總成本低於行業平均水平或主要競爭對手的水平。成本領先戰略的意義是通過成本優勢使企業在相同的規模經濟下，取得更大的盈利，或累積更多的發展基金，或在不利的經營環境中具有更強的生存能力。成本領先優勢的另一含義是這種優勢的可持續性。

差異化戰略是指企業通過向用戶提供與眾不同的產品和服務的競爭優勢。這種戰略要求企業在產品設計、品牌設計、生產技術、顧客服務、銷售渠道等方面增加企業產品和服務的競爭優勢。這種戰略要求企業的產品價格與成本的差額，不僅可以給企業帶來高於同行競爭對手的利潤率，同時，也避開了激烈的價格競爭。由於產品或服務的獨特性，增加了對顧客的吸引力，減少了顧客對價格的敏感性。

集中化戰略指企業的某一經營領域主攻某個狹窄的特殊顧客群，某一產品系列的一個細分範圍或一個地區市場，在這個狹窄的領域內或是實施低成本，或是實施差異化，或是兩者兼而有之的競爭戰略。

概括起來，波特的競爭戰略理論的基本邏輯是：

（1）產業結構是決定企業盈利能力的關鍵因素；

（2）企業可以通過選擇和執行一種基本戰略影響產業中的五種作用力量（即產業結構），以改善和加強企業的相對競爭地位，獲取市場競爭優勢（低成本或差異化）；

（3）價值鏈活動是競爭優勢的來源，企業可以通過價值鏈活動和價值鏈關係（包括一條價值鏈內的活動之間及兩條或多條價值鏈之間的關係）的調整來實施其基本戰略。波特所提出的行業競爭結構分析理論在過去二十多年裡受到企業戰略管理學界的普遍認同，並且成為進行外部環境分析和激發戰略選擇最為重要和廣泛使用的模型。

四、綜合戰略管理理論（20世紀90年代）

到了20世紀90年代，企業的規模日益壯大，管理層次越來越多，管理幅度越來越

大，使得企業管理的有效性和效率問題變得非常重要，企業能否靈活有效地綜合利用內部資源以適應外部環境的變化，成為企業成敗的關鍵因素。企業面臨的環境更加複雜多變，預測行業前景也變得更為必要，戰略管理的重要性就顯得十分突出了。正如著名未來學家托夫勒所說，沒有戰略的企業就像在險惡氣候中飛行的飛機，始終在氣流中顛簸，在暴風雨中穿行，最后很有可能迷失方向。這一時期最具影響的論著首推普拉哈拉德和哈默（C. K. Prahalad 和 Gary Hamel）1990 年在《哈佛商業評論》發表的《企業核心能力》。文中兩人提出了基於核心競爭力獲取可持續競爭優勢的觀點。從此，關於核心能力的研究熱潮開始興起，並且形成了戰略理論中的「核心能力學派」。該理論的理論假設是：

（1）每個組織都擁有自己獨特的資源和能力，這是組織利潤的源泉和制定戰略的基礎；

（2）在同一行業中競爭的企業不一定擁有相同的戰略資源和能力；

（3）資源不能在組織間自由流動，正是這種資源的差異性構成了企業競爭優勢的基礎。

該理論強調的是企業內部條件對於保持競爭優勢以及獲取超額利潤的決定性作用。這表現在戰略管理實踐上，要求企業從自身資源和能力出發，在自己擁有一定優勢的產業及其相關產業進行經營活動，從而避免受產業吸引力誘導而盲目進入不相關產業進行多元化經營。

但是，核心能力理論在彌補了注重企業外部分析的波特結構理論的缺陷的同時，本身也存在著固有的缺陷：由於過分關注企業的內部，致使企業內外部分析失衡。為了解決這一問題，1995 年，David J. Collins 和 Cynthia A. Motgomery 在《哈佛商業評論》上發表了《資源競爭：90 年代的戰略》一文。該論文對企業的資源和能力的認識更深入了一層，提出了企業的資源觀。他們認為，價值的評估不能局限於企業內部，而且要將企業置身於其所在的產業環境，通過與競爭對手的資源比較，從而發現企業擁有的有價值的資源。所謂的企業資源是公司在向社會提供產品或服務的過程中能夠實現公司戰略目標的各種要素組合。公司可以看作是各種資源的不同組合，由於每個企業的資源組合不同，因此不存在完全一模一樣的公司。只有公司擁有了預期業務和戰略最相匹配的資源，該資源才最具價值。公司的競爭優勢取決於其擁有的有價值的資源。

另外，在 1995 年，李奧拉德－巴爾頓（Leonard－Barton）提出了核心競爭力四要素的結構體系，德瑞杰爾（A. Dreger）則提出了企業應當在維持當前的核心競爭力的同時，著重發展面向未來的焦點核心競爭力的觀點，從而使以核心競爭力為基礎的戰略管理由理論框架朝著更具操作性和實用性方向發展。

該時期的主要著作涵蓋了對靈活性、全球聯盟與全球網路、技術、技能和學習的研究。耐爾森與溫特的《經濟變革的進化理論》和派爾與賽伯的《第二次工業劃分》最先提出了這些觀點，但這兩本書的內容與企業戰略並不相關。前者研究的是企業生存技巧及環境對企業的選擇和改造；后者研究的是企業通過聯盟來加強自身能力的問題。這兩本書提出了核心競爭力、學習、變革和靈活性等名詞。該時期企業戰略研究的重點是如何應對環境的變化以及如何在複雜多變的環境中制定和實施企業經營戰略，

從而使企業在險惡的環境中不迷失方向並健康發展。特別是在出現戰略脫節的情況下，戰略思維和戰略管理就顯得尤為重要。企業必須隨時注意經營環境的變化，尋找可能出現戰略脫節的信號，並仔細分析可能出現的情況及問題，只有這樣，企業才能贏得戰略上的優勢，為未來做好準備。

第二節　當代企業戰略管理理論流派

一、產品—市場戰略管理理論

產品—市場戰略管理理論是在對企業所處的產業與市場結構的外部競爭環境分析的基礎上，形成了較完整的制定戰略的思路、程序、和方法。最具代表性的是20世紀70年代的安索夫企業戰略論和20世紀80年代的波特競爭戰略論。

（一）安索夫企業戰略論

美國著名管理學家安索夫的《企業戰略論》於1956年問世，這本著作主要論述企業制定產品—市場戰略的決策過程，他把確定企業目標作為覺察到的出發點，把經營決策的結構和戰略決策的模式放在首要位置，提出了企業增效、能力分析以及成長發展的方向和範圍等概念。以后，安索夫陸續發表了企業戰略理論方面的論文。在其1976年發表的《從戰略計劃走向戰略管理》的論文中，首次提出了「戰略管理」的思想，后來他又於1979年出版了《戰略管理論》一書，從而形成了安索夫企業戰略管理的理論體系。

安索夫的企業戰略論的基本結構是由環境、戰略、組織三支柱要素構成的。安索夫認為只有當這三支柱要素協調一致、相互適應時，戰略才會成功地實現企業的經營總目標；反之，則會降低經營總目標的實現率。安索夫把上述三支柱要素都劃分為五種類型，即穩定型、反應型、先導型、探索型、創造型，進一步研究其相互協調、相互適應的關係。其基本構想是：在環境因素、戰略模式和組織實施三個要素一致時，企業的效益就能提高；反之，就會降低效益。

安索夫的戰略決策論由於設計了既能在有限信息的環境條件下圓滿地進行，又能靈活處理決策過程中發生的問題，而被人們稱之為「戰略計劃製造工廠」的草圖。

在《企業戰略論》中，安索夫通過把編製企業戰略程序的定型化而建立起戰略決策模式。其基本思路是：確定企業目的→企業能力概況與協同作用→戰略計劃→評選戰略。安索夫指出戰略計劃是根據戰略計劃方向及初步擬定的戰略決策備選項目方案，來指導達到企業目的的一種關鍵性活動計劃，稱之為「產品—市場戰略計劃」。它是企業達到各種目的的手段，指出應該經營哪些項目，像軍事地圖一樣指示前進的途徑；不然，遇到外界環境變化，欲尋求新的產品—市場，就會有迷路的風險。

（二）波特競爭戰略論

在安索夫之後，美國另一位管理學家波特1980年出版的《競爭戰略：產業和經營

者分析技巧》及1985年出版的《競爭優勢：創造並維持超級業績》在企業戰略管理實踐者中頗具影響力。波特認為企業應該選擇有吸引力和潛力的高利潤產業，並在所選擇的產業中確立自己優勢的競爭地位。為此他提出了一系列新的戰略管理概念和方法，其中最具影響力的是產業競爭力量分析、通用競爭戰略及價值鏈等。

1. 產業競爭力量分析

波特認為：企業最關心的是其所在產業的競爭強度，而競爭強度又取決於五種基本競爭力量。產業中現有企業間的對抗行動所產生的競爭力量是主要的競爭力量，還有潛在的加入者和替代品生產的威脅，以及購買者、供應者討價還價能力等競爭力量。正是這些力量的狀況及綜合強度影響和決定了企業在行業中最終獲利的潛力。

2. 通用競爭戰略

波特認為企業相對其競爭對手可以擁有兩種基本的競爭優勢，即低成本和產品差異化優勢，這兩種競爭優勢如果與某一特殊的業務活動範圍相結合，可以得出三種通用競爭戰略。

3. 價值鏈

波特認為，競爭優勢來源於一個企業在其產品的研發、設計、生產製造、后勤保障、行銷和售后服務工作中的多項單獨的活動。所有這些活動中的每一項都會對企業的成本結構狀況發生促進作用，並為產品差異化創造條件。例如，成本優勢就可能來自於諸如低成本的實物分銷系統、高效率的裝配工序、良好的銷售力量這些不同的源泉；差異化優勢同樣也可能來自於企業經營活動中的不同因素，如優勢原材料、良好的創意設計、流程的改善等。為了分析競爭優勢的來源，波特提出了價值鏈的概念，他認為：企業的價值活動可分為基本活動和輔助活動，任何一個企業都是其產品在研發、設計、生產製造、銷售、后勤方面進行的各項活動的聚合體，所有這些活動用一條價值鏈來表示；在任何一個企業中，基本活動都可以劃分為投入物流、營運作業、產出物流、市場行銷和服務五類活動；輔助活動既是對基本活動的支持，同時又相互支持。企業基礎結構與某類型人特定的基本活動並沒有聯繫，但它對整條價值鏈起基礎支撐作用，價值活動是競爭優勢的各不相同的構建單元。

二、核心競爭力戰略管理理論

從20世紀90年代以來，核心競爭力已成為企業界、學術界甚至政府部門和普通百姓最熱門的話題之一。

（一）核心競爭力的起源

核心競爭力的概念是1990年美國密西根大學商學院教授普拉哈拉德和倫敦商學院教授哈默爾在其合著的《公司核心競爭力》（*The Core Competence of the Corporation*）一文中首先提出來的。他們對核心競爭力的定義是：「在一個組織內部經過整合了的知識和技能，尤其是關於怎樣協調多種生產技能和整合不同技術的知識和技能。」從與產品或服務的關係角度來看，核心競爭力實際上是隱含在公司核心產品或服務裡面的知識和技能，或者是知識和技能的集合體。

在普拉哈拉德和哈默爾看來，核心競爭力首先應該有助於公司進入不同的市場，它應成為公司擴大經營的能力基礎。其次，核心競爭力對創造公司最終產品和服務的顧客價值貢獻巨大，它的貢獻在於實現顧客最為關注的、核心的、根本的利益，而不僅僅是一些普通的、短期的好處。最后，公司的核心競爭力應該是難以被競爭對手所複製和模仿的。正如海爾集團總裁張瑞敏所說的那樣：「創新（能力）是海爾真正的核心競爭力，因為它不易或無法被競爭對手所模仿。」

（二）核心競爭力的構成

核心競爭力是對手短期內無法模仿的，企業長久擁有的，使企業穩定發展的可持性競爭優勢。企業在構建核心競爭力的時候，要綜合諸多方面的因素考慮，但是最后必須凝聚在一個點上。構建一個企業的核心競爭力可以從以下八個方面考慮：

（1）企業的規範化管理。
（2）資源競爭分析。
（3）競爭對手分析。
（4）市場競爭分析。
（5）無差異競爭。
（6）差異化競爭。
（7）標杆競爭。
（8）人力資源的競爭。

（三）核心競爭力的特徵

（1）價值性。企業核心競爭力要通過市場檢驗，符合市場需求，能為顧客創造價值。它是企業核心競爭力的根本特性。

（2）領先性。與同一產業競爭對手的競爭力相比，企業的核心競爭力在獨特性、不易模仿性、滿足顧客需求等方面具有較大的領先優勢。

（3）整合性。企業的核心競爭力是知識、技能、管理能力的有機整合，單獨的任何一項都不能成為核心競爭力。

（4）延展性。企業核心競爭力使企業能夠不斷地開發出新產品和新服務以滿足顧客需求，維護已有的核心競爭力，擅長變更和培育新的核心專長，使企業具有旺盛和持久發展的生命力。

三、其他戰略管理理論

（一）「非理性」戰略理論——后現代戰略理論

由於核心能力理論的種種缺陷，動態能力（Dynamic Capabilities）這一嶄新的概念被提了出來，其理論隨之大行其道。動態能力，是指企業保持或改變其作為競爭優勢基礎的能力的能力。動態能力理論則秉承了熊彼特的創造性毀滅的思想，認為企業只有通過其動態能力的不斷創新，才能獲得持久的競爭優勢。它強調開拓性創新以克服能力中的慣性和剛性是動態能力理論的靈魂和特徵。所以，凡是強調學習性、自組織

性、靈活性、柔性甚至非理性的企業管理理論實際上都屬於動態能力理論的範疇。事實上，這些理論甚至是「反」戰略的，因為凡是戰略必然具有一定程度的慣性和剛性。也正是從這個意義上講，這些理論可以稱為后現代企業戰略理論——因為在哲學和社會學中，「后現代」意味著對理性、計劃和剛性的反叛。事實上，早在20世紀70年代，環境適應學派就開始反叛過於強調理性和計劃的古典戰略管理理論。環境適應學派認為，未來無法預測，現實的戰略往往不是理性和計劃的結果，而是不斷「試錯」的結果，環境不確定必然導致企業不斷嘗試與修改自己的對策，這些應試對策逐步累積就形成了戰略。林德布羅姆的「摸著石頭過河」、奎因（J. B. Quinn）的「邏輯漸進主義」以及明茨伯格和沃特斯的「應急戰略」都把戰略看成是意外的產物，是企業應對環境變化所採取應急對策的總結。吉爾斯（William Giles）則認為戰略是一個學習的過程。當然，環境適應學派的「非理性傾向」在20世紀80年代並未得到很好的發揚。眾所周知，80年代風靡一時的是另一種極端理性理論——邁克爾·波特的競爭戰略理論（現代戰略管理理論）。

事實上，對於「自組織」的強調成為90年代后期許多企業管理論著的主要特徵。除了柯林斯的《基業長青》，比較著名的著作還有羅伯·高菲（Rob Goffee）的《公司精神》（1998），肯·巴金斯（Ken Baskin）的《公司DNA》（1998），杰弗里（Jeffrey Glodstien）的《堅實的組織：通過自發式重組迎接意外事件的挑戰》，等等。這些理論徹底放棄了機械式的戰略模式和組織模式，代之以更激動人心和革命性的有機模式——「自組織」模式。這些理論認為，組織的自發學習和創新，可以使企業更能夠適應複雜多變的環境。

總之，在動盪的環境中，后現代企業戰略理論崇尚建立創造性、開拓性學習的能力。開拓性學習能力並不是為了特定的生產目的，而是為了獲得動態能力。在一個變化無常的超競爭環境中，能力持續不斷地培養、開發、運用、維護和揚棄，這正是開拓性學習能力本質之所在——通過不斷的創新而獲得一連串短暫的競爭優勢，從而在整體上體現出企業的持久競爭優勢。

(二) 新思維：綜合戰略管理理論

為了克服以往企業戰略理論的缺陷和困境，近年來一些學者進行了艱辛的實踐探索和理論創新。克里斯坦森（M. Christensen）和雷納（Michael E. Raynor）在這方面取得了可喜的成就，他們2003年合著出版的《困境與出路》成為哈佛商學院2003年最佳經管書籍，是《紐約時報》2004年度暢銷書之一。通過對一些優秀公司的長期觀察和研究，克里斯坦森和雷納提出了「雙戰略模式」來克服傳統戰略模式的缺陷與不足。

克里斯坦森和雷納認為，每一家公司都應該同時進行兩個戰略制定過程——周詳計劃戰略和緊急應對戰略。周詳計劃戰略的制定過程是有意識進行的分析進程。它通常是基於對企業外部環境和內部因素的嚴格分析得出的。在這一過程中制定的戰略通常具有獨立的開始和結束，是自上而下實施的戰略。克里斯坦森和雷納認為，在滿足三個前提條件下，周詳計劃的戰略是組織行動最有力的工具。這三個前提條件是：

（1）戰略必須包括並正確處理成功所必需的所有重要細節，而且戰略實施人員必須理解戰略中各項重要的實施細節；

（2）如果企業要採取集體行動，則戰略需要確保公司的所有員工對該戰略的理解相同，從而保證行動的一致性；

（3）集體意志的實現必須不受無法預見的外界政治、技術或市場力量的影響。而在上述三個條件不能同時滿足的情況下，緊急應對戰略就會派上用場。

克里斯坦森和雷納認為，緊急應對戰略來自管理者在分析和設計周詳計劃戰略的過程中對不可預見的問題或機遇的緊急應對。而這些不可預見的問題或機遇是公司所有員工每天做出的投資決策和工作排序的累積結果。所以，也可以說，緊急應對戰略自組織內部產生。

第三節　中國企業應用戰略管理的概況

一、中國企業實施戰略管理應當具備的條件

中國企業要能制定好企業戰略，並能真正實施，必須在企業內外環境方面滿足以下五個基本條件：

（一）企業要有經營自主權

這是制定和實施企業戰略管理的最基本條件，因為戰略本身是一種變革的概念，它就是要在激烈變化、挑戰嚴峻的環境中，通過一系列的革新來創造性地經營企業，以求得企業長期的生存和發展。

企業必須要有真正的自主經營權，當企業真正成為自主經營、自負盈虧、自我發展、自我約束的法人實體時，才能制定企業戰略。沒有經營自主權的企業，就不必制定企業戰略。中國經過二十多年的經濟體制改革後，中國絕大多數企業已經具有經營自主權，具備了實施企業戰略管理的條件。

（二）企業要有基本正常的生產經營活動，要有一定的管理基礎

如果一個企業生產經營活動已陷入停頓狀態或即將破產，這種企業就不具備制定和實施企業戰略的條件，只有等到該企業生產經營走上正軌，人、財、產、供、銷都正常運行起來了，企業戰略管理才可能被提到議事日程上來。

企業內部要具有一定的管理基礎才能實施戰略管理，如果一個企業內部管理混亂、帳目不清，人力資源、財務、市場行銷、生產等各方面管理缺少基本的統計資料，而企業管理人員也不瞭解企業的基本情況，這種企業也不具備制定和實施企業戰略的條件。

（三）企業要有足夠的信息

實施戰略管理必須要有足夠的信息，一般來講，至少需要四方面信息才能制定戰略：

（1）國內外宏觀經濟方面的信息；

（2）國內外行業發展方面的信息；

（3）國內外競爭對手方面的信息；

（4）本企業各方面的信息。

主觀臆斷、拍腦袋制定出來的戰略是脫離實際、實施不了的。制定戰略有時需要靠企業家的直覺，但是這種直覺是建立在充分掌握信息基礎上產生的直覺，而不是在不掌握信息的情況下憑主觀願望的直覺。這樣制定出的戰略是危險的，只會給企業帶來災難，不會給企業帶來發展。

（四）企業要有一定的規模，要有相對穩定的產品和服務

企業規模太小就用不著實施戰略管理了。只有當企業已形成一定規模、具有相對穩定的產品和服務時，才有可能實施戰略管理。

（五）企業要有一定的管理素質，要有實施戰略管理的要求

中國有些企業只顧眼前利益，忽視長遠利益，忽視企業技術進步，企業管理水平低，人員素質差，管理工作基礎薄弱。有的企業領導者的戰略思維較差，沒有實施戰略管理的要求，沒有認識到實施戰略管理的必要性和重要性。在這種情況下，硬性規定企業都要實施戰略管理是不現實的，即使制定了戰略也只不過是擺設，是為了讓別人看的。只有不斷地進行宣傳和鼓勵，等到企業管理者認識到戰略管理的重要性，並成為企業自覺迫切的要求時，實施戰略管理才有實際意義。

二、中國企業實施戰略管理的動因

（一）中國企業已進入戰略制勝的時代

經過二十多年的經濟體制改革，中國企業的外部環境已發生了重大變化，概括起來講，其外部環境發生了「3C」的變化。

1. 顧客（customer）在變化

如果你開服裝店卻一件衣服都賣不出去，這個服裝店立刻就會破產。企業的顧客從過去商品和服務的被動接受者轉變為有多種不同需求和偏好的顧客群體。他們不再滿足於規模需求市場時廠家提供的標準化產品，隨著生活水平的提高，顧客個性化的需求越來越強烈，他們需要個性化的產品和服務。消費者獲取信息的渠道由於信息技術的快速發展而變得前所未有的廣闊，過去那種顧客對市場知之甚少的情況已不復存在。這些變化說明消費者已不是一個整體，而是分成了許多小碎塊——彼此有聯繫但又有自己獨特需求的許多細分市場。他們有理由挑剔，因而他們有了更多的選擇權，這就是主動權的轉移：過去主動權在企業，現在主動權在顧客，在企業與顧客的天平上決定性的力量轉到了顧客一方。過去的計劃經濟時代，我們的服裝企業不管男士們的高矮胖瘦如何，只按國家計劃生產藍綠黑 3 種顏色、大中小 3 種型號的襯衫。現在這種方式就不行了，男士們穿著各式各樣的襯衫、西裝、夾克等。所以，我們要認真看清楚每一個顧客的個性化的需求，生產出適合他們需求的產品，否則我們的產品就

賣不出去。所以，外部競爭環境的變化，特別是消費者需求的變化要求我們必須滿足顧客不斷變化的需求和慾望，我們的產品才能賣得出去。

2. 競爭（competition）在變化

經濟全球化使原來受貿易保護的國內企業受到來自國外更有活力的企業的衝擊，企業之間的競爭也由過去的靜態競爭轉變為現在的動態競爭。現在小企業戰勝大企業、年輕的企業戰勝年老的企業已經是非常普遍的現象，這是動態競爭的重要特徵。過去你打競爭對手一拳，等了很久他才踢你一腳，現在不一樣了，你打競爭對手一拳，他立即踢你一腳，你還沒有打出第二拳時，人家第二腳已經踢過來了。也就是說，競爭的頻率加快了。競爭的規則也在改變。隨著世界經濟一體化及全球信息化的發展，企業之間競爭的規則也在不斷變化，最明顯的就是電子商務的出現。它的出現使得企業市場行銷的某些原理受到了嚴峻的挑戰，目前企業之間的競爭已遠遠超出過去的單純靠擴大生產能力、擴大規模、降低成本來取得競爭優勢，現在創新及服務的速度、產品質量、品種、售前和售中及售後服務等都已成為企業競爭實力的重要評價指標。而由於電子商務的運用，使企業的經營管理在時間、空間上發生了很大的變化，也給企業帶來很大的經濟效益。

3. 變化（change）的本身也在變化

變化本身的性質也在變化。這主要體現在以下三方面：

（1）變化的內容在變化。變化不僅表現在產品數量上的增長，而且表現在向品種、質量、服務、速度方向發展，表現在由面向規模市場轉變到面向千千萬萬個有個性化需求的顧客細分市場，面向個別顧客提供產品的方式。

（2）變化的週期在縮短。21世紀是速度的經濟，表現在環境及技術進步變化的速度越來越快、產品和服務的週期大為縮短，企業要想在變化中生存，就需要有靈活的機制及快速反應的能力，這對於那種按部就班的串行式經營的企業來講是不可想像的。

（3）變化的突然性增強了。企業在面對突然出現的新情況時，如果仍然通過那種自上而下的問題解決體制和部門的串行行為，企業就無法應對突如其來的變化。

（二）科學技術發展的需要

當前人類正在經歷一場世界性的新科技革命和產業結構調整，其主要特點是：高技術及其產業對綜合國力的影響越來越大，知識更新的速度越來越快，科學技術轉化為現實生產力的週期越來越短，原始性創新越來越成為當代科技競爭的戰略制高點，許多科技前沿正在醞釀新的重大突破，一種建立在知識基礎上的新經濟形態正在興起。現舉三個技術發展的案例加以說明：

（1）信息技術突飛猛進。現在一個普通美國家庭擁有的電腦運算能力相當於20年前全世界電腦運算能力的總和。1997年IBM公司生產的「深藍」計算機戰勝國際象棋冠軍卡斯帕羅夫，標誌著人工智能在一些特定領域已經可以與人的智能抗衡。所以，信息技術的發展預示著21世紀重大的產業革命。

（2）生物技術異軍突起。1996年克隆羊「多莉」在英國誕生，宣告了生物工程時代的來臨。正因為如此，克隆羊引起的轟動不亞於當年原子彈的爆炸。據報導，有人

正在用大豆的基因與蜘蛛的基因相結合，種出了轉基因大豆，在大豆的杆子中都是蜘蛛的絲，用這種絲紡織出來的布，據說其牢固程度可以擋住波音737飛機的起飛。所以，生物技術的發展也孕育著21世紀重大的產業革命。

（3）材料科學引人注目。據報導，用納米技術生產的新材料，其強度有可能達到鋼的10倍，而密度只是鋼的幾分之一；納米技術應用於軍事——將分子機器人植入昆蟲，控制昆蟲飛入敵營搜集情報；納米技術應用於製造業，可以製造出來米粒大小能夠開動的汽車，只有蜜蜂大小卻能夠飛行的直升機；納米技術應用於醫學，可以製造出只有幾毫米的人造手，幫助醫生做手術。有人預言，納米技術會在21世紀引起新的產業革命。

從上述案例中可以看到，科學技術發展非常迅速，因此企業對此必須要有前瞻性及預見性。要預見到科學技術的發展對本企業的發展會帶來哪些影響，必須實施戰略管理，否則就會像在冷水鍋裡的青蛙，當鍋中冷水慢慢加溫時，青蛙對於溫度的變化喪失警惕，最后被煮死在鍋裡。企業也應當避免此類情況發生。

（三）建立現代企業制度的需要

現代企業制度能夠解決企業經營機制問題，形成一套市場化的用工機制和激勵機制。但是，建立現代企業制度卻仍然解決不了企業的經濟效益問題，機制活了，當然有利於企業經濟效益的提高，但機制活了並不能直接產生企業經濟效益。現代企業制度解決的是企業經營機制問題，戰略管理解決的是企業經濟效益問題，因此，在建立現代企業制度的同時還必須要實施戰略管理。

（四）企業進行資本經營的需要

現代企業的發展，尤其是大企業的發展，是產品經營與資本經營的結合，中國企業要做大、做強，企業資本經營是必經的途徑。但無數企業管理實踐說明，有的企業通過資本經營迅速成長起來，有的企業通過資本經營反而使自己走向衰敗，其中重要的原因之一就是這些企業有沒有明確的企業戰略作指導。從某種程度上來講，資本經營要比產品經營風險更大，不確定因素更多，因此，企業資本經營更需要有戰略的指導。

（五）企業國際化經營的需要

當今世界全球化的步伐在加快，中國有越來越多的企業走出國門，走向世界。特別是中國加入世貿組織后，有越來越多企業開始了國際化經營的道路。為了在國際舞臺上立於不敗之地，企業實施戰略管理就顯得尤為重要，因為企業戰略管理是提高企業素質、提高企業競爭力的有力武器。

三、中國企業應用戰略管理的現狀

中國是從20世紀80年代引入戰略管理的。國內目前在企業戰略管理理論上基本朝著跟蹤國際研究前沿問題、與國際研究接軌的方向發展，在研究方法上已開始注重一定的規範性，在理論推導、命題建立、方法選擇、數據分析以及命題驗證等方面都形成了

較為規範的技術路線。

　　戰略管理是一個應用性較強的領域，其主流理論基本上發端於西方尤其是美國，而中國企業所處的環境與背景具有一定的特殊性，因此使得問題的選擇與研究結果的解釋方面不完全類同於西方。因為不存在所謂的普適通用理論，因此在戰略實踐中必須注意理論的適用性問題（鐘映弘、楊建梅，2003）。展望國內戰略管理研究的趨勢，應是在借鑑國際上規範研究方法的基礎上，突出戰略管理的環境依賴與問題導向性，在測量變量尤其是控制變量選擇上充分考慮到中國特定的社會、經濟與文化背景，即戰略研究在中國環境背景下如何較好地實現本土化。可以強調背景與問題的中國特色，但不能強調研究方法的中國特色。目前中國企業在戰略管理的應用上還存在著諸多問題，主要體現在以下幾方面。

(一) 對戰略管理的認識偏差

　　(1) 戰略管理（包括戰略規劃）是企業領導者使用的工具、是領導科學化的依據、是用以決策和協調的工具，而不是各職能部門的主要工具。因此，企業的發展戰略制定要由領導者來指導，要反應他的意志，而不是規劃研究部門的意見。不少企業的發展戰略由下級部門做出方案交總經理拍板這種本末倒置做法，就違反了戰略管理制定的規律。

　　(2) 戰略管理在本質上、功能上完全不同於5年計劃或10年規劃，即它不是按整數時間劃定期限，而是按解決問題對象所需來劃定時限；不是生產、銷售、財務、技術等各部門工作相加的結果，而是根據環境變化指導整個企業及各部門工作的依據；不僅追求企業經營利潤最大化，而且追求企業競爭安全性；它主要不是技術性產物，而是思想性產物、創新性產物。戰略規劃沒有最好，只有更好，因此在研究制定發展戰略時不應以熟悉本企業主要技術為依據，而是以包括軍事思想在內的戰略思想為主要依據。根據調查，相當多企業的戰略管理納入「行銷管理」「人力資源管理」「品牌管理」等局部範圍內，同時近一半的被訪者認為戰略規劃與5年規劃「是一回事」，還有不少被訪問者認為「5年以內是5年計劃，5年以外是戰略規劃」，這些認識偏差太遠，從根本上妨礙了正確開展戰略管理。

　　(3) 戰略管理不應是在企業危機、重組，或更換大股東後的工作，而是企業發展中的經常性的工作；不應是用來宣傳表彰的材料，而是事關企業生存安全的絕密資源。目前中國企業管理者這方面意識非常落後，反觀國際知名家電巨頭都把自己打入中國的戰略封藏起來，不漏半點口風。

　　(4) 公司戰略在內容上空洞無物。這主要表現在戰略內容上假、大、空，官話連篇、套話不斷，篇幅不小、言而無物，這是中國企業戰略管理的通病。中國很多企業集團、公司，洋洋灑灑的厚厚文本中除了政治形勢和政府要求外，就是新名詞註釋或官樣戰略的模板套用。這樣的戰略對企業根本不可能具有經濟指導意義和實際價值，這種內容空洞、無的放矢的戰略當然也不可能成為引導企業集團發展和整合企業活動的作用。有些企業集團的戰略成為企業集團拍腦袋講大話、吹牛皮騙上級的官樣文章，個別戰略甚至成為給領導歌功頌德和對企業宣傳表彰的材料，這就更把公司戰略的

「真經」給念歪了。

（5）戰略管理是一種以思想性創新為特徵的管理，是不能按教科書來實施和規範的，更不能程式化、數字化——提取和整理若干數據輸入計算機，出一大堆打印件，再加上結論就完成了。對於戰略管理性質與其他管理的區別缺少正確的認識，導致採用不適合的方法，是嚴重妨礙和局限企業進行戰略管理的基本原因。由於這種錯誤認識，造成在實踐中，或者很荒謬地把戰略規劃研究當作一項任務，臨時抱佛腳，組織眾多專家和部門負責人「集思廣益」，而違反了思想性創造活動要通過少數人長時間的集中思考的規律；或者把戰略規劃模式化，造成眾多企業的戰略規劃如出一轍，即使戰略規劃缺少了針對性，又完全違背了「你打你的，我打我的」的戰略基本規則。這種戰略規劃毫無用處，也無密可保。戰略管理要求企業要根據經營目的和經濟規律、競爭目的和競爭規律來指揮和組織經營活動和競爭活動。目前，多數企業除了廣告戰和價格戰外，別無他法，不僅完全不能適應國際上的競爭形勢，更易陷於中國古代軍事家吳起所告誡的「五勝者禍」的危局。

（二）戰略制定隨意化、片面化

（1）企業制定戰略管理缺乏科學的依據和論證。在制定企業戰略管理的過程中，並不從企業本身所在的外部環境和內部環境出發，盲目照搬套用，互相模仿流於形式。國內的許多企業雖然也制定了自己的戰略管理，但這些所謂的戰略管理並不是建立在對企業的內外部環境具體分析的基礎上，也沒有進行科學的論證，當看到別的企業或行業的戰略管理取得成功就盲目照搬，缺乏基本的獨立判斷能力，導致眾多企業經營戰略管理大同小異，其最終結果可能是在行業中引起不必要的惡性競爭。

（2）企業制定戰略管理片面追求規模效應。在制定企業戰略時，往往會進入這樣一個怪圈，那就是企業任務陳述與企業實際不吻合，片面追求規模生產的光環效應。在國內企業間流行一種定向思維，即認為企業的規模越大越好，隨之而來的是企業瘋狂兼併和購並之風席捲大江南北。通過所謂的強強聯合和強弱聯合，一夜之間造就了一大批「超級航母」，但這些「航母」就是昨天我們見到的「小舢船」通過強加的外力「焊接」而成的。「小舢船」之間缺乏協調，難以形成相互關聯、相互配合的戰略管理整體，並不能真正發揮出規模效應和協作優勢，並且缺乏核心競爭力，導致預期收益不理想或者因為利益重新分配不當導致衝突、矛盾加劇，或者因為風險忽然放大、管理能力欠缺等而宣告失敗。

（三）戰略管理實施脫離企業實際

（1）新的戰略管理與企業舊的組織結構不相匹配。戰略管理的變化要求組織的結構也應該發生相應的變化，因為組織結構在很大程度上決定目標和政策是如何建立的，同時企業的組織結構也決定資源的配置方向。中國許多企業不顧企業經營領域、產品種類和市場發生的巨大變化，仍然以舊的組織結構去實施新的戰略管理，這種做法往往使戰略管理的實施毫無效果可言。

（2）戰略管理與企業文化不相匹配。由於國內許多企業原有文化是建立在計劃經濟基礎上的，而現代企業戰略管理是市場經濟的管理模式，也就是說這些企業目前還

沒有一個適應市場經濟、適應現代企業制度的企業文化，所以這些企業在市場經濟的激烈競爭中全體員工不能達成共識和步調一致，企業文化就形不成戰略管理實施的統一基礎。企業文化具有較大的剛性，並且具有一定的持續性。當新的戰略管理要求企業文化與之相互配合時，舊的企業文化常常會對新的戰略管理實施構成阻力，企業文化的變革就會非常慢。

（3）戰略管理與企業人力資源脫節。國內企業在戰略管理制定時，成功實施戰略管理所需要的個人價值觀和技能往往被忽略，在戰略管理實施的過程中才會注意到需要的人才短缺。有些企業的決策者在企業經過一段高速發展期、已具有一定規模的情況下，只看到新的戰略管理所能給企業帶來的前途是多麼遠大，卻忽略了自己企業是否具有合適的實施這些戰略管理的人才，就匆匆將新戰略管理付諸實施，結果就出現了沒能將個人的能力與戰略管理實施任務相匹配的現象，甚至將一些管理能力、技術能力不強的人推上了重要的工作崗位。而另外的一些企業片面追求員工的高學歷，將這些人才招聘到企業后卻不能充分發揮其作用，甚至還有「高才低就」的現象發生，使得員工的工作激情銳減。這兩種情況所帶來的后果就是戰略管理實施偏離正確方向，企業不僅實現不了戰略管理規劃，還有可能給企業帶來重大損失。

（四）戰略管理控制滯后

中國企業戰略管理控制存在的主要問題就是戰略管理的控制和評價不能持續進行，評價顯得過於遲鈍。企業在制定自己戰略管理的時候，不管考慮得多麼周到，但由於市場瞬息萬變，就必須適時客觀有效地對戰略管理進行控制，採取相應行動使戰略管理不偏離方向。但是國內企業習慣在特定時期的期末或在問題發生後才對實施的戰略管理作評價和修正，總結出若干錯誤卻又於事無補。

此外，戰略管理評價方法滯后，難與時代接軌也是一個突出問題。當今的商業競爭如此激烈，戰略管理決策者不得不擴大範圍並在越來越大的不確定性中進行戰略管理決策，而在各種競爭場合中通常是擁有最佳信息的一方獲勝。隨著數字時代的到來，各種信息技術大量湧現，企業只有緊跟時代發展的步伐，才能快速獲取第一手的信息，從而在激烈的市場競爭中取得主動。但是，中國許多企業的戰略管理評價要麼是召集幾個專家進行研討，要麼是企業內部進行的零散報告，很容易流於形式。並且這種戰略管理評價是靜態的，完全跟不上當今信息時代企業內部和外部環境變化的速度，所以企業也無法有效及時地採取糾正的措施。

古人雲：「凡事預則立，不預則廢。」在國際競爭日益激烈的今天，戰略缺失的企業是難以打好無準備之仗的，特別是對於組織龐大、經濟關係繁雜的企業集團來說，從立足國際競爭的高度進行戰略謀劃更為必要。中國企業集團在戰略認識、制定、實施和控制上存在許多問題，其原因主要是：

（1）領導認識錯誤。現在企業集團的領導多來源於任命或委派，其中「唯上」意識和平穩處事者不在少數，有的不懂得或個別不願去研究集團置身外部環境的優劣勢、機會所在與競爭能力，因此其所領導的企業集團很難拿出有思想高度和創新意識的戰略。

（2）管理體制陳舊。現行管理體制多是行政性的管理，包括國內很多知名企業集團至今依然沿襲國有行政管理模式，況且絕大多數企業集團是在工廠基礎上做大的，因此在管理上習慣於訂計劃定指標，忙碌於爭投資上項目，奔波於抓生產搞行銷，而普遍把戰略認為是「虛」的東西。重視具體生產經營本無可厚非，但戰略管理沒有擺到應有地位，集團管理就沒有抓住最核心的東西。

（3）管理知識老化。現在企業領導多數在傳統生產經營管理上比較熟悉，對近年來國際普遍推行的創新管理缺乏必要的知識。事實上，現代複合化經營已經是生產經營、資本經營、品牌經營、人才經營四種經營方式的協調發展。因此，企業家們必須快速補充包括戰略管理在內的管理新知識。

綜上所述，中國企業在實施戰略管理方面還存在很大的問題。這需要企業更加注意企業戰略的分析、制定、實施和控制。特別是現代企業面臨的是一個社會、經濟和科技迅速發展的環境，中國又處於體制轉軌時期，這進一步增加了環境的不確定性。因此，企業必須盡快樹立戰略管理觀念，將戰略管理作為企業經營的首要活動。在這一背景下，中國企業需要做到以下幾點：

（1）要有效地分析外部環境和自身條件，及時把握機遇，迎接挑戰；
（2）堅持革新與發展，建設學習型組織；
（3）發展核心能力，獲取長期競爭優勢。

四、中國企業戰略管理學科的發展

（一）發展趨勢

企業戰略管理的產生和發展是企業管理發展的一個重要階段。發達國家的企業戰略管理已經發展到了非常成熟的階段。隨著科學技術、經濟理論、管理理論和企業管理實踐的發展和知識經濟、信息經濟的衝擊，企業戰略管理表現出一些新的發展趨勢。

（1）企業戰略管理中的國際化傾向。隨著戰後國際資本的擴張和跨國公司的膨脹，世界經濟活動中國際交往日益增多，不同國家和企業之間互相滲透的現象日趨明顯，越來越多的企業在積極地拓展海外業務。因此，國際化戰略在企業戰略管理中的地位變得越來越重要，向海外發展已經成為大中型企業戰略管理中的重要內容。

（2）企業戰略管理中的專業化傾向。由於戰略管理在企業管理中的地位日益提高，越來越多的企業設置了從事企業戰略管理的專業人員或專門化的戰略規劃部門，協助企業家進行戰略管理。其主要工作是為企業家充當參謀，調查研究、分析趨勢、制訂方案，供企業家選擇和決策。由於戰略問題隨著企業經營環境的變化而日趨複雜，這種專業人員和專業機構的智慧作用也正變得更加重要。

（3）企業戰略管理中先進科技手段的廣泛運用。當前，企業戰略管理面臨的因素越來越多，要解決的問題越來越複雜，迫使企業盡可能地採用先進的科學技術手段進行戰略管理。各類數學分析模型、統計調查方法、電子通信設備、電子計算機，特別是internet、intranet等網路技術、電子商務技術等，被企業廣泛應用於戰略管理。這也給企業的組織結構帶來了深刻的影響，傳統的以直線式信息傳遞為基礎的金字塔或矩

陣型企業組織結構模式正在向以網路化信息傳遞為基礎的扁平型、松散型的彈性組織結構轉化。

（4）企業戰略管理中發展和營利並重。毫無疑問，獲取利潤仍然是企業戰略管理考慮的首要因素。但是，正是從企業戰略管理的特點出發，當企業的短期目標與企業的長期發展目標相衝突時，越來越多的企業家考慮的是長期發展目標。為了實現企業的長期發展目標，許多企業家不惜犧牲眼前的利益。善於放棄、大膽取捨、犧牲局部、追求發展，這已經成為企業戰略管理決策中的普遍現象。

（二）學科特點

當前中國戰略管理學科發展已具有以下四個特點：

（1）企業戰略管理實踐已形成高潮。中國相當部分的大中型企業都制定了自己的發展戰略，有的企業已累積了一定的戰略管理實踐經驗。

（2）企業戰略管理諮詢已形成高潮。國內外各種諮詢公司如雨後春筍般在大中城市成立起來，其諮詢業務十分繁忙。

（3）企業戰略管理教學培訓已形成高潮。不論是工商管理碩士（MBA）教育，還是總裁班、經理班等短期培訓，企業戰略管理都是其中很重要的培訓內容。

（4）企業戰略管理的基礎理論、戰略內容及戰略過程的研究很弱。中國目前研究人員的主要工作是引進和介紹發達國家的戰略理論，中國學者獨立的研究基本上還處於經驗階段，缺乏應有的理論深度。

（三）發展戰略

根據前面的分析，中國企業戰略管理學科的發展戰略是：建立起一支具有國際水平同時兼備理論素養及實踐背景的教學科研隊伍；學習、引進國外先進的企業戰略管理理論與方法，並與中國企業的戰略管理實踐密切結合；形成具有中國特色的企業戰略管理理論體系；面向中國企業發展需要培養大批MBA，面向中國戰略管理學科發展需要培養一批研究型碩士、博士，面向中國企業實踐提供高水平的企業戰略管理諮詢。

本章小結

企業是特定的經濟組織，辦企業必須講戰略。戰略管理應從企業較長時期著眼，合理配置內部要素，實現與外部環境的協調，保證企業的生產和經營活動順暢進行及其目標的如期或提前實現。就企業戰略管理理論的產生與發展的主要闡述了西方企業主要戰略管理理論的發展進程，並就當代企業戰略管理理論流派（產品—市場戰略管理理論、核心競爭力戰略管理理論、綜合戰略管理理論等）進行了較為翔實的闡述；最後闡述了中國企業應用戰略管理的概況（中國企業實施戰略管理應當具備的條件、中國企業實施戰略管理的動因、中國企業應用戰略管理的現狀），指出了企業戰略管理學科的發展趨勢。

案例

東風汽車公司的商用車競爭戰略

東風與尼桑（NISSAN）汽車合資的東風有限公司剛剛成立一個多月，2003年7月16日，其下屬的商用車公司就在武漢、天津、上海、寧波、深圳同時宣布推出天度、天豹、天龍、天獅、天虎、霸龍、金拇指等8款大馬力牽引車，體現了一家大公司的實力。

東風商用車公司是由原東風公司所屬載重車公司、柳汽、杭汽、新疆汽車廠和東風日產柴等14家子公司組成，有員工3.4萬人，固定資產150億元，年生產能力30萬輛，產品覆蓋載貨車、客車、專用車、越野車、發動機、駕駛室、底盤及關鍵零部件，是一個不折不扣的商用車「巨無霸」。東風汽車有限責任公司副總裁、商用車公司總經理童東城接受記者採訪時，對東風汽車有限公司未來商用車發展謀略作了勾畫。

東風商用車將競爭對手定位為戴姆勒—克萊斯勒和沃爾沃，2006年產銷量和利潤率要達到世界第三位。共有三個平臺：第一個是T平臺，卡車系列，其中T1是總量大於18噸以上的重重型車；T2是總量7.5噸到18噸範圍的中重型車；T3是7.5噸以下3噸以上的輕型車；T4是皮卡和微型車。生產基地在十堰、襄樊、柳州、杭州、深圳等地。第二個是K平臺，客車系列，在杭州周圍和湖北生產，其生產工藝和傳統的完全不一樣，骨架都是衝壓件，在國內還是獨一份，生產6米到12米全系列客車。第三個是Y平臺，軍用越野車系列，不進入合資公司。

對合資公司商用車使用東風品牌，童東城感到十分得意，他說，未來的市場競爭就是品牌的競爭，東風商用車的品牌是中國人自己的。他認為品牌下屬的零部件，是人類的知識成果，應該全球共分享。現在全球零部件供應商越來越集中，比如變速箱，全球90%的商用車使用的都是採埃孚和伊頓兩家的，絲毫不影響車子的品牌是雷諾的、奔馳的或者沃爾沃的。現在世界上銷售利潤率最好的斯堪尼亞公司已把部分總成賣掉了。達夫是世界上最好的卡車，可是它的駕駛室卻是由雷諾供應的。

當問到東風商用車將來會不會與雷諾發展合作時，童東城毫不隱諱地承認，雙方接觸已經很久，也很深，但很難說將來結果會怎樣。同時他說現在國際上大公司間交往活動很頻繁，不像過去，競爭對手之間互不往來。

談到東風商用車未來的產品定位時，他認為，過去到今年成長性最好的汽車市場是重重型車市場，商用車整體增長率20%多，東風只增長了5%多，因為重重型車市場增長率70%多，東風一個點都沒有拿到，東風能甘心嗎？他分析未來中國的中噸位市場最多只有12萬輛容量，而單是東風就有16萬輛的生產能力。他們只準備保留5萬到6萬輛，占50%的份額就可以了，多了是資源的浪費。對未來的東風來說，重重型、中重型、甚至輕型，哪個成長性好，就向哪裡傾斜，就是東風發展的重點。哪裡有市場，就到哪裡去，他說，對企業而言，市場就是你死我活的戰場。

資料來源：程遠. 市場就是你死我活的戰場. 經濟日報，2003-07-23.

>>> 信息連結

東風汽車公司簡介

　　東風汽車公司始建於1969年，是中國汽車行業的骨幹企業。經過三十多年的建設，已陸續建成十堰（主要以中、重型商用車、零部件、汽車裝備事業為主）、襄樊（以輕型商用車、乘用車為主）、武漢（以乘用車為主）、廣州（以乘用車為主）等主要生產基地，公司營運中心於2003年9月28日由十堰遷至武漢。主營業務包括全系列商用車、乘用車、汽車零部件和汽車裝備。目前，整車業務產品結構基本形成商用車、乘用車各占一半的格局。截至2004年底，公司總資產768.9億元，淨資產339億元，在冊員工10.6萬人。

　　進入新世紀，東風公司著眼參與國際競爭，按照「融入發展，合作競爭，做強做大，優先做強」的發展方略，積極推進與跨國公司的戰略合作，先後擴大和提升與法國標致—雪鐵龍集團的合作，與日產進行全面合資重組，與本田拓展合作領域，整合重組了悅達起亞等。

　　瞻望前程，東風公司已經確立了「建設一個永續發展的百年東風，一個面向世界的國際化東風，一個在開放中自主發展的東風」的發展定位。

資料來源：東風汽車公司網站（http：//www.dfmc.com.cn）。

[案例思考題]

1. 查閱中國汽車製造業的資料，比較分析東風汽車公司在中國汽車行業的競爭力。
2. 你對「市場就是你死我活的戰場」這句話如何理解？舉例說明戰略對於企業的重要性。
3. 請發表你對東風汽車公司商用車競爭戰略的看法。如果你是東風公司的CEO，你會實施什麼樣的發展戰略。

思考題

1. 簡述安索夫的企業戰略理論的類型和特點。
2. 怎樣看待以邁克爾·波特為代表的競爭戰略理論？
3. 企業核心競爭力的戰略管理理論的主要內容包括哪些？
4. 中國企業實施戰略管理的動因是什麼？

第三章　戰略分析的基本框架

第一節　戰略分析的功能

　　戰略分析是指對企業的戰略環境進行分析、評價，並預測這些環境未來發展的趨勢，以及這些趨勢可能對企業造成的影響及影響的方向。一般說來，戰略分析包括企業外部環境分析和企業內部環境或條件分析兩部分。企業外部環境分析的目的是為了適時地尋找和發現有利於企業發展的機會，以及對企業來說所存在的威脅，做到「知彼」，以便在制定和選擇戰略中能夠利用外部條件所提供的機會而避開對企業的威脅因素。企業內部環境分析的目的是為了發現企業所具備的優勢或弱點，以便在制定和實施戰略時能揚長避短，發揮優勢，有效地利用企業自身的各種資源，發揮出企業的核心競爭力。

　　戰略分析的主要功能在於信息處理與即時監控（保持知情）、認知手段與思考過程（解讀定性），以及行動前提與知行紐帶的作用（訴諸行動）。戰略分析是戰略選擇與實施的前提，又貫穿於整個戰略管理過程的始終。

一、作為監控與知情的戰略分析

　　信息是決策的基礎，是戰略分析的素材。戰略分析是一種特定的收集信息、組織信息、處理信息和應用信息的機制與模式，具有對企業經營活動進行即時監控的職能。它幫助企業監控外部環境的變化，審視其內部活動，系統地為企業的運行和發展把脈，保持對企業經營活動相關要素的全面知情。比如，以競爭對手分析為例，一個企業必須瞭解其主要競爭對手的目標體系、戰略特色、思維模式及其競爭實力，從而以此為基礎，預測其行為，影響其行為。同時，對競爭對手和整個行業面臨的挑戰進行不斷地關注與監控，也會幫助企業更好地解讀發生在對手及自己身上的各類事件的含義。

二、作為認知與思考的戰略分析

　　戰略分析是一種認知手段和思考的過程，具有概念化定性的功能。它幫助戰略管理者理解企業內外環境，有助於基本判斷與觀點的形成。也就是說，通過戰略分析，企業的戰略管理者將雜亂無章的信息和素材進行過濾、整理、分類、儲存，並依次對企業的內外現象與事件作出判斷，形成觀點。比如，本行業中某個比較有實力的競爭對手突然遭到供貨商行業中主要企業的集體刁難與打壓。這一現象對本企業而言，到底是一個絕好的攻城略地的機會，還是對本企業所在行業的整體威脅？很顯然，對事件的不同解讀與定性（機會抑或威脅）會引發截然不同的反應：是「落井下石、借刀

殺人」，還是「同行合謀、共御外患」。

三、作為行動夥伴的戰略分析

戰略分析既是戰略選擇與實施的前提基礎，又在選擇與實施中不斷出現、並行作用。也就是說，行動中的思考和與行動並行的分析會導致對企業戰略的鞏固與加強，也會導致對戰略的微調與改變。比如，一個企業採取一貫堅持只關注顧客需求而不關注競爭對手的基本戰略，並且實際上能夠比對手更好地生存與發展，在執行現有戰略過程中的反思與分析會進一步賦予行動以意義，從而強化企業遵循先行戰略的行為。

第二節 一個基本的戰略分析框架

以安德魯斯為代表的四位教授在1965年出版《企業政策》一書中，將企業經營戰略作為企業政策的核心概念，並首次正式提出一個完整的戰略分析框架。安德魯斯等教授認為，企業經營戰略的選擇與制定需要認真的分析和仔細的考量，應該同時顧及四個主要方面的因素：企業外部環境中的機會與威脅，企業內部的資源、能力與組織體系，管理決策者個人的價值偏好，以及企業的社會責任與社會和公眾預期（詳見圖3－1）。前兩項基本屬於事實判斷和技術分析層次，主要考察企業內部運作和外部競爭環境之間的連接、匹配與契合；后兩項基本屬於價值判斷和社會倫理的範疇，主要考察決策者的偏好以及企業面臨的社會預期對企業戰略和影響。

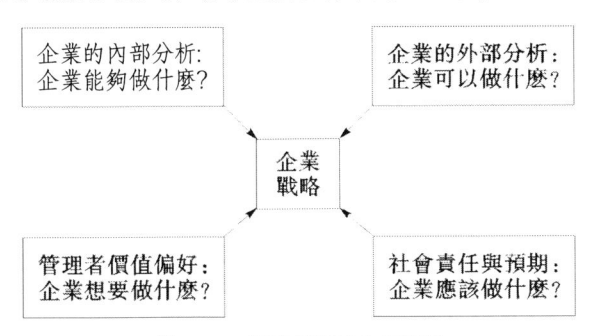

圖3－1 傳統的戰略分析框架

資料來源：Learned, et al., 1965；Porter, 1980.

一、企業的外部環境

企業的外部環境包括企業外部所有影響企業經營與績效的因素，它們至少在短期內是給定的，不受企業的控制。環境因素既可以為企業提供機會，也可以給企業帶來威脅與挑戰。因此，企業環境決定了企業的行為空間，決定了它可以做什麼。

二、企業的內部環境

企業的內部環境是指企業內部所擁有和掌控的各類資源以及這些資源與能力賴以

應用和施展的組織體系。某種特定的企業內部環境，相對於具體的市場機會和競爭對手而言，可能是優點和強項，也可能是劣勢和弱項，影響企業在競爭中的作為。因此，企業的內部環境決定了企業能夠做什麼。

三、決策者的價值偏好

企業管理決策者個人的價值偏好，指的是作為戰略決策者的一般管理人員的價值體系，包括道德、意識形態、是非標準和行為規範等。由於一般管理人員具有合法地參與和影響企業戰略的權力，他們的價值體系和偏好在很大程度上影響企業戰略的價值取向和特色。因此，管理者個人的價值偏好決定企業想要做什麼。

四、企業的社會責任與預期

企業的社會責任與社會和公眾預期，可以被理解為企業作為一個社會實體需要對社會做出的非經濟性貢獻，或者說，對自己在其中從事經營活動的社會和社區所承擔的必要社會責任和必須滿足的預期。因此，企業的社會責任與社會和公眾預期決定了企業應該做什麼。

綜上論述，企業戰略分析的實質在於把握好上述四個方面的因素，在可以做、能夠做、想要做和應該做這四個區間尋求足夠的重疊，最大限度地達成協調與契合。理想狀況的戰略是全力以赴去做哪些既可以做，又想做，也能夠做，並應該做的事情。

第三節 SWOT 分析方法

SWOT 分析方法（也稱 TOWS 分析）是通過對外部環境、內部資源戰略能力以及最有可能影響到戰略制定的主要問題進行總結，從而幫助企業決定將來擬採取的行動，同時還可用於評估企業有無機會進一步利用組織已有的獨特資源和核心能力來實現新的發展。它是一種被人們廣為應用的戰略選擇方法。利用這種選擇方法，需要把企業內部的優勢（Strength）和劣勢（Weakness）與外部的機遇（Opportunity）和威脅（Threat）匹配起來，這樣才能更好地幫助企業把資源和行動集中在企業優勢和有機會的地方，從而實現企業整體的目的和目標。

一、SWOT 分析方法的精髓

有效戰略在於實現和保持企業內部資源與能力和外部環境（機會、威脅）的有機匹配，從而充分發揮優勢因素，克服劣勢因素，利用機會因素，避免威脅因素，達到企業內外的動態平衡，有助於實現企業的願景與目標。

（一）SWOT 分析方法是一種分析框架

作為一種分析框架，SWOT 分析方法只是列出了考慮問題應該重視的維度和因素，並不能精確地勾勒出外部環境與企業內部環境如何有機地匹配，更難預測不同程度的

匹配與經營績效之間的關係模式。

(二) SWOT 分析方法是一種思維方式

與其說 SWOT 分析方法是一種手段和方法，不如說它是一種思維方式，其核心在於內外的有機匹配，體現了一種注重平衡、適度與和諧的內涵與精髓。SWOT 分析方法為我們提供了一種基本的思路和寬廣的視野。

(三) SWOT 分析方法是一種戰略管理教學與研究的指南

戰略管理的發展演進，基本上是在充實、強化和修正 SWOT 分析方法的具體項目和內容，並檢驗、更新和發展有關內外匹配的觀點。反應在教學上，SWOT 分析作為一個指導框架和內容分類與組織的基本範式（外部環境分析和內部環境分析），廣泛地影響著教科書的編排。從這種意義上講，SWOT 分析是一種戰略管理教學與研究的一個基本指南。

二、SWOT 矩陣

圖 3-2 是一個 SWOT 矩陣示意圖。SWOT 矩陣由 9 個格子組成，其中有 4 個因素格，分別是機會（O）、威脅（T）、優勢（S）、劣勢（W）；4 個戰略格，以 SO、WO、ST 和 WT 為標題。戰略格要在 S、W、O、T 空格填寫完成之後通過匹配產生，而左上角的格子則是空格。

	優勢—S ① ②（列出內部優勢因素） . . . n	劣勢—W ① ②（列出內部劣勢因素） . . . n
機會—O ① ②（列出外部機會因素） . . . n	SO 戰略 發揮內部優勢，利用外部機會	WO 戰略 通過發揮外部優勢，克服內部劣勢
威脅—T ① ②（列出外部威脅因素） . . . n	ST 戰略 運用內部優勢，緩解外部威脅	WT 戰略 將劣勢降到最小並避免威脅

圖 3-2　SWOT 矩陣

SO 戰略是企業通過發揮內部優勢並充分利用外部機會的戰略。企業將通過如下兩種方式強化組織的內部優勢，從而抓住外部機會：一是通過找出最佳的資源組合來獲取競爭優勢；二是通過提供資源來強化來擴展已有的競爭優勢。

　　WO 戰略的目標是通過有效利用外部機會來彌補內部劣勢。通常會出現這樣的情況，企業面臨著很好的外部機會，但由於內部的一些劣勢妨礙著它利用這些外部機會。這時企業會在以下兩種方式中權衡：一是加強投資，將劣勢轉化為優勢以開拓機會；二是將機會放棄給對手。

　　ST 戰略是充分利用企業的優勢來避免或減輕外部威脅的影響。這時企業應通過重新構建組織資源來獲取競爭優勢，將威脅轉為機會，或者組織採取防守戰略，目的是抓住其他組合中有前景的機會。

　　WT 戰略是一種克服內部劣勢並避免外部威脅的防禦性戰略。市場競爭反覆無常，以至於企業注定會有一定的戰略問題在這一組合中。如果企業危在旦夕，那麼進取型戰略是唯一的選擇。如果目前戰略的作用不大，那麼就應該放棄這一組合而專注於其他組合中更有前途的機會。

三、建立 SWOT 矩陣的步驟

　　構建 SWOT 矩陣，主要包括以下八個步驟：

　　第一步：列出企業的關鍵外部機會；

　　第二步：列出企業的關鍵外部威脅；

　　第三步：列出企業的關鍵內部優勢；

　　第四步：列出企業的關鍵內部劣勢；

　　第五步：將內部優勢與外部機會相匹配而得到 SO 戰略，然后填入相應的矩陣方格中；

　　第六步：將內部劣勢與外部機會相匹配而得到 WO 戰略，然后填入相應的矩陣方格中；

　　第七步：將內部優勢與外部威脅相匹配而得到 ST 戰略，然后填入相應的矩陣方格中；

　　第八步：將內部劣勢與外部威脅相匹配而得到 WT 戰略，然后填入相應的矩陣方格中。

　　SWOT 矩陣是一種描述清晰、應用靈活、分析系統化且具有極強應用價值的非程序化分析工具。它可以在各種複雜多變的內部環境中，根據戰略分析者的經驗，匹配出細緻且多變的戰略方案。但也正因為如此，SWOT 矩陣分析很大程度上取決於戰略決策者的直覺和主觀判斷，對決策者素質的依賴性很強，這是 SWOT 的一個主要不足之處。

　　在實際運用中，SWOT 矩陣還有待進一步發展。例如，無論是內部要素還是外部要素都處在不斷變化之中，因此除了對目前的優勢和劣勢、機會和威脅進行評價外，還需要根據 SWOT 分析所選的戰略實施后對企業未來的 SWOT 將產生什麼影響，這種分析也應該成為 SWOT 矩陣的重要補充，以增強其動態性和發展性。

第四節　戰略管理的環境分析

　　企業是一個複雜的生命體，任何一個企業發展都受到環境因素的制約，環境是每個企業賴以生存的土壤。在戰略管理過程中，企業的環境分析是企業制定戰略的重要前提，企業戰略目標的確定和戰略藍圖的形成，不但要求知彼，即客觀分析企業的外部環境，而且要求知己，即對企業內部的資源進行系統的分析。企業實施戰略管理，應該首先分析企業的外部環境，找出外部環境為企業發展所提供的機會，以及外部環境對企業發展所構成的威脅；接著分析企業的內部環境，瞭解企業自身所存在的優勢和劣勢，並以此作為戰略制定的出發點。

一、企業環境的構成及特徵

（一）企業環境的構成

　　企業的環境由外部環境和內部環境共同構成。圖3-3是企業的環境結構圖，它用三個圓圈將企業的環境分為三個部分，其中內圈代表企業的內部環境（也稱微觀環境）；中圈代表產業環境（也稱中觀環境），跟企業關係較為直接；外圈代表宏觀環境，跟企業關係較為間接。圖中的宏觀環境和產業環境共同構成企業的外部環境。

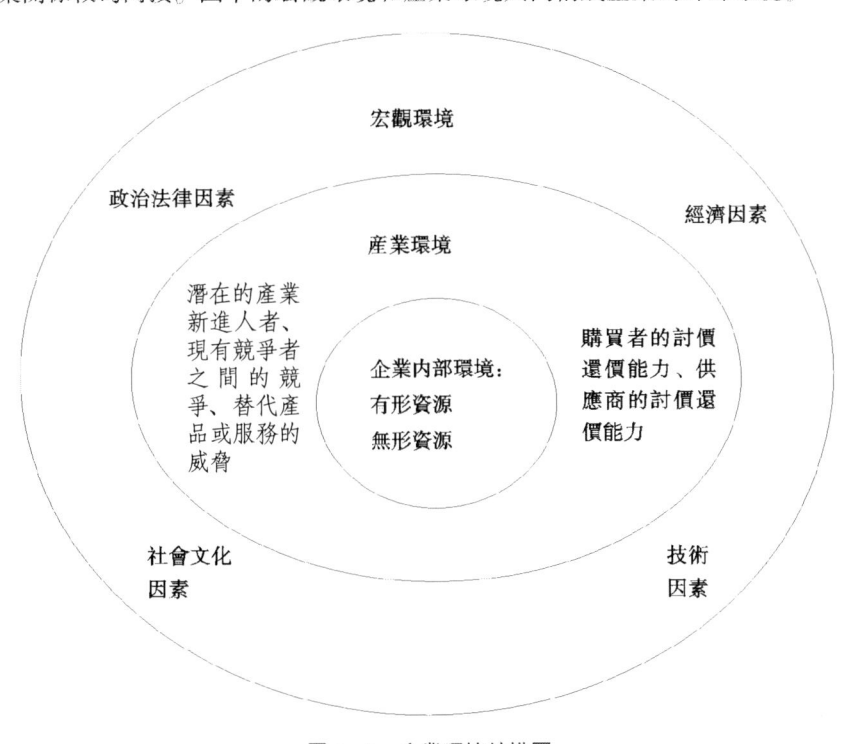

圖3-3　企業環境結構圖

宏觀環境主要由政治法律、經濟、社會文化和技術等因素構成。

產業環境一般指由邁克爾・波特提出的五種競爭力量，即潛在的產業新進入者、替代產品或服務的威脅、購買者討價還價的能力、供應商討價還價的能力以及現有競爭者之間的競爭。

企業的內部環境是指企業的內部條件，包括企業的資源、能力、組織結構等因素。

(二) 企業外部環境的特徵

企業的外部環境作為一種現實客觀力量，其自身具有以下特徵：

1. 企業外部環境的複雜多樣性

外部環境的複雜多樣性是指環境因素數量巨大而且性質複雜。我們可以找出非常多的環境因素，但極有可能造成「只見樹木，不見森林」的情況，沒有對那些真正影響企業的重要環境因素形成全面認識。環境的複雜多樣性不僅表現在環境因素數量的多寡上，而且還表現在環境因素種類的多寡上，即多樣化方面。影響企業的外部環境因素不是同屬某一類或幾類，而是多種多樣、千差萬別。隨著時代的發展，企業作為一個動態開放的系統，其外部環境因素也將隨著時代的發展而發展，因而企業所面臨的外部環境會變得更加複雜多樣。

2. 企業外部環境的多變性

企業的外部環境總是處於不斷變化的狀態之中，有些變化是可預測的，是漸進式的，而有些變化是不可預測的、突發性的。沒有一個企業自始至終面臨著相同的外部環境因素。外部環境的多變性，要求企業的外部環境分析應該是一個與企業環境變化相適應的動態分析過程，而絕非一勞永逸的一次性工作。戰略的選擇也應根據外部環境的變化做出修正或調整。企業要不斷分析與預測未來環境的變化趨勢，當環境發生變化時，為了適應這種變化，企業必須改變戰略，制定出適應新環境的戰略。

3. 企業外部環境的相對唯一性

雖然每個企業在其生產經營活動中都處於外部環境的動態作用之中，但是對於每個企業來說，它面對著自己唯一的外部條件，也就是說企業面臨相對單一的外部環境。即使是兩個同處於某一行業的競爭企業，由於它們本身的特點和眼界不同，對環境的認識和理解是不同的。環境相對唯一性的特點，要求企業的外部環境分析必須要具體情況具體分析。不但要把握住企業所處環境的共性，也要抓住其個性。同時，要求企業的戰略選擇不能套用現成的戰略模式，只能根據自身的特點，形成獨特的戰略風格。

4. 企業外部環境的相對穩定性

企業外部環境的相對穩定性是指在企業生產經營的一段時期內，企業在行業中的位置、法律條例、經濟政策等外部環境具有一定的連續性，在此期間不會出現巨大變化。穩定性高的環境，企業可以用過去的經驗和知識處理經營中的問題；面對穩定程度低的環境，企業就無法僅用過去的知識和經驗去處理經營中的問題。隨著環境穩定程度的降低，企業的可預見性隨之降低，不可預見性則逐漸提高。在穩定程度低的環境裡，企業所能瞭解的只是環境變化的弱信號，企業外部環境中更多地存在著許多不可預見的突發事件。

(三) 企業內部環境的特徵

人們往往注意到企業外部環境的諸多特徵，而忽視了企業的內部環境，作為異質性的企業，其內部環境的主要特徵如下：

1. 企業內部環境的差異性

在以邁克爾‧波特為代表的產業組織理論中，企業內部被看作「黑箱」，「黑箱」觀點不能解釋為何企業在同一行業中，在同樣的外部環境中，某些企業可以取得成功，另外一些企業卻不能，也不能解釋不同企業在業績表現上的巨大差異。實際上，企業所擁有的資源狀況構成了企業的內部環境，由於企業所擁有資源的種類、數量的不同造成了企業與企業是各不相同的，即使是處於同一產業中的企業，它們彼此之間也存在差異，即企業有異質性的特徵。這種差異性導致了內部環境分析的必要性，要想瞭解一個企業，必須從內部環境分析入手，才可瞭解企業所擁有的優勢和劣勢。

2. 企業內部環境的複雜性

與外部環境一樣，企業內部環境也擁有複雜性的特徵。複雜性一方面來自於資源具體表現形式的多樣；另一方面是由於有些資源的難以辨識、量化。這種複雜性成為企業相互模仿的壁壘，難以模仿的企業優勢資源就成為企業獲取持久競爭優勢的源泉。因此，要想辨識企業的核心競爭能力，進而做出恰當的戰略，企業內部環境分析是重要的基礎。

二、企業內部環境分析

(一) 企業內部環境分析的步驟

對企業內部環境進行分析，就是要確定和評價企業內部戰略要素，從而找出企業的優勢和劣勢，為制定企業戰略提供信息。而要找出企業的優勢和劣勢，則需要來自整個企業的管理者和員工代表的參與，需要收集和整理有關企業的企業文化、內部管理、市場行銷、財務會計、生產運作、研究與開發、管理信息系統等方面的信息，並首先著重研究關鍵性因素，以共同確定企業最重要的優勢與劣勢。企業內部環境分析參與者在共同討論企業有關內部優勢與劣勢的過程中，為參與者提供了更多的機會來理解他們的工作和部門在整個企業中的地位和作用，同時為參與者就各功能領域內的問題、困難和需求等提供了一個極好的溝通途徑或平臺，而這都會給企業帶來極大的好處。

總之，進行內部環境分析需要收集、消化和評價有關企業運作的信息，大致包括以下四個步驟：

第一步：組建一個由來自不同部門的管理人員組成的專門小組來進行內部因素的分析和評價。

第二步：對企業所擁有的資源與能力的各個方面進行調查，這些方面被稱為內部戰略要素，如企業文化、內部管理、市場行銷、財務會計、生產運作、研究與開發、管理信息系統等，從中找出影響企業戰略制定的關鍵內部因素，並進行深入的分析。

第三步：運用內部環境分析的工具，如價值鏈分析方法、構建內部因素評價矩陣

法、「雷達」圖分析法等，分析與評價企業每一個內部戰略要素，並要求參與人對所認定的因素按重要性程度進行排序，以確定哪些要素是企業的優勢，哪些是企業的劣勢。

第四步：將上述內部環境分析的結果以一定的形式提供給戰略制定部門，以便通過戰略匹配工具進行戰略方案的擬訂與選擇。

(二) 企業內部資源的構成

資源是企業生存與成長的基本條件，是構建企業競爭與發展戰略的基礎，更是企業為顧客提供產品和服務的源泉。分析企業的內部資源，對充分利用企業現有資源和潛能以及努力實現企業快速發展具有十分重要的意義。

一般而言，企業資源是指企業在向社會提供產品或服務的過程中所擁有的或所控制的能夠實現企業戰略目標的各種要素組合。這些要素的表現形式多種多樣，可以從不同的角度對資源進行劃分。比如，根據存在形態的不同，將企業資源分為有形資源和無形資源；根據應用上的通用性，將企業資源分為通用資源與專門資源；根據形成和獲得方式、條件，將企業資源分為購置性資源和累積性資源；根據提供給消費者價值中所起的作用，將企業資源分為核心資源和支持性資源。

這些資源劃分方法著眼點雖然各有不同，但都落腳於資源基礎理論分析框架之內，是分別從資源的形態、獲得、應用及對企業最終價值的形成等方面作了區分。目前應用較廣的分類方法是第一種分類方式，即根據存在形態將企業資源分為有形資源和無形資源，如表3-1所示。企業可以在管理實踐中，根據自身的具體需要選擇合適的分類方式對企業資源加以分析。

表3-1　　　　　　　　企業的有形資源和無形資源

有形資源	實物資源	企業的廠房、設備、半成品、成品等
	財務資源	企業的自有資金、留存利潤 企業的借入資金
	人力資源	員工數量、經驗、能力、受教育水平、工資水平等
無形資源	技術資源	專利、商標、版權、商業機密、技術訣竅等
	聲譽資源	客戶聲譽、品牌、對產品質量耐久性和可靠性的理解 供應商聲譽 有效率、有效益和支持性的「雙贏」關係與交往方式

1. 有形資源

有形資源（Tangible Resources）是指可以看得見並且可以量化的資產，有形資源容易被識別和評估，許多有形資源可以在企業的各種財務報表上得以反應，具體而言，企業的有形資源包括實物資源、財務資源和人力資源三種。

(1) 實物資源。實物資源是最明顯的有形資源，是看得見摸得著的實體資源，包括企業的廠房、生產設備、原材料、半成品以及成品等。通過對這些實物資源的分析，我們可以瞭解到企業的地理環境、廠房面積、設備的先進程度等硬件水平，瞭解到企業原材料的獲取能力、生產工藝及產品的質量保證及相應的市場地位狀況。

（2）財務資源。財務資源也是一種比較容易辨別的有形資源，它同實物資源一樣可以通過企業的財務報表反應出來，主要包括企業生產經營活動中所需要的資金，如自有資金、留存利潤和借入資金等。通過對這些財務資源的分析，我們可以瞭解到企業資金的來源渠道和歸還資金的形式是否合理、企業資金的分配和使用是否合理，瞭解資金成本水平、增值水平以及資金的利潤率大小。總之，通過對財務資源的分析，我們可以瞭解企業的融資能力以及企業產生內部資金的能力。

（3）人力資源。人力資源在企業中是特殊性資源。就知識、技能與經驗載體本身而言，人力資源是有形的，表現在組織中的人員數量、人員結構、受教育的程度、職務、職稱、勞動力成本、股權、紅利等是可以準確衡量的；由於知識、技能與經驗難以準確度量並在資產負債表中表示出來，具有無形的特性，因此，人力資源是有形資源和無形資源的統一。通過對人力資源的分析，瞭解企業人員的數量是否充足、構成是否合理、員工的工作態度如何、職工的素質如何，瞭解企業員工的培訓、晉升系統是否合理、激勵水平如何等。由此，我們可以瞭解企業人力資源的知識結構、技能水平和決策能力的大小。

2. 無形資源

現代市場競爭中，扮演企業重要戰略作用的資源往往是那些無形的、不易被覺察的資源。無形資源（Intangible Resources）是指那些根植於企業的歷史中，長期累積下來的、不易被識別和量化的資產，具體而言，企業的無形資源包括技術資源和聲譽資源兩種。

（1）技術資源。技術資源是指企業所擁有的包括專利、商標、版權、商業機密、技術訣竅等在內的專有技術。通過對技術資源的分析，我們可以瞭解企業的技術能力（包括企業的技術吸收能力、研發能力、創新能力等）。隨著科技的迅猛發展，技術資源對企業的影響越來越大。國外企業很重視技術資源對企業的影響，他們在企業內不但設置CEO（首席執行官）和CFO（首席財務官），現在還設置了CKO（首席知識官）。但是，有時這些無形資源為企業所擁有還是為員工所擁有，其間的界限並不是清晰的，這也給企業控制和管理無形資源帶來了難度。

（2）聲譽資源。企業的聲譽往往表現為客戶聲譽、品牌、對產品質量耐久性和可靠性的理解，表現為供應商的聲譽及有效率、有效益和支持性的「雙贏」關係與交往方式等。隨著產品和技術之間的差異不斷縮小，企業的聲譽及企業形象在市場競爭中正起著越來越重要的作用。企業聲譽及形象往往可以表現為其產品價格是否有超額部分，以及其產品所擁有的市場規模。表3-2為美國《商業周刊》公布的2007年全球最有價值品牌排行榜的部分排名。

表3-2　　　　　　　　2007年世界最有價值品牌前十強

名次	品牌名稱	2007年品牌價值（億美元）
1	可口可樂	653.24
2	微軟	587.09

表 3-2（續）

名次	品牌名稱	2007 年品牌價值（億美元）
3	國際商用機器公司	570.91
4	通用電氣	515.69
5	諾基亞	336.96
6	豐田汽車	320.70
7	英特爾	309.54
8	麥當勞	293.98
9	迪士尼	292.10
10	梅塞德斯—奔馳	235.68

三、企業內部環境分析方法

企業內部環境分析的目的在於掌握企業目前的狀況，明確企業所具有的優勢和劣勢，以便確定企業的戰略目標。目前而言，企業內部環境分析的方法一般可歸納成兩大類：一類是進行縱向分析，即分析企業各方面（職能）的歷史沿革，從而發現企業在哪些方面得到了發展和加強，以及在哪些方面有所削弱，在歷史分析的基礎上對企業各方面的發展趨勢做出預測；另一類是將企業的情況與產業平均水平作橫向比較分析，企業可以發現相對於產業平均水平的優勢和劣勢，這種分析對企業的經營來說更具有實際意義。本節著重介紹四種比較典型的內部環境分析方法。

（一）內部因素評價矩陣

內部因素評價矩陣（Internal Factor Evaluation Matrix，IFE 矩陣）是對內部戰略管理分析的有力工具，它概括和評價了企業在管理、行銷、生產作業、研究與開發等各職能領域的優勢與劣勢，並為確定和評價這些領域間的關係提供基礎。在建立 IFE 矩陣時應注意，對矩陣中因素的透澈理解比實際數字更為重要。IFE 矩陣可以按以下五個步驟來建立：

（1）列出在內部分析過程中確定的關鍵因素。採用 10~20 個內部因素，包括優勢和弱點兩方面的。首先列出優勢，然后列出弱點，要盡可能具體，並採用百分比、比率和比較數字。

（2）給每個因素以權重，其數值範圍由 0.0（不重要）到 1.0（非常重要）。權重標志著各因素對於企業在產業中成敗影響的相對大小。無論關鍵因素是內部優勢還是內部弱勢，對企業績效有較大影響的因素就應當得到較高的權重。所有項目權重之和等於 1.0。

（3）為各因素進行評分。分值為 1 分代表重要弱點；2 分代表次要弱點；3 分代表次要優勢；4 分代表重要優勢。評分以公司為基準，而權重則以產業為基準。

（4）用每個因素的權重乘以它的評分，即得到每個因素的加權分數。

（5）將所有因素的加權分數相加，得到企業的總加權分數。

無論 IFE 矩陣包含多少因素，總加權分數的範圍都是從最低的 1.0 到最高的 4.0，平均分數為 2.5。總加權分數大大低於 2.5 的企業的內部狀況處於弱勢，而分數大大高

於 2.5 的企業的內部狀況則處於強勢。IFE 矩陣包含 10～20 個關鍵因素，因素數不影響總加權分數的範圍，因為權重和永遠等於 1.0。

當某種因素既構成優勢又構成弱點時，該因素將會在 IFE 矩陣中出現兩次，而且被分別給予權重和評分。例如，花花公子公司（Playboy Enterprises）的標示語既幫助了該公司，又損害了該公司。標示語使《花花公子》雜誌吸引了讀者，但它同時又使「花花公子」有線電視頻道被排除在很多地區的市場之外。

表 3-3 是一個 IFE 矩陣的例子。該公司的主要優勢在於流動比率、盈利率和員工士氣，正如它們所得的 4 分所表明的。公司的主要弱點是缺少一個戰略管理系統、日益增加的研究開發支出和對經銷商的激勵不夠有效。總加權分數 2.8，表明該公司的內部總體戰略地位高於平均水平。

表 3-3　　　　　　　　　　內部因素評價矩陣舉例

	關鍵內部因素	權重	評分	加權分數
優勢	1. 流動比率增長至 2.52	0.06	4	0.24
	2. 盈利率上升到 6.94	0.16	4	0.64
	3. 員工士氣高昂	0.18	4	0.72
	4. 擁有新的計算機信息系統	0.08	3	0.24
	5. 市場份額提高到 24%	0.12	3	0.36
劣勢	1. 法律訴訟尚未了結	0.05	2	0.10
	2. 工廠設備利用率已下降到 74%	0.15	2	0.30
	3. 缺少一個戰略管理系統	0.06	1	0.06
	4. 研究開發支出費用過多	0.08	1	0.08
	5. 對經銷商的激勵不夠有效	0.06	1	0.06
	總計	1.00		2.80

註：評分含義：1＝重要弱點；2＝次要弱點；3＝次要優勢；4＝重要優勢。
資料來源：［美］費雷德‧R. 戴維. 戰略管理［M］. 8 版. 北京：經濟科學出版社，2001：168.

(二)「雷達」圖分析法

經營分析用的「雷達」圖，是從企業的生產性、安全性、收益性、成長性和流動性五個方面，對企業的財務狀況和經營狀況進行直觀、形象的綜合分析與評價的工具。因其圖形狀如雷達的放射狀，而且具有指引經營「航向」的作用，因而得名。「雷達」圖能夠清楚、直觀、形象地揭示出企業的財務及經營狀況的優勢和劣勢，這對於制定正確有效的企業戰略具有十分重要的意義。

具體的「雷達」圖如圖 3-4 所示，其繪製方法是：首先，畫出三個同心圓，並將其等分成五個扇形區，分別代表企業的生產性、收益性、成長性、安全性和流動性。通常，最小圓圈代表同產業平均水平的 1/2 或最低水平；中間圓圈代表同產業平均水平，又稱標準線；最大的圓圈代表同產業先進水平或平均水平的 1.5 倍。其次，在五個扇形區中，從圓心開始，分別以放射線形式繪出 5～6 條主要經營指標線，並標明指

標名稱及標度，財務指標線的比例尺及同心圓的大小由該經營比率的量綱與同產業的水平來決定。最後，將企業同期的相應指標值用點標在圖上，以線段依次連接相鄰點，形成折線閉環，即構成雷達圖。

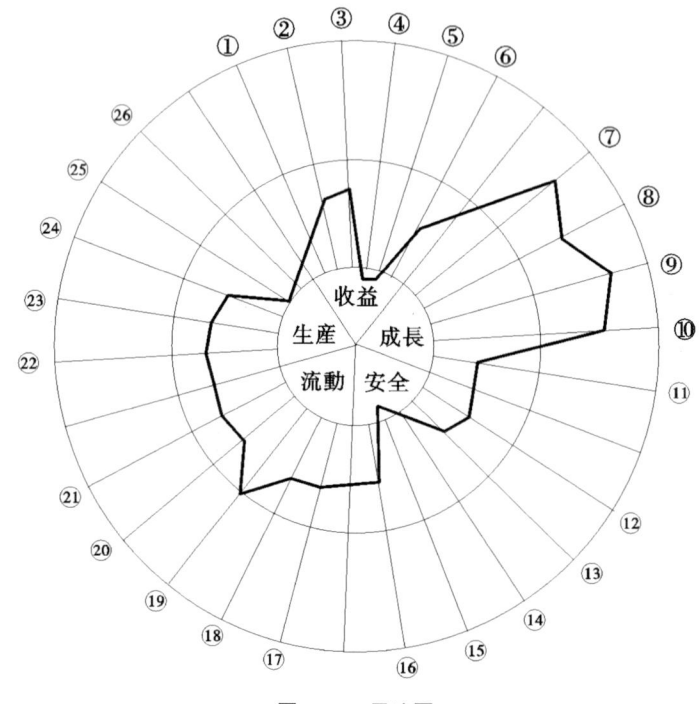

圖 3-4 雷達圖

註：1. 收益性：①總資本利潤率；②銷售利潤率；③成本利潤率；④產值利潤率；⑤資金利潤率；⑥銷售費用與銷售額比率。
2. 成長性：⑦銷售增長率；⑧產值增長率；⑨人員增長率；⑩總資本增長率；⑪利潤增長率。
3. 安全性：⑫利息負擔力；⑬流動資金利用率；⑭固定資金利用率；⑮自有資金率；⑯固定資本比率。
4. 流動性：⑰固定資本週轉率；⑱應收帳款週轉率；⑲盤存資產週轉率；⑳流動資金週轉率；㉑總資本週轉率。
5. 生產性：㉒全員勞動生產率；㉓工資分配率；㉔勞動裝備率；㉕人均利潤；㉖人均銷售收入。

資料來源：鄧海濤. 企業戰略管理［M］. 長沙：國防科技大學出版社，2005：71.

依據圖 3-4 可以看出，當指標值處於標準線以內時，說明企業該指標低於同產業平均水平，需要加強管理，加以改進；若接近最小圓圈處或處於其內，說明該指標處於極差狀態，是企業經營的危險標志，應重點分析，及時改進；若處於標準線以外，說明該指標處於理想狀態，是企業的優勢，應採取措施，加以鞏固和發展。

(三) 波士頓經驗曲線（波士頓諮詢集團 BCG 矩陣）

1. 簡介

這種方法由美國波士頓諮詢集團（Boston Consulting Group，簡稱 BCG）提出，所以又稱為波士頓矩陣。這種方法假定企業有兩種以上的經營單位組成，每個單位的產

品有明顯的差異，並具有不同的細分市場，當企業的各分部或分公司在不同的產業進行競爭時都應建立自己單獨的戰略，因此，這是適用於多樣化經營企業的戰略方案的評價方法。

波士頓諮詢集團認為，決定整個經營組合中每一經營單位奉行什麼樣戰略的兩個基本參數是經營單位的相對競爭地位和市場增長率。經營單位的相對競爭地位用相對市場份額表示，其計算公式如下：

$$\text{產品的相對市場份額} = \frac{\text{本企業某種產品的絕對市場份額}}{\text{該項產品最大競爭對手的絕對市場份額}} \qquad (3-1)$$

產品相對市場份額這個因素所反應的是經營單位在市場上的競爭地位和實力（優勢或劣勢），也能在一定程度上反應經營單位的盈利能力，因為高市場份額一般會帶來較多的利潤和現金流量。

另一個因素是經營單位業務（市場）增長率，其計算公式如下：

產品的業務(市場)增長率

$$= \frac{\text{某產品本年度市場銷售總量} - \text{該產品上年度市場銷售總量}}{\text{該產品上年度市場銷售總量}} \times 100\% \qquad (3-2)$$

產品的業務（市場）增長率這個因素反應的是經營單位產品處於其壽命週期的哪個階段，以及市場中潛在的機會與威脅，它的作用是確定擴大市場和投資的機會的大小。如增長慢，則難以擴大市場；如增長快，則為迅速收回投資、支付投資收益提供了機會。

2. 示意圖

BCG矩陣的橫軸表示企業在產業中的相對市場份額，這一市場份額反應企業在市場上的競爭地位。縱軸表示市場增長率，這一增長率表示每項經營業務所在市場的相對吸引力。將上述兩項因素分別劃分為高、低兩個區域（劃分高低檔次的界限可根據具體情況確定，如市場增長率選為10%，相對市場份額選為0.05等），這樣就形成了一個四區域的矩陣。圖中的每個圓圈都代表一個經營單位（或產品），而圓圈面積的大小表示該業務或產品的收益與企業全部收益的比，如圖3-5所示。

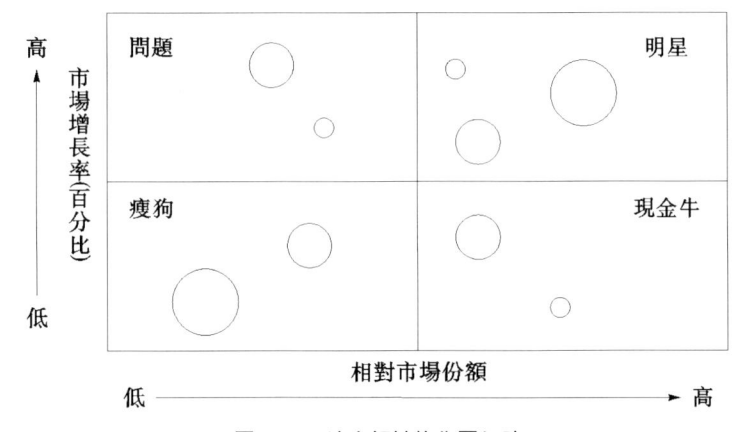

圖3-5　波士頓諮詢集團矩陣

3. 分析

圖3-5中的四個區域代表四種類型的經營單位以及它們各自應採用的戰略。

（1）明星區域的戰略。明星區域中的經營單位，都是相對市場份額高、業務增長率也高的單位，表明該經營單位正處於能夠長期增長和獲利時期，需要獲得大量投資以便保持或加強其在市場上的主導地位。因此，應採用的戰略是：前向一體化、后向一體化和水平一體化、市場滲透、市場開發、產品開發合資經營戰略。當它們日后的業務增長率下降時，就進入了現金牛區域。

（2）問題區域的戰略。問題區域的經營單位，都是業務增長率高、相對市場份額低的單位，說明市場前景美好，有發展機會，但目前實力不強，獲利甚微。應採用的戰略分為兩種：一是採用強化戰略（市場滲透、市場開發或產品開發）來扶持，擴大其產銷規模，增強其競爭能力，提高其競爭地位，使其轉變為明星單位；二是企業無力對其增加投資，只好採取維持戰略或放棄戰略。

（3）現金牛區域的戰略。處於現金牛區域的經營單位，都是相對市場份額高、業務增長率低的單位，說明他們競爭地位強，有優勢，但是市場前景不妙，不應再擴大規模增加投資。一般可採用穩定型戰略，維持現狀，盡量保持市場份額，並將其創造的利潤抽出來滿足應增加投資的單位的需要。處於強勢地位的經營單位採用產品開發或同心多元化戰略可能有利於提高其吸引力，而轉為弱勢時應考慮採用收縮或剝離戰略。

（4）瘦狗區域的戰略。處於瘦狗區域的經營單位，其市場份額和業務增長率都低，說明它們既無發展前景，又無多大實力，再去追加投資已不合算，應採用清算、剝離戰略。如果是首次淪為瘦狗的經營單位，收縮戰略可能是最佳選擇。

4. 建立波士頓諮詢集團矩陣的步驟

在利用波士頓諮詢集團矩陣進行戰略方案評價時，波士頓諮詢集團建議採取以下五個步驟：

第一步：將企業分成不同的經營單位。實際上，企業建立戰略經營單位（SBU）組織時，就已經做了這一步。在矩陣中，圓圈用來表示每一個經營單位。

第二步：確定經營單位在整個企業中的相對規模。相對規模的度量尺度是經營單位的資產在企業總資產中的份額或經營單位的銷售額占企業總銷售額的比重。在矩陣中，圓圈面積代表著經營單位的相對規模。

第三步：確定每一個經營單位的市場增長率。

第四步：確定每一個經營單位的相對市場佔有率。

第五步：繪製企業整體經營組合圖，依據每一個經營單位在企業整個經營組合中的位置而選擇適宜的戰略。

5. 優點和缺點

波士頓諮詢集團矩陣是最早的組合分析方法之一，將企業不同的經營業務綜合在一個矩陣中，具有簡單明瞭的特點。它作為一個有價值的思想方法，被廣泛運用在產業環境與企業內部條件的綜合分析、多樣化的組合分析、大企業發展的理論依據等方面。

（1）波士頓諮詢集團矩陣的優點主要有以下幾點：①該矩陣指出了每個經營單位在競爭中的地位，使企業瞭解到它們的作用和任務，從而有選擇地集中運用企業有限的資金。②每個經營業務單位也可以從矩陣中瞭解自己在總公司中的位置和可能的戰略發展方向。③利用波士頓諮詢集團矩陣還可以幫助企業推斷競爭對手相關業務的總體安排，其前提是競爭對手也使用波士頓矩陣的分析技巧。

　　（2）波士頓諮詢集團矩陣的缺點主要有以下幾點：①在實踐中，企業要確定業務的市場增長率和相對市場份額是比較困難的。②波士頓矩陣過於簡單。首先，它用市場增長率和企業相對市場份額兩個單一指標分別代表產業的吸引力和企業的競爭地位，並不能全面反應這兩方面的狀況。其次，實際上，很多業務落在了波士頓諮詢集團矩陣的中間位置，很難歸入明星、問題、現金牛和瘦狗四類中。③波士頓矩陣事實上暗含了一個假設：企業的市場份額與投資回報是成正比的。但是，在有些情況下，這種假設可能是不成立或不全面的。一些市場佔有率小的企業如果實施創新、差異化經營、市場細分等戰略，仍能獲得高額利潤。④波士頓諮詢集團矩陣沒有考慮時間因素，不能表現出在一段時間內某一業務部門及其所在產業是否獲得了增長，更多的是對企業在某一確定時間點的反應。

（四）企業潛力分析法

　　在企業進行內部分析時，需要評價企業內部潛力。由企業內部因素來評估企業潛力，可採用以下三種方法：

　　1. 結構平衡法

　　企業營運的各種因素，如人員、機構、設備、材料、銷售、資金等，不會長期平衡，經常會出現內部不平衡的現象。如某企業人員相對於設備、材料、銷售和資金等其他生產和流通要素較多，如果以人員作為標準進行結構平衡，則其他不足因素都有潛力可挖；如果以設備作為標準，其他因素應與設備能力保持一致，這樣人員就會過剩，就需要相應地做出調整。

　　2. 因素介入法

　　結構平衡法是一種靜態的挖潛方法，是將現實的因素進行平衡搭配，使企業滿負荷運行。但企業環境本身就是一個遞增的過程，即需要不斷與外界環境進行物質或信息流的交換才能使企業繼續生存下去。由於外部環境的變化，處於新環境的企業也需要相應地引進一些新的因素，這時只要從外界引入某些因素，就能激發出巨大的潛力。因素介入法就是利用外界因素的引入來估算企業潛力的動態方法。因素導入法的核心是因素的導入。因為影響企業發展的因素多種多樣的，所以介入的因素也是多種多樣的。常見的介入因素有八個，詳述如下：

　　（1）觀念介入。新的思想、新的觀念的引入，開拓新的思維領域，使企業經營方法和管理制度發生相應的變革，從而促進企業發展。新觀念的介入，常常不費企業一分一文，人還是那些人，設備、廠房也還是那樣，只是轉變了觀念，發揮了人的積極性，就出現了奇跡，幹出從前所不能做到的事。海爾兼併「休克魚」正充分說明了這一點。海爾併購部分國有企業，沒有新注入一分錢，也沒有更換原來的職工，只是派

了幾個海爾公司的管理人員引進新的管理模式就使這些企業起死回生，這不能不說明觀念介入的重要性與有效性。

（2）知識介入。現在是一個知識爆炸的時代，人的知識如果在3～5年內不進行更新就會出現幾乎全部被淘汰的現象，因此知識介入是非常必要的。目前企業倡導的知識管理便是知識介入的真實寫照。企業的知識介入主要是對員工進行生產技術知識或管理知識培訓，這也是一種所費不多、獲益甚豐的方法。

（3）人才介入，就是從外部引進新鮮血液，引進新的技術和管理人才。引進關鍵人才，使企業打破原有局面，實現技術和管理的飛躍，取得顯著成效。

（4）技術介入，就是引進生產技術專利，或與科研院所合作共同開發某項技術。這種方法，對於需要不斷研發新技術以在激烈競爭中贏得一席之地的高科技企業來說，能達到「一著棋活，全盤皆活」的效果。

（5）設備介入。設備介入是指引進先進的關鍵設備，或者改造原有設備等。

（6）資金介入。資金介入是指申請貸款或進行社會集資等，以解決企業資金短缺的問題。資金是整個企業運轉的潤滑劑，許多企業就是由於缺乏資金而導致發展停滯的，因此資金介入對企業是至關重要的。

（7）信息介入。現代社會是一個信息化的社會，信息是企業生存和發展的關鍵所在，所有的行動都是基於對信息的正確把握的。因此，信息的介入，尤其是市場變化情況、渠道信息的介入，常常能夠促進企業流程的轉變或是因素的重組而產生新的效果。

（8）制度介入。企業制度是企業運行的基礎機制，企業制度關係到企業中各要素作用的充分發揮。新制度的介入常常可以排除舊制度的弊病，開創新的局面。

3. 比較分析法

比較分析法就是將本企業各項影響企業生產運作、管理的因素，如企業制度、設備情況、資金情況、產品成本、產品質量、產品功能、渠道建設、售後服務等各項因素逐項進行對比，把對比的結果填入一個棋盤式的表格中，求得每個因素在評比中的總分，然後排出名次，得分最高者為第一名。

在表3-4中，首先將企業制度、設備情況等諸因素依次在豎列和橫行中填上，然後將各個因素的潛力逐一比較，較大者得1，反之得0。例如第一行為「企業制度」，將它與「設備情況」的潛力對比，「企業制度」的潛力大些，所以在「設備情況」的豎列與「企業制度」橫行的交叉格內寫上「1」；第二行是「設備情況」，它與「企業制度」比，潛力小些，所以在「設備情況」橫行與「企業制度」豎列的交叉格內寫上「0」；以此類推。對各因素進行比較後，將各項因素得到的分數加起來即得各要素總分，最後按得分多少排列出名次。在表中，「企業制度」總分最高，居第一名，其次是「產品成本」。這說明，該企業的制度改進和成本降低的潛力是最大的，也是該企業潛在的優勢所在。

表3-4中的比較評分結果所得出的是該企業的潛在優勢，它與該企業的現實優勢（渠道建設與售後服務）不同，表中所示的渠道與服務，在企業中居於領先地位，但潛

力排名處於后列，挖掘潛力不大。如果把這些潛力轉化為現實的優勢，就需要引入新因素。該企業的管理制度儘管目前不是現實優勢，但企業管理者的文化素質和身體素質都還不錯，只是思想觀念跟不上，對一些先進的管理方法不熟悉，只要引入新觀點，同時進行科學管理方法的培訓，在這些基礎上進行企業管理體制的改革，管理的潛力就會發揮出來，就能成為現實的管理優勢。

從以上分析可以看出，比較分析法重點不在企業的現實優勢上，相反，它認為要促進企業的發展，不能只孤立地看現實優勢，還要看到尚未發掘出來的潛在優勢，在保持現有優勢的同時注意發掘潛在優勢。

表 3-4　　　　　　　　　　企業潛力比較與評分表

	企業制度	設備情況	資金情況	產品成本	產品質量	產品功能	管道建設	售後服務	總分	名次
企業制度		1	1	1	1	1	1	1	7	1
設備情況	0		1	1	1	0	1	1	5	3
資金情況	0	0		0	0	0	1	1	2	6
產品功能	0	0	0		1	0	1	1	3	5
產品質量	0	0	1	1		0	1	1	4	4
產品成本	0	0	1	1	1		1	1	6	2
管道建設	0	0	0	0	0	0		1	1	7
售後服務	0	0	0	0	0	0	0		0	8

資料來源：李福海. 戰略管理 [M]. 成都：四川大學出版社，2004：98.

四、企業外部環境分析

外部環境分析的過程一般包括搜索、監視、預測和評估四個步驟，如圖 3-6 所示。

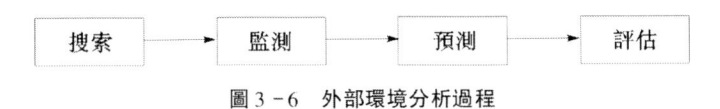

搜索 → 監測 → 預測 → 評估

圖 3-6　外部環境分析過程

（一）搜索

1. 搜索的目的

搜索是外部環境分析的基礎，通過搜索，企業能夠辨認外部環境潛在變化的早期信號，瞭解正在發生的變化。

2. 搜索的類型

（1）無目的的觀察，即決策者無特定意向，也並不瞭解將發生什麼問題，只是通過直接與企業經營的有關信息接觸，瞭解環境的動態。

（2）條件化觀察，即決策者事先注意到了有明確意義的情報或情報源，並安排企

業有關部門對特定的環境範圍進行掃描監視，及時捕獲有關情報，進行評估和處理。

（3）非正式搜索，即決策者出於某種特定的目的進行有限的和不系統的搜索，以獲取某一特定的情報。

（4）正式化搜索，即決策者按照預定計劃、程序或方法，採取審慎嚴密的行動，以獲取某一特定信息或有關某一特定問題的情報。

3. 搜索的資料來源

用來分析外部環境的資料來源有很多，包括各種印刷材料（如報紙、商業出版物、學術研究成果、研討會紀要和公眾觀點等）；各種展覽、展銷會；與顧客、供應商、銷售商、政府工作人員、消費者的調查或交談的內容，甚至與生意有關的「傳聞」。另外一個信息來源是那些與外界接觸較多的本企業工作人員，如銷售、採購、公共關係、人力資源等崗位的人員。在信息化的時代中，互聯網是一個極其關鍵的來源，並且越來越重要。

4. 搜索的注意事項

在全球化、信息化的今天，企業面臨的信息浩如菸海。對企業而言，既不必要也不可能搜索到完備的信息。因此，在搜索的過程中要注意提高有效性和可靠性。首先，可將總環境分解為子環境。因為環境變化也就是這些子環境中各種因素的變化，它們往往反應為先兆信號。其次，設計一組環境指標體系，以便揭示和測度各子環境要素的變化及其對企業的影響。

（二）監視

監視，即決策者或分析家們觀察環境變化，觀察在那些由搜索定位的領域裡是否出現重要的趨勢。實際上，監視是對特定環境因素的一種連續跟蹤。成功監視的關鍵在於覺察不同事件含義的能力。特別是對於與企業有關的「重大突發事件」保持關注的同時，注意分析其偶然事件還是必然事件？判斷其對企業是長期影響還是短期影響？影響的強度是大是小？

（三）預測

預測是基於經驗或研究對未來趨勢和事件的假設。通過預測可能說明由於以上搜索和監視的那些變化和趨勢，將如何改變？例如，企業可能要預測產品的銷售規模；或者當稅收政策改變后，消費者的消費模式將發生怎樣的改變；或者產品價格提高后，企業的市場佔有率將發生怎樣的改變，利潤又會變化多少？

預測技術大致可分為定量預測技術和定性預測技術兩類。定量預測技術適用的基本條件是：擁有歷史數據，並且關鍵變量之間的關係在未來將保持不變。計量經濟學模型、趨勢外推法是基本的定量預測技術。定性預測技術包括銷售人員估計、管理人員評價、預測調查、總體概要預測、德爾菲法、頭腦風暴法等。當不存在歷史數據或預測變量在未來將發生顯著變化時，定性預測技術更為實用。

（四）評估

外部環境分析的最終目的是要判斷環境變化和趨勢對企業戰略影響的時間點和顯

著程度，從而識別並評估企業的發展機會與威脅。因此僅有預測是不夠的，還不能達成最終目的。加之，再好的預測也不會盡善盡美，有的預測甚至會謬以千里。比如，計量經濟學中的線性迴歸所基於的假設是，未來正好與現在保持結構不變，而事實當然並非如此。如果沒有評估，只有預測，企業只不過得到一些有趣的數據而已。可見，評估是非常重要的。

評估實際上就是總結以上搜索、監視、預測的成果，它既是外部環境分析的終點，也是企業制定和實施戰略的非常重要的起點和依據之一。

五、企業外部環境分析方法

(一) 外部因素評價矩陣

外部因素評價矩陣（External Factor Evaluation Matrix，EFE 矩陣）是現在較通行的一種企業外部環境分析方法，可以幫助企業分析和評價經濟、政治、技術、市場以及競爭對手等方面的信息，從中找出影響企業的重要因素。具體而言，它採用通行的觀點把外部因素分為機會與威脅兩類（見表 3－5）。建立 EFE 矩陣的五個步驟如下：

(1) 列出在外部分析過程中確認的外部因素。因素總數在 10～20 個。因素包括影響企業和企業所在產業的各種機會和威脅。首先列舉機會，然后列舉威脅。要盡量具體，可能時要採用百分比、比率和對比數字。

(2) 賦予每個因素以權重。其數值由 0（不重要）到 1.00（非常重要），標志著該因素對於企業在產業中取得成功的影響的相對重要性。機會往往比威脅得到更高的權重，但當威脅因素特別嚴重時也可得到高權重。確定恰當權重的方法包括對成功的競爭者和不成功的競爭者進行比較，以及通過集體討論而達成共識等。所有因素的權重總和必須等於 1。

(3) 按照企業現行戰略對各關鍵因素的有效反應程度為每個關鍵因素進行評分，範圍為 1～4 分，「4」代表反應很好，「3」代表反應超過平均水平，「2」代表反應為平均水平，而「1」則代表反應很差。評分反應了企業戰略的有效性，因此它是以公司為基準的，而「步驟2」中的權重則是以產業為基準的。要注意非常重要的一點，威脅和機會都可以被評為 1 分，2 分，3 分或 4 分。

(4) 用每個因素的權重乘以它的評分，即得到每個因素的加權分數。

(5) 將所有因素的加權分數相加，可以得到企業的總加權分數。

無論 EFE 矩陣所包含的關鍵機會與威脅數量有多少，一個企業所能得到的總加權分數（Total Weighted Score）最高為 4.0，最低為 1.0，平均總加權分數為 2.5。總加權分數為 4.0，則說明企業在整個產業中對現有機會與威脅做出了最出色的反應。換言之，企業現行的戰略能有效地利用現有機會並將外部威脅的潛在不利影響降至最小。而總加權分數為 1.0，則說明企業現行的戰略不能利用外部機會或迴避外部威脅。

表 3－5 是早些年一個 UST 公司 EFE 矩陣的例子，該公司是一家生產無菸菸草的公司。請注意，克林頓政府被看作是影響該產業最為重要的因素，正如其權重 0.20 所顯示的。UST 公司並沒有採用可以有效利用這一機會的戰略，如評分 1.00 所示。總加權

分數 2.10，說明 UST 在實行利用外部機會和迴避外部威脅方面低於平均水平；這裡需要注意的是，透澈理解 EFE 矩陣中所採用的因素比實際的權重和評分更為重要。

表 3-5　　　　　　　　　　　外部因素評價矩陣舉例

	關鍵外部因素	權重	評分	加權分數
機會	1. 全球無菸菸草市場實際上還沒被開發	0.15	1	0.15
	2. 禁菸活動導致的需求增加	0.05	3	0.15
	3. 驚人的網上廣告的增加	0.05	1	0.05
	4. 平克頓(Pinkerton)是折扣菸草市場的領先公司	0.15	4	0.60
	5. 更大的社會禁菸壓力使吸菸者轉向替代品	0.10	3	0.30
威脅	1. 不利於菸草工業的立法	0.10	2	0.20
	2. 對菸草工業的限產加劇了生產競爭	0.05	3	0.15
	3. 無菸菸草市場集中在美國東南部地區	0.05	2	0.10
	4. 糧食和藥物管理局進行不利於公司的媒體宣傳	0.10	2	0.20
	5. 克林頓政府政策	0.20	1	0.20
	總計	1.00		2.10

資料來源：［美］弗雷德·R. 戴維. 戰略管理［M］. 8 版. 北京：經濟科學出版社，2001：130-132.

（二）競爭態勢矩陣

競爭態勢矩陣（Competitive Profile Matrix，CPM）是用於確認企業跟其主要競爭者戰略地位關係的外部環境分析方法，通過競爭態勢分析，可以確定這些主要競爭者的特定優勢與劣勢，得出被分析企業與競爭對手的差異。

1. 競爭態勢矩陣分析步驟

應用競爭態勢矩陣進行企業外部環境分析可遵循以下步驟：

（1）由企業戰略決策者識別產業中的關鍵戰略要素，一般要求 5~15 個要素。常見的關鍵戰略要素有市場份額、產品組合度、規模經濟性、價格優勢、廣告與促銷效益、財務地位、管理水平、產品質量等。

（2）對每個要素要確定一個適用於產業中各競爭者分析的權重，以此表示該要素在產業中進行經營的相對重要性程度。權重值的確定可以考察成功競爭者與不成功競爭者的經營效果，並從中得到啓發。每一要素權重值從 0（最不重要）到 1.0（最重要），各要素權重值之和應為 1。

（3）對產業中各競爭者在每個要素上所表現的相對強弱進行評價。評價時分數通常為 1 分、2 分、3 分、4 分並分別表示從弱到強（最弱、較弱、較強、最強）。評價中需注意各分值的給定應盡可能以客觀的資料為依據，以便得到較準確的結論。

（4）將各要素的評價與相應的權重值相乘，得出各競爭者在相應要素上相對力量強弱的加權評價值，最后對每個競爭者在每個要素上所得的加權評價值相加，從而得出各競爭者在各要素上的評價值。這一數值的大小就顯示了各競爭者在總體力量上的

相對強弱情況。

表3-6是一個競爭態勢矩陣的實例。我們可以假設三個公司中有一個公司是被分析企業，這樣就可以得出被分析企業與主要競爭對手的差異。在這一實例中，廣告及全球擴張是最為重要的影響因素，正如其權重0.20所表示的；雅芳（Avon）和歐萊雅（L'Oreal）的產品質量是上乘的，正如其評分4所表示的；歐萊雅的「財務狀況」是好的，正如評分3所示；寶潔公司（Procter & Gamble）從整體上看是最弱的，其總加權分數2.80說明了這點。

表3-6　　　　　　　　　　　競爭態勢矩陣舉例

關鍵因素	權重	雅芳 評分	雅芳 加權分數	歐萊雅 評分	歐萊雅 加權分數	寶潔 評分	寶潔 加權分數
廣告	0.20	1	0.20	4	0.80	3	0.60
產品質量	0.10	4	0.40	4	0.40	3	0.30
價格競爭力	0.10	3	0.30	3	0.30	4	0.40
管理	0.10	4	0.40	3	0.30	3	0.30
財務狀況	0.15	4	0.60	3	0.45	3	0.45
用戶忠誠度	0.10	4	0.40	4	0.40	2	0.20
全球擴張	0.20	4	0.80	2	0.40	3	0.60
市場份額	0.05	1	0.05	4	0.20	3	0.15
總計			3.15		3.25		2.80

註：評分含義：4＝最強；3＝較強；2＝較弱；1＝最弱。
資料來源：［美］弗雷德·R.戴維.戰略管理［M］.8版.北京：經濟科學出版社，2001：133.

除了以上競爭態勢矩陣中列舉的各項關鍵因素之外，其他因素往往包括：產品品種的多少、銷售、配送效率、專利優勢、設施佈局、生產能力及效率、經驗、勞資關係、技術優勢以及電子商務技能等。

2. 競爭態勢矩陣的相關討論

在競爭態勢矩陣評價中所得的各分值，僅僅表示了各競爭者之間相對競爭力量的地位，這些數字並不具有絕對意義。即它們只是提供了一種分析的手段和一些參考的信息而已，並不能夠真如這些數字的相對大小那樣，精確指明各競爭者力量之間的相對強弱關係。不能僅僅因為在競爭態勢矩陣中一家公司總得分為3.2而另一家公司總得分為2.8，便認為第一家公司比第二家公司強20%。數字反應了公司的相對優勢，但它表面上的精確性往往給人們帶來錯覺。數字不是萬能的，我們的目的不是得到一個神奇的數字，而是對信息進行有意義的吸收和評價，以便幫助我們進行決策。

表面上看CPM與EFEM有一定的相似之處，但它們之間的區別是需要我們注意的。區別一在於分析的因素不同：EFEM中的因素都屬於企業的外部因素，分為機會與威脅兩類，CPM中的因素屬於競爭對手的內部和外部兩方面的因素；區別二在於分析的對象及目的不同：EFEM中是以分析企業自身為分析對象的，分析目的在於瞭解企業外部環境中存在的機會和威脅。而CPM中是以分析企業自身和競爭對手為分析對象的，是

幾個企業相關因素比較的結果，它反應了不同企業的某些因素方面的差異，這一比較分析可提供重要的內部戰略信息。

(三) GE 矩陣

1. 分析原理

GE 矩陣又稱通用電器公司法、麥肯錫矩陣、九盒矩陣法、行業吸引力矩陣，是美國通用電氣公司（GE）於 20 世紀 70 年代新開發的投資組合分析方法，GE 矩陣是一個評價性的戰略描述工具。該矩陣將每一個戰略業務單位（SUBs）的經營優勢情況和外部行業情況結合在一起進行分析，目的是描述不同的戰略業務單位的競爭狀況，並幫助指導各戰略業務單位之間合理地配置資源。

GE 矩陣可以用來根據戰略業務單位在市場上的競爭地位和所在市場的行業吸引力對這些戰略業務單位進行評估，也可以表述一個企業的戰略業務單位的組合判斷其強項和弱點。在需要對行業吸引力和戰略業務單位的競爭地位作廣義而靈活的定義時，可以以 GE 矩陣為基礎進行戰略規劃。按行業吸引力和業務自身實力兩個維度評估現有業務，每個維度分三級，分成九格以表示兩個維度上不同級別的組合。兩個維度上可以根據不同情況確定評價指標。如圖 3－7 所示。

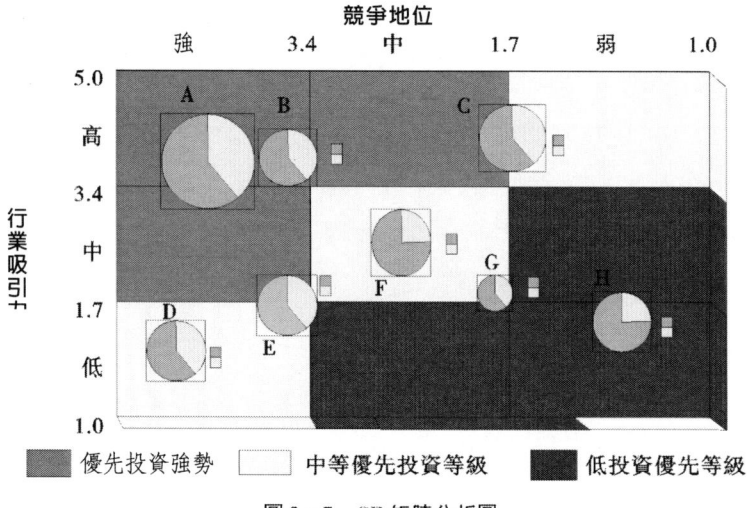

圖 3－7 GE 矩陣分析圖

（1）行業吸引力。根據行業的相對吸引力，在三個橫行中確定行業的位置。通常將行業吸引力劃分為高、中、低三個等級。在確定行業吸引力時，需要綜合考慮多種因素，如市場的絕對規模、市場的未來發展潛力、競爭格局、財務因素、經濟因素、技術因素、社會和政治因素。

（2）競爭地位。根據經營單位的競爭優勢，在三個縱列中確定經營單位的位置。通常將經營優勢劃分為強、中、弱三個等級，在確定位置的過程中，需要考慮經營單位的規模、市場份額、競爭位置和比較優勢等。矩陣中有三個區域標註為吸引力低、中和高，以顯示全部的評價結果。

(3) 確定投資定位。如果經營單位位於矩陣的右下角，則表明其在沒有吸引力的行業中，處於競爭地位較弱的位置，可以考慮加大投資。如果經營單位位於矩陣的左上角，則表明其在吸引力較高的行業中，處於競爭地位相對較強的地位，可以考慮進行業務縮減。如果經營單位處於矩陣左下到右上的中間對角線的部分，則表明其在行業吸引力和競爭地位這兩者的綜合方面處於中等的位置，可以考慮進行業務平穩發展。

2. 應用流程

繪製 GE 矩陣，需要找出內部（企業競爭力）和外部（行業吸引力）因素，然後對各因素加權，得出衡量內部因素的企業競爭力和外部因素的市場吸引力的標準。

(1) 定義各因素。選擇要評估業務（或產品）的實力和市場吸引力所需的重要因素。在 GE 矩陣內部，分別為內部因素和外部因素。確定這些因素的方法可以採取頭腦風暴法或名義小組法等，關鍵是不能遺漏重要因素，也不能將微不足道的因素納入分析中。

(2) 估測內部因素和外部因素的影響。從外部因素開始，根據每一因素的吸引力大小對其評分。若一因素對所有競爭對手的影響相似，則對其影響作總體評估；若一因素對不同競爭者有不同影響，可比較它對自己業務的影響和對重要競爭對手的影響。對外部因素可以採取五級評分標準（1＝毫無吸引力，2＝沒有吸引力，3＝中性影響，4＝有吸引力，5＝極有吸引力）。然後對內部因素也使用五級評分標準進行類似的評定（1＝極度競爭劣勢，2＝競爭劣勢，3＝同競爭對手持平，4＝競爭優勢，5＝極度競爭優勢），在這一部分，應該選擇一個總體上最強的競爭對手作對比對象。

(3) 評估。對外部因素和內部因素的重要性進行估測，得出衡量實力和吸引力的簡易標準。以定量方法為例：將內外部因素分列，分別對其進行加權，使所有因素的加權係數總和為 1，然後用其在第二步中的得分乘以其權重係數，再分別相加，就得到所評估的業務單位在實力和吸引力方面的得分（介於 1 和 5 之間，1 代表產業吸引力低或業務實力弱，而 5 代表產業吸引力高或業務實力強）。

(4) 標示。將業務單位標在 GE 矩陣上。矩陣坐標縱軸為行業（產業）吸引力，橫軸為競爭地位或業務實力。每條軸上用兩條線將數軸劃分為三部分，這樣坐標就成為網格圖。兩坐標軸刻度可以為高、中、低或 1～5。在圖上標出一組業務組合中位於不同市場或產業的業務單位時，可以用圓來表示各業務單位，圓面積大小與相應單位的銷售規模成正比，而陰影扇形的面積代表其市場份額。這樣 GE 矩陣就可以提供更多的信息。

3. 應用的局限性

(1) 界定業務單位容易出現偏差。在界定業務單位和行業邊界時，即使微小的失誤，也會使業務單位在九格矩陣中定位不正確。假設在界定變量時出現偏差，那麼分析結果產生錯誤的機會就會增加。

(2) 分析途徑過於簡化。矩陣提供的三個基本分析途徑過於簡化。有可能限制人們的思維框架。

(3) 因素分析具有含糊性。GE 矩陣的主要優勢是包含眾多的分析變量，這本身也

是一個弱點。由於在分析時相對主觀，有時使得分析小組在分析、選擇、權衡和定位時難以達成一致。

第五節　企業的宏觀環境分析

宏觀環境主要由政治法律（Political）、經濟（Economic）、社會文化（Social）和技術（Technological）等因素構成，因此宏觀環境分析簡稱 PEST 分析。這些環境因素往往間接或直接作用於企業，同時這些環境因素又相互影響，如圖 3-8 所示。

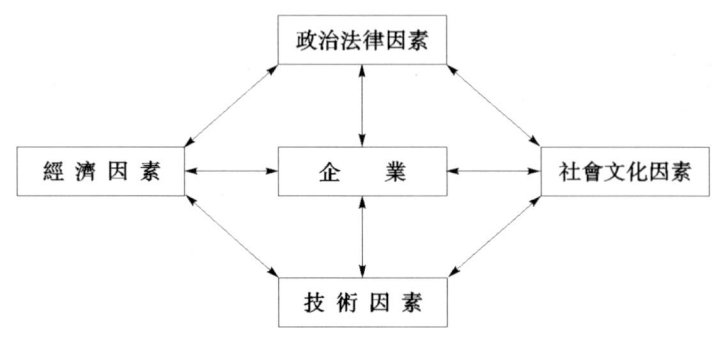

圖 3-8　宏觀環境分析

一、政治法律因素

政治法律因素是指一個國家或地區的政治制度、體制，政府的方針、政策以及法律法規等方面。這些因素對企業的戰略制定具有重要的影響：或者起鼓勵、支持的作用（這就是企業可利用的機會），或者起約束、限制的作用（這是企業應設法迴避的威脅）。

加強對政治法律因素的研究，可以把握政府的政策導向，使企業經營活動能受到有關方面的保護和支持。就產業政策來說，例如國家確定的重點產業總是處於相對優先發展的地位。因此，處於重點產業的企業面臨的機會就多，發展潛力就大。另外，政府的稅收政策影響到企業的財務結構和投資決策，資本持有者總是願意將資金投向那些具有較高需求且稅率較低的產業部門。

二、經濟因素

經濟因素是宏觀環境因素中最基礎、最重要的因素，影響著供給和需求。經濟因素是指構成企業生存和發展的社會經濟狀況及國家的經濟政策，包括社會經濟結構、經濟體制、發展狀況、宏觀經濟政策等要素。衡量這些因素的最重要經濟指標有國民生產總值、經濟增長率、匯率、利率和通貨膨脹率等。企業從這些指標中可以分析國家經濟全局發展狀況，是處在高速發展還是低速發展，或者是處在停滯或倒退狀態。

一般說來，在宏觀經濟發展良好的情況下，市場擴大，需求增加，企業發展機會就多；反之，在宏觀經濟低速發展、停滯或倒退的情況下，市場需求增長很少甚至不增長，這樣企業發展機會就少。

三、社會文化因素

社會文化因素分析主要包括人口因素和文化因素。

(一) 人口因素

人口因素指的是人口特徵變化對產業的影響，主要包括人口數量、年齡結構、地理分佈和教育水平等因素。其對企業戰略的影響主要包括：人口數量制約著個人或家庭消費產品的市場規模；年齡結構決定以某年齡層為對象的產品的市場規模。各年齡層都使用的產品市場，對商品的選擇性大，將帶來產品多樣化的機會；各年齡構成比例發生變化，市場規模將隨之變化，對於以待定年齡層顧客為對象的企業來說將成為市場機會或威脅；人口的地理分佈決定消費者的地區分佈，消費者地區分佈密度越大，消費者的嗜好也越多樣化，對市場的商品選擇性也越大，這就意味著出現多種多樣的市場機會；人口的教育文化水平直接影響著企業的人力資源狀況等。

目前世界人口變化出現了五個趨勢：其一，世界人口迅速增長，意味著消費將繼續增長，世界市場將繼續擴大。其二，發達國家的出生率開始下降，對以兒童為目標市場的企業是一種不利環境，而年輕夫婦可以有更多的閒暇和收入用於旅遊、在外用餐、文體活動等，為相應的企業帶來市場機會。其三，許多國家包括中國人口趨於老齡化，老年人市場正在逐步擴大，老年人的消費能力也在逐漸增強。其四，許多東方國家的家庭狀況正在發生變化，家庭規模向小型化方向發展，幾世同堂的大家庭大大減少。其五，許多西方國家的非家庭住戶在迅速增加，包括單身成年人住戶、暫時同居戶和集體住戶。

對人口因素的分析可以使用以下一些變量：人口出生率和自然增長率、平均壽命測算、人口的年齡分佈、性別結構、教育程度結構、民族結構和生活方式上的差異等。

(二) 文化因素

文化因素強烈地影響著人們的購買決策和企業的經營行為。不同的國家有著不同的文化傳統、社會習俗和道德觀念，從而會影響人們的消費方式和購買偏好，進而影響著企業的經營方式。因此，企業必須瞭解社會行為準則、社會習俗、社會道德觀念等文化因素對企業經營行為產生的重要影響。

四、技術因素

技術因素是指企業所處的社會環境中的技術要素及與該要素直接相關的各種社會現象的集合。技術不僅是指那些引起時代革命性變化的發明，而且還指與企業生產相關的新技術、新工藝、新材料的出現和發展趨勢以及應用前景。在科學技術迅猛發展變化的今天，技術因素可能會給企業帶來有利的發展機會，也有可能給某些企業帶來生存的威脅。企業必須要預見這些新技術帶來的變化，在戰略管理上做出相應的決策，

以求獲得新的競爭優勢。

技術因素分析主要基於以下三個方面的戰略考慮：

（1）確定企業技術研發方向。在制定企業的戰略時，要預測未來產業技術的發展趨勢。技術研發方向正確，企業將從中獲取相當可觀的回報；反之，則將招致破壞性的打擊。

（2）判斷技術發展的進程。企業的技術研發和應用既不能落伍，也不能過於超前，因此，必須考慮技術發展的具體進程。

（3）判斷相關技術變化的影響及其趨勢，研究相關技術變化對某一產業的影響。

本章小結

本章主要介紹戰略分析的主要功能、理論淵源和基本框架，並探討企業的宏觀環境的構成與影響。首先，戰略分析的功能至少有如下三種：監控企業內外動態，保持全面知情；作為戰略家的認知手段和思考過程；作為戰略行動的夥伴，既是行動的誘因，又可能同時發生於行動之中。最典型的戰略分析框架起源於哈佛商學院有關企業政策的教學與研究。這一基本框架包括事實判斷和價值判斷兩個層面的分析。事實判斷層面考察企業的內部稟賦（決定企業能夠幹什麼）與外部環境（決定企業可以幹什麼）。價值判斷層面考察企業戰略決策者的價值偏好（決定企業想要幹什麼）以及企業的社會責任、形象與預期（決定企業應該幹什麼）。企業戰略的挑戰在於同時考量企業內外部因素、價值偏好與社會預期，在可以做、能夠做、想要做和應該做這四個方面達到動態的匹配與契合。在事實判斷層面，SWOT 分析著重強調企業的內部運作與外部環境要求相契合，善用企業自身長處，規避弱項，把握機會，抵消威脅，實現卓越經營績效。隨后，主要介紹企業環境的分層和特徵，並著重介紹了幾種企業內部、外部環境的分析方法。最后，重點分析了企業宏觀環境的構成及其對企業戰略的影響作用。

案例

長春電影製片廠的新生

提起長春電影製片廠，很多人腦海中一下子會想起《英雄兒女》《平原遊擊隊》《五朵金花》《白毛女》《開國大典》等一大批膾炙人口的影片，長影也因此被形象地稱為「新中國電影的搖籃」。

創造過中國電影無數輝煌的長春電影製片廠，從 20 世紀 90 年代初開始，曾一度陷入了發展低谷。這時，許多國有電影製片廠及整個中國電影市場都陷入了嚴重的滑坡狀態。

1997 年趙國光就任長影廠長時，面臨著一系列的嚴峻問題。首先，虧損嚴重，缺乏資金。計劃經濟體制下的企業「辦社會」使長影背上了沉重的包袱，長影有自己的托兒所、派出所、衛生所、車隊、學校、甚至消防隊，這些構成主業發展的包袱。拍

電影也是賠得多賺得少，虧損總額達 3,000 萬元。其次，冗員問題嚴重，職工 3,000 人，其中一半離退休人員。最后，製片設備老化嚴重，無法滿足影片生產的需求。

長影改革面臨與其他國企改革同樣的問題，即如何籌措發展資金，如何進行人員分流。對於長影的改革，吉林省委給予了巨大的支持，1998 年省委主要領導連續 3 次到長影開座談會，確定長影改革的基本思路：賠錢的片子不拍；處理好大獎與大眾的關係，要拍票房好的片子；長影必須從事業單位走集團化、公司化、產業化的道路。省委領導還當場拍板——長影全員參加社會保險；下崗分流 1,000 人；為長影在電視臺開設一個電影頻道；三年內稅費全免；給予長影 3 年 3,000 萬元的貼息貸款。

有了政府和相關政策的支持，以趙國光為代表的長影領導階層加快了改革的步伐。1998 年 7 月，長影徹底打破了舊有的體制，組建了長影集團有限責任公司，實現了由事業單位向企業的轉變。集團在全國率先實施「出資人制度」，對旗下各部門進行多元投資主體的公司制改革，設立了 16 家下屬子公司，使原來的總廠和各車間的行政隸屬關係變為母子公司的出資關係。不到一年的時間，集團公司所屬的 16 個子公司全部摘掉了虧損的帽子，長影集團公司由此開始實現了扭虧為盈。2003 年，長影被列為全國文化體制改革試點單位。

在長影的用工制度改革中，最關鍵的是人員分流問題這個「雷區」。長影採取了內部退養、藝術創作人員實行分類管理、重新定崗定員等一系列改革措施。一是對距法定退休年齡不足 5 年和工齡滿 30 年的員工實行內部退養。二是對藝術創作人員實行分類管理，符合內部退養條件的按退養辦理；自願保留勞動關係的，重新簽訂勞動合同，享受集團公司員工的相關待遇；解除勞動合同的領取經濟補償金，並在自願的基礎上成為長影簽約藝術人員。三是重新定崗定員，競爭上崗。到 2004 年末，除陸續調走人員外，長影所有人員都得到了妥善安置：1,300 名離退休人員進入社會保險，1,300 名在崗人員中，內退 580 人，解除勞動合同 418 人；在集團公司和各子公司上崗的人員 302 人，身分全部轉為企業用工、聘任制。長影過去直接供養 3,000 人，現在按政策各得其所，直接在集團公司開支的僅 100 人。

為了解決發展資金不足的問題，長影決定賣掉老廠區來盤活資產，同時提出了「一廠三區」的長影新生計劃。所謂「一廠三區」計劃，就是通過賣掉長影老廠土地在長春郊外建造一個大型旅遊娛樂項目——長影世紀城，再以此融資，回籠資金建造長影新廠和一個旅遊景區，將殘留的老廠建成電影藝術館。

早在 20 世紀 90 年代末期，老長影的殘破就引起很多人關注。1999 年，長春市副市長祝業精曾專門帶長影的副廠長劉麗娟到長春經濟開發區尋找合適的地塊，並以優惠的價格支持長影建設一個東方好萊塢式的新長影。這個設想得到了吉林省的支持。長影拿出位於市區黃金地段 28 公頃土地中的 21 公頃交給長春市土地局，由土地局招標出售。長影售地所得 3 億元，再貸款 3 億元，用這 6 億元在淨月潭風景區換回 100 公頃土地並投資新建長影世紀城和製作基地等，而且還得到了 200 公頃的預留土地用於將來建設外景地。與橫店等影視基地不同，世紀城是一個模仿好萊塢環球影城的大型電影娛樂項目。

長影要生存和發展，必須實施戰略性的結構調整，培育新的經濟增長點，實現產業化。廠領導在正確認識優勢和劣勢的基礎上，經過廣泛論證，提出了開發五大支柱產業的發展戰略。這五大支柱產業是：影視製作產業、旅遊產業、影視教育產業、電視產業、利用現有資源開發房地產業。

為了解決製片設備的老化問題，長影廠在吉林省委的大力支持和扶持下，本著世界先進、國內一流的原則，從國外引進成套的錄音、剪輯、洗印、攝影和照明等設備。硬環境的改善有力地促進了軟環境的發展，吸引了大量來長影投資拍片的客商。

長影還成立了以副廠長韓志君和宋江波牽頭的兩個影視公司，擔負生產電視的任務。兩個影視公司，長影都是相對控股，即最多只占40%股份。在老體制下，導演是花別人錢拍別人的片子，結果是高成本低回報，拍一部賠一部。與民營或外資合作，並採取相對控股，民營或外資充分根據市場確定投資，就能保證回報。例如電影《任長霞》，導演宋江波來自長影，演員來自全國各地，編劇來自北京，發行來自上海。該片在上海上映第一週票房就超過了美國大片。

長影還積極探索股份制合作拍片的道路，該廠不僅吸納社會法人拍片，還要吸納廠內自然人合作拍片。為探索這條道路，廠領導班子帶頭實行股份制拍片，自組劇本，自行投資，自負盈虧，拍出讓觀眾喜聞樂見的影片。

通過改革，長影集團已經走上了一條立足電影主業、發展電影副業，最後以副業反哺主業的電影產業化之路。各子公司實行獨立經營、自負盈虧，員工利益與所在公司命運緊密相連，企業的活力和員工積極性大大增強。更為重要的是，向電視領域發展的長影頻道，向旅遊業進軍的長影世紀城，重組的長影發行院線，使長影改變了單一製片的局面，構建了以製片為龍頭，向電視業、旅遊業、發行放映業拓展和延伸的「大電影」產業鏈。

展望未來，長影集團董事長趙國光說：「改革已經基本完成，今後領導班子的主要精力要放到創作上。長影不僅要拍主旋律影片，我們也要拍能回收高票房的商業大片。同時，做好多元化產業，長影世紀城、長影頻道、長影院線，要用綜合業績活躍吉林電影市場，收回資金投入電影生產。到2010年，長影應該成為中國電影重要的製片中心，重要的旅遊基地，東北最大的電影產業園區。」

[案例思考題]
1. 對於中國電影市場出現的滑坡問題，你認為是由哪些原因造成？
2. 長影具有哪些優勢和不足？你認為長影應該如何發揮優勢、彌補不足？
3. 長影改革面臨哪些機遇和威脅？它是如何抓住機遇、規避威脅的？
4. 對於長影未來的發展，你是否還有其他建議？

思考題

1. 管理者為什麼必須瞭解企業的環境？
2. 對你自己和你的職業生涯用 SWOT 分析方法來進行分析。你的主要優勢和劣勢是什麼？你如何利用對這些優勢和劣勢的認識來制定你未來的職業生涯規劃？
3. 什麼是企業的有形資源和無形資源？兩者有何區別？
4. 描述你感興趣的某個企業的外部環境，並找出其機遇與威脅。
5. 什麼是企業的宏觀環境因素？它包括哪些因素？
6. 設想你在某企業工作，舉例說明宏觀環境因素給你企業帶來的機會和威脅？

第四章　產業結構分析與競爭對手分析

第一節　產業分類法

　　產業是產業經濟學的研究對象，產業分類是把具有不同特點的產業按照一定標準劃分成各種不同類型的企業，以便進行產業研究和管理。對產業進行產業分類，是產業理論研究的條件和任務，也是產業管理的需要。不同的產業分析目的決定不同的產業分類標準，不同的產業分類標準形成不同的產業分類方法。按照廣義的產業分析，產業分類標準和方法主要有以下幾種：

一、馬克思的兩大部類分類法

　　馬克思的兩大部類分類法這是以產品的最終用途不同作為分類標準的分類方法。馬克思根據產品是作為生產資料用於生產消費，還是作為生活資料用於生活消費，把社會生產部門分為兩大部類，即生產生產資料的產業部類和生產消費資料的產業部類，目的是為了分析不同物質生產部門的相互關係，揭示社會再生產的實現條件以及兩大部類產業間的實物和價值構成的比例平衡關係。它不僅是研究資本主義社會再生產過程的理論基礎，也是產業結構理論的基本來源之一，它對於研究資本主義再生產關係和指導社會主義經濟實踐具有重要的理論意義。

　　但不可否認，這種分類法也有其局限性，主要表現為：第一，從分類範圍看，它未能將一切物質生產領域和非物質生產領域包括進去，它不僅沒有包括諸如教育、科學技術、衛生、商業等非物質生產部門，而且沒有包括運輸、生產性服務等物質生產部門。第二，從分類界限來看，有些產品難以確定為兩大部類中的生產資料或消費資料。由於使用價值的多樣性和產品新的使用價值不斷被發現以及技術進步基礎上的產品綜合利用等方面的原因，有相當一部分產品同時具有生產資料和消費資料的雙重屬性，它們既可以用於生產資料的生產，也可以用於消費資料的生產，或者說既可以劃歸第一部類也可以劃歸第二部類，所以兩大部類分類法難以直接應用於實際工作中，否則會導致產品劃分界限的困難或者出現產品劃分範圍上的重複問題。

二、農輕重產業分類法

　　農輕重產業分類法是以物質生產的不同特點為標準的分類方法，即將社會經濟活動中物質生產劃分成農業、輕工業和重工業三個產業大類的產業分類法。農輕重產業分類法的應用實踐表明，它具有比較直觀和簡便易行的特點，的確可以大致顯示社會

再生產過程中兩大部類之間的比例關係，而且對於從宏觀上安排國民經濟計劃和進行計劃調控，對於研究社會工業化實現進程具有較大的實用價值。正因為如此，農輕重產業分類法不僅為社會主義國家所採用，而且也被一些實行其他經濟體制的國家和世界組織所採用。

但這種分類法本身也存在著局限性。第一，農輕重產業分類法雖然包括了國民經濟活動的絕大部分物質生產部門，但沒有把全部物質生產部門都包括進去，更沒有把非物質生產部門包括進去。這種分類法針對主要的物質生產部門，因而存在著涵蓋面不全的缺點。第二，農輕重產業分類法中農輕重三者的界限越來越模糊，確定產業劃分界限日益困難。

三、霍夫曼的產業分類法

德國經濟學家霍夫曼（W. G. Hoffman）在1931年出版了《工業化的階段和類型》。他為了研究工業化及其發展階段而將產業劃分為三大類：一是消費資料產業，其中包括食品工業、紡織工業、皮革工業和家具工業；二是資本資料產業。資本資料就是形成固定資產的生產資料。該產業包括冶金及金屬材料工業、運輸機械工業、一般機械工業和化學工業；三是其他產業，其中包括橡膠、木材、造紙、印刷等工業。霍夫曼產業分類的主要目的在於區分消費資料產業和資本資料產業，研究二者比例的變化趨勢。霍夫曼產業分類法是他關於工業化過程中工業結構演變規律及工業化階段理論的基礎。

四、三次產業分類法

三次產業分類法是以產業發展的層次順序及其與自然界的關係作為標準的分類方法。即把全部的經濟活動劃分為第一次產業（Primary Industry）、第二次產業（Secondary Industry）和第三次產業（Tertiary Industry）。它是西方產業結構理論中關於產業分類的最重要的分類法之一。澳大利亞經濟學家費歇爾是三次產業分類法的創始人，根據人類經濟活動與產業發展的相互關係，費歇爾最早於1935年在《安全與進步衝突》一書中系統地提出了三次產業的分類方法和分類依據。費歇爾認為，與人類經濟活動的發展階段相對應，可以將人類經濟活動分為三個產業，即第一次產業、第二次產業和第三次產業，同時，第一次產業和第二次產業之外的所有其他經濟活動統稱為第三次產業。其中，第一次產業是與人類第一個初級生產階段相對應的農業和畜牧業，第二次產業是與工業的大規模發展階段相對應，以對原材料進行加工並提供物質資料的製造業為主的產業，第三次產業是以非物質產品為主要特徵的、包括商業在內的服務業。

這是一種有效的產業經濟分析方法，克拉克以及庫茲涅茨等經濟學家都運用它來解釋經濟發展的條件和結果。但其本身也存在著較多局限性：第一，三次產業分類法試圖對「全部經濟活動」進行最簡明的分類，並把除家庭內部活動以外的一切社會經濟活動都視為能夠創造國民收入的生產部門，社會再生產過程被描述的過分籠統與簡單。第二，在具體劃分現實的經濟活動方面，三次產業分類法尚存在較多難以自圓其

說的矛盾。如在劃分第一次產業與第二次產業的界限時存在著矛盾：採礦業是取自於自然的產業，理應歸入第一次產業，但礦業與農業、林業、畜牧業、漁業、狩獵業等產業歸在一起，在邏輯上是很不協調的，因為它有更多與製造業相同的屬性。

五、生產要素集約分類法

生產要素集約分類法是根據不同的產業在生產過程中對資源的需求種類和依賴程度的差異，即以生產要素集約程度的不同作為標準劃分產業的一種分類方法。這裡的資源是指勞動、資本、土地、知識和技術、管理、自然資源等投入生產活動的生產要素的總和。由於產品的技術、特徵各不相同，各產業在生產單位產量時所需投入的各個生產要素的量有很大差別，因此，以生產要素的集約程度或密集度為標準將產業劃分為勞動密集型產業、資本密集型產業、技術密集型產業、知識密集型產業。

這種分類法有利於將各個產業使用的各種生產要素的組合在產業之間進行比較；也利於判斷整個國家的經濟發展水平；同時還有利於研究產業之間對於生產要素依賴程度的差異，對於求得最佳宏觀經濟效益和制定經濟發展戰略具有重要的意義。生產要素集約分類法的局限性使各種產業類型的劃分範圍不易界定。

六、產業地位分類法

產業地位分類法是以產業在國民經濟中的地位和作用的不同為標準進行產業的分類。不同的產業對國民經濟發展所起的作用是不相同的，按照產業在國民經濟中的地位和作用的不同，可以將產業劃分為基礎產業、瓶頸產業、支柱產業、主導產業、戰略產業和先進產業等類型。這種劃分方法又稱為產業的功能分類法。

產業地位分類法的目的主要在於確定不同產業在國民經濟發展中的地位和作用。其優點是有利於研究產業與經濟發展的關係，有利於政府通過制定相關產業政策和進行相關產業管理，促進產業發展並帶動整個國民經濟發展。但是，這種分類法強調產業之間的橫向地位問題，容易忽視產業之間的縱向關係和產業群的培育與形成。

七、產業發展狀況分類法

這是根據產業發展的技術狀況和變化趨勢進行分類的方法。它具體包括三種方法：

（1）按技術先進程度進行產業分類。由於科學技術發展對產業發展和產業結構變遷起著重要的推動作用，因此，產業經濟學家注意運用科技進步理論解釋產業發展問題。其中首先是以產業技術含量不同為標準進行產業分類，按技術先進程度的不同將產業劃分為傳統產業和新興產業（高新技術產業），這就是產業的技術分類法。

（2）按產業發展趨勢進行產業分類，可以將產業劃分為朝陽產業和夕陽產業兩類。這種劃分方法稱為產業的趨勢分類法，目的主要是為了把握產業發展變化的趨勢，弄清產業的現狀與未來之間的關係。

（3）按產品供求情況進行分類，將產業劃分為長線產業和短線產業兩類。

八、標準產業分類法

標準產業分類法（Standard Industrial Classification，簡稱 SIC）是為統一國民經濟統計口徑而由權威部門制定和頒布的一種產業分類方法，具有權威性、統一性、完整性與實用性等特點。

國際勞工組織（International Labor Organization，ILO）在 1952 年制定的《社會保障最低標準公約》中不僅確定了各種社會保障條款，而且提供了全部經濟活動的國際產業標準分類的附錄。這是最早的標準產業分類。聯合國為了進一步統一世界各國的產業分類，在 1971 年頒布了《全部經濟活動的國際標準產業分類索引》（Indexes to The International Standard Industrial Classification of All Economic Activities，簡稱 ISIC）。它將「全部經濟活動」分為 10 個大項，在每個大項下面分成若干中項，每個中項下面又分成若干小項，最后將小項分解成若干細項，不僅將全部經濟活動劃分為大項、中項、小項、細項四級，而且各大項、中項、小項、細項都規定有統一的統計編碼，便於計算機管理。其中 10 個大項的產業是：

(1) 農業、狩獵業、林業和漁業；
(2) 礦業和採石業；
(3) 製造業；
(4) 電力、煤氣、供水業；
(5) 建築業；
(6) 批發與零售業、餐館與旅店業；
(7) 運輸業、倉儲業和郵電通信業；
(8) 金融業、不動產業、保險業及商業性服務業；
(9) 社會團體、社會及個人的服務；
(10) 不能分類的其他活動。

聯合國頒布的國際標準產業分類（ISIC）的特點是：它與三次產業分類法保持著穩定的聯繫。國際標準產業分類中的大項產業很容易地組合成三次產業：第 1 大項為第一次產業；第 2～5 大項為第二次產業；第 6～10 大項為第三次產業。這樣，國際標準產業分類法就與三次產業分類法保持一致，從而有利於對產業結構的分層次深入研究。聯合國的標準產業分類法既便於調整和修訂，也為各國各自制定標準產業分類以及進行各國產業結構的比較研究提供了方便。

綜上所述，產業分類標準是多種多樣的，而產業分類標準又是與產業分類方法緊密聯繫在一起的。這種關係表現為，所確定的產業分類標準不同，其形成產業分類方法也不相同，不同的產業分類方法是以不同的產業分類標準為前提條件的，因此，產業分類方法是產業分類標準的具體運用。

第二節 「結構—行為—績效」範式

20世紀30年代至20世紀50年代,以梅森和貝恩為代表的哈佛學派提出了產業組織理論的基本框架——SCP框架,即「結構—行為—績效(Structure - Conduct - Performance)」分析範式,這完全是建立在新古典主義基礎之上的,長期以來一直是傳統產業組織理論的核心。

SCP範式認為,產業組織理論由市場結構、市場行為、市場績效三個基礎部分和政府的產業組織政策組成。市場結構決定企業在市場中的行為,而企業行為又決定市場運行的經濟績效。因此,為了獲得理想的市場績效,最重要就是通過政府的產業組織政策來調整和直接改善不合理的市場結構。

一、市場結構

市場結構是指產業內、企業間市場關係的表現形式及特徵,主要包括賣方之間、買方之間、買賣雙方之間、市場內已有的買賣方與正在進入或可能進入市場的買賣方之間在數量、規模、份額、利益分配等方面的關係與特徵,以及由此決定的競爭的形式。換言之,特定市場中的諸市場主體,在市場交易中的地位、作用、比例關係,以及他們在市場上交換的商品的特點,即形成了具體產業的市場結構,這些市場主體之間的關係在現實市場中的綜合反應集中體現為市場的競爭和壟斷關係。市場結構受諸多因素影響,其中決定市場結構的三個主要因素是:市場集中度、產品差異化、市場進入與退出壁壘。下面依次分析這三個因素。

(一) 市場集中度

市場集中度是指某一產業市場中賣方或買方的數量及其相對規模(即市場佔有率)的分佈結構,是一個反應市場壟斷與集中程度的基本概念和指標。影響集中度的主要因素通常包括:

1. 規模經濟水平

即某一行業的規模經濟水平越高,大企業的效率越高,市場競爭力越強,其市場地位越高,它們佔有的市場份額也就越高。

2. 市場容量大小

在正常情況下,某一產業或產品(服務)的市場越大,企業拓展市場的余地越大,新企業越容易進入,大企業所占市場份額也就可能越小。反之亦然。

3. 行業進入壁壘高度

某一行業的進入壁壘高,意味著該行業的保護程度高和市場競爭程度低,該行業內大企業的支配地位高、勢力大,它們所占市場份額也就可能高。

4. 橫向合併的自由度

一個行業的市場內部越能自由地合併,大企業通過橫向合併控制的能力也越強,

其所占份額也就可能越高。

5. 相關的產業政策和法律法規

政府如果實行授予少數企業特種產品或服務的專營權、保護性關稅、限制外國投資等政策，就可以推動這部分企業經營規模的擴張，提高其市場集中度。相反，作為體現國家維護市場競爭政策的「反托拉斯法」在某種程度上可以成為阻止市場過度集中的一種因素。

(二) 產品差異化

所謂產品差異化，是指企業向市場提供的產品或銷售產品過程中的條件，與同行業的其他企業相比較，在產品質量、款式、性能、銷售服務、信息提供及消費者偏好等方面存在著明顯的差異，從而具有可區別性和不完全的替代性。形成產品差異化的因素主要包括：

1. 產品的物理性差異

即產品的用途本質相同，但性能、構造、外觀等有所不同，直接影響產品的使用效果。

2. 買方的主觀差異

由於企業的廣告、宣傳等促銷活動而引起買方對這一產品的偏好；或買方受消費潮流的影響而對某種產品產生偏好；或者是由於買方對產品不夠瞭解而產生的主觀差異。

3. 對買方的服務差異

包括向買方提供有關信息、發送服務、技術維修服務、信用支持等。這些服務方面的差異會引起買方對商品的不同偏好。

4. 地理位置差異

因企業或銷售點的位置不同而給買方帶來的購買時間、方便程度、運輸成本的差異，這也會造成買方在產品選擇上的差異。

5. 特殊促銷活動差異

如贈禮品、配附件、進行有獎銷售等活動而造成買方在產品選擇上的差異。

(三) 市場進入和退出壁壘

市場進入壁壘是指準備進入或正在進入的新企業在與產業內已有企業的競爭過程中，遇到的障礙或不利因素。進入壁壘的高低，既反應了市場內已有企業優勢的大小，也反應了新進入企業所遇障礙的大小，是影響該行業市場壟斷和競爭關係的一個重要因素，同時也是對市場結構的直觀反應。形成進入壁壘的因素主要有五個：

1. 規模經濟

新企業在進入某一產業初期，一般難以充分享受規模的經濟性，相對於產業內已有的企業，其生產成本必然較高，這就是規模經濟壁壘。

2. 必要資本量

在資本密集型產業中，必要資本量累積比較明顯。

3. 產品差異化

產品差異化壁壘是指買者對老企業產品的偏好程度高於新企業，以致引起新企業產品進入市場的困難。

4. 絕對費用

老企業一般都佔有一些稀缺資源和生產要素。例如，在原料佔有上的優勢；對專利和技術的佔有優勢；產品銷售渠道和運輸條件上的優勢；人才優勢等。新企業要進入某產業和老企業競爭，就要獲取這些資源，所需的費用就是絕對費用。絕對費用會引起新企業成本的大幅增加。

5. 政策法規

國家對新企業的行政管理以及相關的經濟政策和法規，也不同程度地形成了新企業進入某些產業的障礙。

市場退出壁壘是指某個（或某些）企業停止作為賣方而從某個行業撤退的行為，包括轉產和宣布破產兩種方式。從理論上講，當某個（或某些）企業長期虧損，資不抵債，不能正常生產經營時，即應該轉產或破產。但在實際上，這樣的企業由於受種種限制而很難從該產業中退出，這些企業在退出時面臨的障礙即是市場退出壁壘。

市場退出壁壘的形成因素主要包括：

(1) 資產專用性和沉沒成本。由於部分設備的專用性特別強，當企業轉產或破產時不得不廢棄這些設備，從而造成這些設備的價值不能收回，形成沉沒成本。資產專業性越強，沉沒成本越大，退出壁壘越高。

(2) 解雇費用。解雇工人要支付退職金、解雇工資，有時為了讓工人改行，還需要培訓費用和轉移費用。這些費用是企業在退出某產業時要付出的代價，也就構成了企業退出壁壘。

(3) 政策限制。政府為了一定的目標，往往通過制定政策和法規限制某些行業的企業從市場上退出。

二、市場行為

市場行為是指企業在市場上為實現其目標（如利潤最大化或更高的市場佔有率）所採取的適應市場要求不斷調整的戰略性行為。企業的市場行為是聯結市場結構和行業績效的中間環節，它受制於市場結構，同時又反作用於市場結構，影響和改變市場結構的特徵和狀況，也直接影響市場績效。

(一) 企業的定價行為

1. 進入阻止定價行為

進入阻止定價行為是指寡頭壟斷產業內企業採取適度降低產品價格，以阻止新企業的進入而又可使其獲得壟斷利潤的定價行為。例如，掠奪性定價行為與限制性定價行為等。這種人為降低了的產品價格即是阻止價格，其直接目的是阻止新競爭對手的加入，但該行為的實質是犧牲部分短期利潤而追求長期利潤的最大化。為此，佔有優勢的寡頭企業與其他企業協調，產業內企業往往合謀或協商，達成壟斷低價，放棄一

部分短期利潤，有時甚至不惜以短期的虧損為代價，迫使潛在的競爭對手望而卻步。可見，進入阻止定價是一種長期價格行為。這種定價行為能夠得以實施並取得效果必須滿足如下三個假設條件：首先，原有企業和潛在進入企業都謀求長期利潤最大化；其次，原有企業認為，潛在進入企業會認定進入後原有企業將會維持產量不變，而放任價格隨著新企業增加的產量而下降；再次，原有企業很容易通過串通來制定進入阻止價格。進入阻止價格究竟定位在什麼水平，通常受市場進入壁壘和經濟規模兩個因素影響。

2. 價格協調行為

價格協調行為是指企業之間在價格決定和調整過程中相互協調而採取的共同行為。在寡頭壟斷市場上，企業間競相降價的價格競爭會導致兩敗俱傷，因而價格協調，共謀利潤極大化成為企業的主要定價行為之一。為了限制價格競爭，共同控制市場，獲取壟斷利潤，企業常採取價格協調行為，常見以下三種類型：一是價格卡特爾，即指企業之間以限制競爭，控制市場，謀求利潤最大化為目的，在價格決定和調整過程中相互協調而採取的共同定價行為，一般發生在寡頭壟斷市場；二是價格領導，即行業中以某個企業作為價格變動的領導者，而其他企業即「價格追隨者」則根據其價格調整行為而確定自己的價格的行為方式；三是有意識的平行調整，即價格調整時沒有明顯的追隨調價現象，而只體現為比較含蓄和默契的配合行為。例如，美國三大汽車公司的定價一般被認為是最典型的有意識的平行調整行為，從而使各公司都可獲得壟斷的利潤。

(二) 企業的非價格行為

與價格行為不同，企業的非價格行為不是通過降價或漲價或協調價格獲得較高的利潤，而是通過研究和開發新產品以及產品促銷獲得較高利潤。其中廣告行為就是企業在市場上經常採用的一種主要的非價格競爭方式。

對於企業非價格競爭行為的把握和研究，應當注意如下三點：

(1) 即使在寡頭壟斷市場上，非價格競爭也同樣十分激烈。在技術進步日新月異的當今社會，對企業來說，非價格競爭，特別是產品開發策略和行為，比價格策略和行為更為重要。

(2) 非價格競爭一般是與價格行為相互聯繫的。當企業新進入一個市場時，往往是先推出質優價廉的產品，以便搶占市場。當企業一旦占領了一定的市場份額後，則往差異化和高價策略方向發展，以謀取更多利潤。

(3) 非價格競爭行為除了產品研究與開發及產品行銷活動外，還包括排擠行為。這種行為根據其性質可以分為兩類：一類是合理的排擠行為，譬如，由於競爭的優勝劣汰機制，一些企業被排擠出市場或被其他企業兼併；另一類是不合理的排擠行為，採取過度的甚至違法的「限制競爭和不公平」手段，排擠、壓制和控制交易對方或競爭對手，如企業通過降價傾銷手段爭奪市場，將其他企業排擠出市場，擴大自己的市場佔有率。

（三）企業的組織調整行為

企業的組織調整行為主要指企業的兼併行為，企業兼併是指兩個及兩個以上的企業在自願基礎上依據法律通過訂立契約而結合成一個企業的組織調整行為。企業兼併是社會化大生產的必然要求，是市場競爭機制發揮作用的必然結果，也是進行產業結構調整的重要手段。通過企業兼併，生產要素得以向優勢企業集中，社會資源配置得到優化，新興產業中的企業通過兼併衰退行業中的企業而使自身發展壯大，衰退行業中的企業通過被兼併而退出該行業。但同時，企業兼併也存在一定的消極性，即兼併導致的市場集中如果超過一定限度，就會產生壟斷勢力，並由此帶來壟斷的低效率和社會總福利的損失。

三、市場績效

所謂市場績效是指在一定的市場結構下，通過一定的市場行為使某一產業在價格、產量、成本、利潤、產品質量、品種及技術進步等方面達到的現實狀態，它實質上反應的是市場運行的效率。

（一）資源配置效率

資源配置效率（Allocative Efficiency of Resources）是同時從消費者的效用滿足程度和生產者的生產效率高低的角度來考察資源的利用狀況。它包括如下三個方面的內容：

（1）有限的消費品在消費者之間進行分配，使消費者獲得的效用的滿足程度；

（2）有限的生產資源在生產者之間進行分配，使生產者所獲得產出的大小程度；

（3）同時考慮生產者和消費者兩個方面，即生產者利用有限的生產資源所得到的產出的大小程度和消費者使用這些產出所獲得的效用滿足程度。

現代產業組織理論認為，資源配置效率是反應市場績效好壞的最重要指標，該指標在實際中常常是利潤率標準。在完全競爭條件下，價格由自由競爭的市場決定。從長期看，它會使價格處於趨向正常利潤的最低費用水平，那麼，可以認為市場機制下的資源配置是合理的、正常的。然而，在寡頭壟斷市場的條件下，若某一產業長時期維持高利潤率，則意味著該產業存在過度壟斷，阻礙了資源的流入，並導致了資源分配不合理，社會資源配置和利用效率低下。

（二）產業的規模結構效率

產業的規模結構效率，也稱為產業組織的技術效率。由於規模經濟的存在，資源在產業間的分配狀況影響著資源利用效率。產業的規模結構效率就是從產業內規模經濟效益實現程度的角度來考察資源的利用狀況。規模經濟效益的實現程度，通常用達到或接近經濟規模的企業的產量占整個產業產量的比例來表示。

產業內規模經濟效益的實現情況可以分為三種情形：

（1）未達到獲得規模經濟效益所必需的經濟規模的企業是市場的主要供給者。這表明該產業的規模結構效率不高，存在著大量低效率的小規模生產。

（2）達到和接近規模的企業是市場的主要供給者。這說明該產業充分獲得了規模

經濟效益，產業的規模結構效率處於理想狀態。

（3）市場的主要供給者是超經濟規模的大企業。由於這種超經濟規模的過度集中，已經不能再使企業的長期平均成本降低，只是加強了企業的壟斷力量，因而並不能提高產業的規模結構效率。

(三) 技術進步程度

技術進步的含義有廣義和狹義之分。廣義的技術進步包括除資本投入和勞動投入之外的所有促進經濟增長的因素。產業組織理論中所考察的技術進步是狹義意義上的技術進步，主要包括發明、創新和擴散三個階段。發明是指構思對人類生活或生產活動有用的新產品或新的生產方法以及解決相關的技術問題；創新是指發明第一次被應用並導致一種新產品或新的生產方法的出現；擴散是指新產品或新的生產方法被廣泛採用。

技術進步滲透於產業組織的生產結構和生產行為的各個方面：產品差別與產業的技術特點密切相關，經濟規模和必要資本壁壘與大容量、高效率的技術發展有關，企業集團化和系列化的發展、價格和非價格競爭的類型和程度等都與產業的技術進步類型、技術進步程度及條件存在著密切的關係。但技術進步程度最終是通過經濟增長的市場績效表現出來的。它反應的是動態經濟效率，因而也是衡量市場績效的一個重要標準。

(四) X 非效率理論

哈佛大學雷本斯坦教授於 1966 年首次提出的 X 非效率（X－inefficiency）理論，也稱內部低效率理論，也是反應市場績效優劣的一個指標。該理論認為，壟斷性大企業由於外部市場競爭壓力小、組織內部層次多、機構龐大，加上所有權與控制權的分離，它們往往並不追求成本最小化。這種現象統稱為 X 非效率，它是 X 效率的對稱。

雷本斯坦的 X 非效率理論涉及三個變量之間的關係：市場環境（ME）、企業組織（EO）和經濟效率（EE），其中經濟效率是市場環境和企業組織的函數，即 $EE = f(ME, EO)$。在變量 ME 為給定（即沒有市場競爭壓力）的條件下，變量 EE（即 X 非效率的程度）就取決於變量 EO（即壟斷廠商）適應環境的情況。

X 非效率理論的整個分析框架是建立在「庇護下的廠商追求利潤極小化」這個前提假設之上的，並一反傳統理論中的「經濟人」假設，將人性的弱點假定為「惰性」以及由此形成的「習慣」，即企業行為 = f (惰性，環境)。因此，在沒有壓力的市場環境（ME）中，最高決策者（經理）的行為模式是「極小化」型的，他也不可能把壓力從最高層逐級向下傳導下去（決策層—管理層—執行層—操作層）。於是，壟斷企業全體員工的這種利潤極小化行為模式就「集體」地構成了企業組織（EO）的行為模式。在沒有壓力的市場環境（ME）中，EE 的值就不可能是 X 效率，而只能是 X 非效率。

第三節　產業結構分析

作為產業經濟學最重要的組成部分，產業結構與經濟發展的關係十分密切：產業結構的改善是經濟發展的重要組成部分；產業結構的狀況是經濟發展水平的主要標志；產業結構的改進是經濟協調和持續發展的必要條件；產業結構的狀況是經濟效益高低的決定性因素；優化的產業結構是經濟發展的強大動力。

一、產業結構的內涵

產業結構是國民經濟結構的重要組成部分，是指在社會再生產過程中，國民經濟各產業之間的生產、技術、經濟聯繫和數量比例關係。

要深刻理解產業結構的定義，還必須明確：

（1）產業結構是在社會再生產過程中形成的；

（2）產業結構是以國民經濟為整體，將國民經濟劃分成若干個產業；

（3）產業之間的生產、技術、經濟聯繫主要反應產業間相互依賴、相互制約的程度和方式；

（4）產業間的數量比例關係，它首先反應的是各類經濟資源在各產業間的配置情況，例如，資金、勞動力、技術等生產要素在各產業之間的分佈。其次反應的是國民經濟總產出在各產業間的分佈情況，例如，一定時期內的總產值、總產量和勞務、利稅額在各產業間的分佈。

二、產業結構的制約因素

（一）經濟發展因素

產業結構是經濟發展的產物，經濟發展因素是制約產業結構最重要、最基本的因素，主要包括生產力發展的水平、經濟發展所處的歷史階段、社會分工和專業化的程度、經濟總量的規模和增長速度等。在生產力水平低下的自給自足的自然經濟的發展階段，產業結構只能以農業為主、以勞動密集型產業為主；在生產力發展水平比較高的機器大生產階段，產業結構必然以工業為主、以資本密集型產業為主；在生產力高度發達的知識經濟時代，產業結構將是以高新技術產業、知識技術密集型產業為主的高級結構。經濟總量規模的大小和增長速度的快慢，對產業結構的影響也相當大。經濟總量的規模越大，分工專業化的程度相對越高，產業門類可能越齊全，產業結構會越複雜；反之，則相反。經濟增長速度越快，對產業結構改進的要求越高，越有利於高新技術產業的發展、短線產業的擴張；經濟增長速度越慢，越有利於壓縮長線產業、淘汰落後產業。

（二）需求因素

社會生產的最終目的都是要滿足需求，因此，需求的狀況及其變化是制約產業結

構的重要因素。需求的狀況及其變動與人口的數量和結構、經濟發展的狀況和人均收入水平的高低等許多因素緊密相關。決定和影響產業結構的狀況及其變動的需求因素很多，主要是需求總量和需求結構及其變化。

從需求總量上看，總量的多少會影響產業結構規模的大小，即構成產業結構的產業數量的多少及其規模的大小。需求總量越大，要求提供的產品和勞務越多，相應的產業總體規模也會越大，產業結構規模也就越大；反之，則越小。需求結構是制約產業結構的需求因素中最直接最主要的因素。生產為了需求，需求存在多層次、不同種類的區別，需求結構決定生產結構，生產結構從某種意義上說就是產業結構，需求結構的狀況及其變化，必然決定和影響產業結構的現狀和變動。

需求總量和結構的現狀，要求社會生產提供相應數量的各種不同類型的產品和勞務，是決定產業結構現狀的重要因素；需求總量和結構的變化，都會引起相應產業的收縮或擴張，也會導致舊產業的衰落和新產業的誕生，從而造成產業結構的變動。

(三) 供給因素

1. 自然條件和資源的稟賦

合理的產業結構必須發揮本國自然條件和資源稟賦的比較優勢，這樣才能更好地促進國民經濟的高效快速發展。因此，氣候、水土、森林、礦產等自然條件和資源的稟賦狀況，是制約產業結構的重要因素，對形成具有比較優勢的產業結構有決定性的作用。氣候條件優越、水資源豐富、土地廣闊肥沃的國家和地區，更適合農業的發展，農業在產業結構中可能處於重要地位；自然人文景觀獨特、旅遊資源豐富的國家和地區，更適合發展旅遊服務業；石油、煤、鐵、有色金屬等礦產資源豐富的國家和地區，資源開發型的產業會占相當大的比重，甚至可能形成以資源開發型產業為主導的產業結構，如石油輸出國以石油開採為主導的產業結構；自然資源匱乏的國家和地區，不可能形成資源開發型產業，往往只能建立以加工製造業、知識密集型產業或服務業為主體的產業結構。

2. 勞動力資源

勞動力是最主要的生產要素，勞動力的數量、素質和價格等勞動力資源的狀況及其變化，是決定和影響產業結構形成和變動的重要因素。勞動力資源豐富價廉的國家和地區，更適合發展勞動密集型產業；勞動力素質好、受教育程度高的國家和地區，發展知識技術密集型產業更為有利，而且更有助於提高產業發展的水平，實現產業結構高度化；勞動力價格昂貴的國家和地區，最好以資本和技術密集型產業為主。只有這樣，才能形成合理的產業結構，充分利用勞動力資源，帶來更高的經濟效益。

3. 資本供應狀況

資本也是重要的生產要素，是產業維持和擴張的重要條件，資本供應的情況也是制約產業結構的重要因素。資本供應的總量規模、增長速度、充足程度、價格水平(利息率等)，直接影響產業的形成和發展。資本總量規模越大，越有利於發展重工業，因為重工業耗資巨大，只有達到最低資本規模，重工業才能發展；資本越是短缺，資本價格越是昂貴，越是妨礙重工業、部分高新技術產業等資本有機構成高的產業的發

展；資本越是充足，資本價格越是低廉，越有條件調整不合理的產業結構，拉長短線產業，發展資本密集型產業和高新技術產業，促進產業結構的合理化和高級化。

(四) 科學技術因素

科學技術是第一生產力，技術創新是經濟發展的強大動力，科學技術進步是推動產業結構變化最根本、最主要的因素。科學技術創新、科學技術進步等科學技術因素對產業結構的決定和影響作用主要表現在以下幾個方面。

1. 科學技術進步推動產業結構高度化

科學技術進步是產業結構高度化的決定性因素。產業結構實際上包含產業的技術基礎和生產的技術結構，科學技術進步直接改變產業的技術基礎和生產的技術結構，從而推進產業結構的高度化。由勞動密集型產業為主向以資本、技術密集型產業為主的演進，由第一產業為主向第二、三產業為主的演進，由農業經濟社會向工業經濟社會、知識經濟社會的演進，都是以科學技術進步、勞動生產率提高為基礎。

2. 科學技術進步影響需求結構

科學技術進步能夠開發新產品，使消費品升級換代，從而改變消費需求結構；科學技術進步可以降低資源消耗，增加可替代資源，開發新資源，從而改變生產需求結構；科學技術進步還能夠減少生產成本、降低產品價格、改善產品性能、提高產品質量，使產品價廉物美，從而擴大市場需求，改變需求結構。需求結構又是制約產業結構的重要的直接因素。因此，科學技術進步通過引起需求結構的變化，能夠導致產業結構變動。

3. 科學技術進步影響供給因素

科學技術進步能夠改善自然環境，保護自然資源，開發新的資源，形成新的比較優勢，從而改進資源供給狀況；科學技術進步可以降低成本，增加收入，擴大累積，從而改善資本供給狀況；科學技術還能夠通過教育和培訓，用先進的科學知識武裝勞動者，提高勞動力的素質和技術水平，從而改善勞動力的供給狀況。供給因素也是制約產業結構的重要因素。所以，科學技術進步通過引起供給因素的變化，也能夠促進產業結構的變動。

4. 科學技術進步改善產業結構

科學技術進步除了推動產業結構高度化之外，還能夠從其他方面改善產業結構。科學技術進步可以提高社會分工和專業化的程度，形成新興產業，從而改善產業結構；科學技術進步能夠用高新技術改造和武裝傳統產業，提高傳統產業的技術水平，增強傳統產業的生命力，從而改善產業結構；科學技術還可以提高產業在國際市場上的競爭力，促進出口產業的發展，從而改善產業結構。

(五) 制度因素

制度是影響經濟發展的重要因素，也是制約產業結構的重要因素。這裡所說的制度，主要指經濟制度、經濟體制、經濟發展戰略和包括產業政策在內的經濟政策等，這些因素都會極大地影響產業結構的形成和變動。其中，有的因素對產業結構直接發生作用，比如市場機制或計劃機制、重工業優先的不平衡經濟發展戰略或農輕重協調

的平衡發展戰略、出口導向戰略或進口替代戰略、產業結構調整的措施和產業政策等，就能夠直接影響產業結構的形成和變動；有的因素對產業結構間接發生作用，比如微觀企業制度、財政金融制度、收入分配政策、人力政策、技術政策等，則是通過影響其他制約產業結構的需求、供給、技術等因素的變化，間接地導致產業結構的變動。建立和健全合理的經濟制度，形成有效的經濟運行機制和管理體制，制定和實施正確的經濟發展戰略，制定和執行恰當的經濟政策，是產業結構優化的必要條件。

(六) 社會因素

由於產業結構涉及國民經濟和社會生活的各個環節和方面，所以許多社會因素也制約著產業結構的形成和變動。這裡所講的社會因素主要是指除了自然生態和經濟因素之外的政治法律、軍事外交、文化傳統、生活習慣、教育事業、人口狀況等因素。大多數社會因素都不是直接制約產業結構，而是通過影響其他制約產業結構的因素，間接地影響產業結構的形成和演變。

政治法律涉及經濟制度的建立和完善、經濟體制的形成和健全、經濟發展戰略和產業政策的制定和實施，關係到社會穩定、投資環境，影響著制約產業結構的制度因素、投資因素、需求因素等；軍事外交因素制約著經濟發展戰略的內容、產業結構的調整和產業政策的目標，比如為了保障國家安全、應付緊張複雜的國際形勢和外交關係，都需要發展軍事工業；文化傳統和生活習慣影響著消費結構；教育事業的狀況和發展影響著勞動力的素質，關係到知識技術密集型產業的發展和產業技術水平的提高；人口的數量規模、增長速度、性別、年齡結構和素質等狀況及其變化，則決定著需求總量和結構、勞動力供給等重要因素，間接影響產業結構的狀況和變動。

(七) 國際因素

產業結構不僅受到各種國內因素的影響，還要受到許多國際因素的制約。影響一國產業結構狀況及其變動的國際因素，主要有國際分工、世界市場、國際貿易、國際金融、國際投資、國際產業轉移等。比如，國際分工能夠發揮各國的比較優勢，獲得比較利益，合理的產業結構必須發揮本國的比較優勢。在經濟日益全球化的條件下，國際分工越來越發達，任何一個國家都不可能置身於國際分工之外，都必須積極參與國際分工，促進本國經濟更快更好地發展；而國際金融是國際貨幣流通和資金融通的總稱，主要包括世界範圍內的貨幣流動、資金借貸、外匯、有價證券和黃金的買賣。國際金融為國際貿易和國際投資提供服務，會影響一個國家的資金供求和金融穩定及安全，國際金融的投機和動盪還可能造成一個國家的金融危機，從而給一個國家的經濟造成損害，這些都會間接地影響產業結構。

三、產業結構的優化

產業結構的優化就是在產業結構的不斷變動過程中，遵循一定的運動規律使產業結構由合理化向高度化方向演進。產業結構的優化主要包括兩方面的內容，產業結構的合理化和產業結構的高度化。產業結構高度化必須以產業結構合理化為基礎，產業結構合理化則必須有利於產業結構的高度化進程。產業結構高度化、合理化既是產業

演進的過程，也是產業發展的目標。

(一) 產業結構的合理化

產業結構合理化是指物質生產的要素配置和利用合理，各產業部門之間的比例關係適當，能為實現高質量的經濟增長奠定良好的基礎。它是經濟持續穩定增長的必要保證。因為只有產業間保持一致協調的發展關係，產業的發展才能推動經濟穩定增長，否則只能阻礙經濟增長。要考察產業結構是否合理，可以通過以下指標來衡量：第一，各產業間的發展比例是否協調；第二，各種資源是否得到充分合理的利用；第三，產出是否能滿足社會的有效需求。

對於產業結構合理化的測定方法有如下幾種：

1. 國際比較法

以錢納裡的標準產業結構為基礎，將某一國家的產業結構與相同國民生產總值下的標準產業結構加以比較，偏差較大時即認為是不合理的。這種方法只能大致判斷而不能最後以此認定產業結構是否合理。

2. 影子價格分析法

當各種產品的邊際產出相等時，資源得到合理配置，產品的供給與需求平衡，產業結構合理。所以用各產業部門的影子價格與其整體影子價格平均值的偏離程度來衡量產業結構是否合理，偏離度越小，則產業結構就越趨於合理。

3. 需求適應性判斷法

即判斷產業結構能否隨著需求結構的變化而自我調節，使產業結構與需求結構相適應。其判斷方法為：分別計算每一產業產品的需求收入彈性和生產收入彈性，若兩者相等，則說明此產業與社會需求有充分的適應性；若每一產業的需求收入彈性和生產收入彈性都相等，則說明整個產業結構與需求結構是相適應的，因此產業結構是合理的。

4. 結構效果法

以產業結構變化引起的國民經濟總產出的變化來衡量產業結構是否在向合理的方向變動，若結構變化使國民經濟總產出獲得相對增長，則產業結構的變動方向是正確的。

(二) 產業結構的高度化

產業結構高度化指一國經濟發展重點或產業結構重心由第一產業逐次向第二產業和第三產業轉移的過程，標誌著一國經濟發展水平的高低和發展階段與方向。產業結構高度化往往具體反應在各產業部門之間的產值、就業人員和國民收入比例變動的過程上，體現為產業結構從較低水平向較高水平狀態發展的一個動態過程。首先，從三大產業發展的方向看，產業結構由第一產業占優勢向第二產業、第三產業占優勢的方向演進；其次，從產業的資源結構發展方向來看，產業結構的發展由勞動密集型產業占優勢順次向資本密集型、技術（知識）密集型產業發展，由低附加值產業向高附加值產業發展；再次，從產品製造的結構上來看，由加工工業中初級產品製造占優勢向中間產品製造和最終產品製造占優勢方向發展。

第四節　產業內部結構分析

　　產業內部結構分析是解釋在同一產業中，企業之間在經營上的差異以及這些差異與它們的戰略地位的關係。為此，按照產業內部各企業戰略地位的差別，將企業劃分成不同的戰略集團，分析產業內部各個戰略集團之間的關係，從而進一步認識產業及其競爭的狀況。

一、戰略集團

　　所謂戰略集團，是指一個產業內部執行同樣或類似戰略並具有類似戰略特徵的一組企業。在一個產業中，如果所有的企業都執行著基本相同的戰略，則該產業中只有一個戰略集團。如果每個企業都奉行著與眾不同的戰略，則該產業中有多少企業便有多少戰略集團。當然，在正常情況下，一個產業中僅有幾個戰略集團，它們採用著性質根本不同的戰略。每個戰略集團內的企業數目不等，但戰略類同。

　　在同一戰略集團內的企業除了廣義的戰略方面外，還在許多方面彼此非常相近。它們在類似戰略的影響下，會對外部環境做出類似的反應，採取類似的競爭行動，佔有大致相同的市場份額。戰略集團作為一種分析工具，既不同於產業整體分析方法，也不同於單個企業的個別分析方法，而是介於兩者之間。它是從不同企業的戰略管理中找出帶有共性的事物，更準確地把握產業中競爭的方向和實質，避免「以大代小」或「以小代大」所造成的缺陷。

二、戰略集團間的競爭

　　一個產業中如果出現兩個或兩個以上的戰略集團，則可能出現戰略集團之間的競爭，也就是說會有價格、廣告、服務及其他變量的競爭。戰略集團之間的競爭激烈程度不僅影響著整體產業的潛在利潤，而且在對付潛在的產業進入者、替代產品、供應商和銷售商討價還價能力等方面表現出很大的差異性。一般來說，下列四個因素決定著一個產業中戰略集團的競爭激烈程度。

（一）戰略集團間的市場相互牽連程度

　　所謂市場牽連程度，就是各戰略集團為同一顧客進行爭奪的程度，或者說是它們為爭取不同細分市場中的顧客進行競爭的程度。市場上生產和銷售同一產品的廠家越多，競爭就越激烈，行業利潤也會隨競爭而下降。即使企業不多的行業，如果各企業在規模和資源上比較均衡，也會形成不穩定的局面，因為他們都有支持競爭和進行強烈反擊的資源。同樣，當戰略集團間的市場牽連很多時，戰略集團間將導致劇烈的競爭。例如，在化肥產業中，對所有戰略集團來說顧客（農民）都相同。當戰略集團將目標放在差別很大的細分市場上時，它們對他人的興趣及相互影響就會小得多。當它們的銷售對象區別很大時，其競爭就像是在不同產業的集團間進行一樣。

（二）戰略集團數量以及它們的相對規模

一個產業中戰略集團數量越多且各個戰略集團的市場份額越相近時，則戰略集團間的競爭越激烈。戰略集團數量多就意味著集團離散，某一集團採取削價或其他戰術攻擊其他集團的機會多，從而激發集團間的競爭；反之，如果集團的規模極不平衡，如某一集團在產業中佔有很小的份額，另一集團卻有很大的份額，則戰略的不同不大可能對戰略集團之間的競爭方式造成很大的影響，因為小集團力量太弱，不大可能以其競爭戰術來影響大集團。

（三）戰略集團建立的產品差異化

如果各個戰略集團各自不同的戰略使顧客區分開來，並使他們各自偏愛某些商標，則戰略集團間的競爭程度就大大低於集團所銷售的產品被視為可替代產品時的情況。集團實現差異化戰略可以有很多方式，如產品設計或品牌形象的差異化、產品技術的差異化、顧客服務的差異化、銷售分配渠道的差異化等，最理想的情況是集團在幾個方面都實現差異化。應當強調的是，差異化戰略應該是顧客感受到的、對其有實際價值的產品或服務的獨特性，而不是企業自我標榜的獨特性。

為保證差異化戰略的有效性，集團必須注意：
（1）充分瞭解自己擁有的資源和能力能否創造出獨特的產品或服務；
（2）必須充分瞭解顧客的需求和偏好，並及時去滿足它們。

特別應該注意的是，產品或服務差異化戰略並不是講集團內的企業可忽視成本因素，只不過這時的主要戰略目標是追求獨特性而不是低成本。

（四）各集團戰略的差異

所謂戰略差異，是指不同戰略集團奉行的戰略在關鍵戰略方向上的離散程度，這些戰略方向包括商標信譽、銷售渠道、產品質量、技術領先程度、成本狀況、服務質量、縱向一體化程度、價格、與母公司或東道國政府的關係等。如果其他條件相同，集團間的戰略差異越大，集團間就越可能只發生小規模的摩擦。集團的外部環境分析奉行不同的戰略導致他們在競爭思想上有極大的差別，並使他們難以相互理解他人的行為，從而避免茫然的競爭行動和反應。

各個集團作為市場活動的參與者，其實力和資源會有不同程度的差異，因而各自佔據不同的競爭位置，主要分以下六種競爭地位類型。

1. 主宰型

這類集團控制著其他競爭者的行為，有廣泛選擇戰略的餘地。

2. 強壯型

這類集團有足夠強大的實力，可以放心地採取不危及它長期地位的獨立行動，而且它的長期地位也不會受到競爭者行動的影響。

3. 優勢型

這類集團在特定的戰略中有較多的力量可供利用，並有較多的機會改善其地位。

4. 防守型

這類集團有令人滿意的經營業績，足以繼續經營，但它在主宰集團的控制下求生

存，改善其地位的機會較少。

5. 虛弱型

這類集團經營業績不能令人滿意，但仍有改善的機會，如不改變就會被迫退出市場。

6. 難存活型

這類集團經營業績很差，並且沒有改善的機會。

由上述分類看出，沒有哪一種戰略會適合所有的集團。集團必須認清自己在本行業競爭中的真實位置，以此為基礎來制定有效的競爭戰略。

總之，所有上述四個因素的共同作用決定了產業中戰略集團的競爭激烈程度。最不穩定，也即集團間激烈競爭的情況是，產業中存在幾個勢均力敵的戰略集團，各自奉行著全然不同的戰略並為爭取同一類基本顧客競爭。反之，一般較為穩定的情況是，產業中有少數幾個大的戰略集團，它們各自為一定規模的顧客而進行競爭，所奉行的戰略除少數幾個方向外並無差異。

此外，戰略集團內部的不同企業，在執行相似戰略的過程中，除了合作與一致對外關係，集團內的企業也會出現不同程度的競爭，它們是一種既合作又競爭的關係。

第五節　競爭對手分析

制定戰略主要是為了找到相對於競爭者來說較為獨特的、差異化的客戶資源，因此制定戰略的一項中心任務就是瞭解和分析競爭對手。

競爭對手分析這一概念起源於軍事戰略家使用描述技術來有效管理軍事情報的方法，后來被企業的管理人員所引用。分析競爭對手的目的是：瞭解每個競爭對手可能採取戰略行動的實質和成功的希望；分析各競爭對手對其他公司在一定範圍內的戰略行動傾向可能做出的反應；分析各競爭對手對可能發生的產業變遷和更廣泛的環境變化可能做出的反應等。

邁克爾·波特是研究競爭的重要人物。他認為，多數企業並沒有對競爭對手充分進行分析，而是在不斷呈送給管理人員的有關競爭者的趣聞中得出的非正式的表達、推測和直覺的基礎上下結論來進行運作的。

一、認識競爭對手

企業要分析自己的競爭對手，首先要識別自己的競爭對手。從狹義上講，公司可以把那些為同樣的顧客提供相似的產品和服務的公司定義為競爭者。因此，可口可樂公司可能把百事可樂公司作為最主要的競爭者，而不是娃哈哈公司或者是統一飲料公司；一汽可能把二汽作為最主要的競爭者，而不是上海通用和長安福特汽車公司。從廣義上講，公司可能把所有生產相同產品或者相同層次產品的公司定義為競爭者。甚至在更廣的意義上，競爭者可能包括生產具有相同服務功能的產品的所有公司。從這層意義上說，一汽可能認為自己不僅是在與別的汽車生產商競爭，還同生產卡車、摩

托車甚至自行車的廠商展開競爭。最後，在更廣泛的層面上，競爭者可能包括為相同顧客口袋裡的錢而競爭的所有公司。這樣，豐田公司可能認為自己與那些銷售消費耐用品、新房和國外度假的公司競爭。

總的來說，根據產品替代觀念，競爭者可以分為四個層次：

（一）品牌競爭者

當其他公司以相似的價格向相同的顧客提供類似的產品與服務時，公司將其視為競爭者。例如，被別克公司視為主要競爭者的是福特、豐田、本田、雷諾和其他中檔價格的汽車製造商。

（二）行業競爭者

可以把製造同樣或同類產品的公司都廣義地視作競爭者。例如，別克公司認為自己在與所有汽車製造商競爭。

（三）形式競爭者

公司可以更廣泛地把所有製造並提供相同服務的產品的公司都作為競爭者。例如，別克公司認為自己不僅與汽車製造商競爭，還與摩托車、自行車和卡車的製造商在競爭。

（四）一般競爭者

更廣泛地把所有爭取同一消費者錢的人都看作是競爭者。例如，別克公司認為自己在與所有的主要耐用消費品、國外度假、新房產和房屋修理的公司競爭。

公司一定要避免「競爭者近視症」。一個公司更有可能被它的潛在競爭者而不是現有的競爭者所埋葬。例如，多少年來，柯達一直在膠卷行業舒服地占據著領導地位，它把富士視為該行業中主要競爭者。但是，近年來，柯達面對的主要競爭不是來自於富士或者是其他膠卷生產商，而是來自於索尼、佳能和其他數碼相機的製造商，它們的產品根本就不用膠卷。因為「近視性」地只關注膠卷行業，柯達耽誤了進入數碼相機市場的時間。所以，即使現在柯達在數碼市場佔有最大的市場份額，它的數碼相機業務仍然是不營利的。

二、競爭對手分析的內容

（一）競爭者的目標

考察競爭對手的目標是非常重要的，對其目標的瞭解可以預測競爭對手對其目前地位和財務狀況是否滿意，也有助於預測它對戰略變化的反應。競爭者的目標是由多種因素確定的，其中包括規模、歷史、目前的經營管理和經濟狀況等。因此，對競爭對手目標的把握並不容易。

分析競爭對手目標的一種可行方法是對競爭對手的目標進行假設，然後從競爭對手的角度推測其可能的行動，接下來再觀察競爭對手的市場行為是否與推測相符。這可以對假設的目標是否正確進行驗證。一般情況下，可首先假設競爭對手是以利潤最

大化為目標的，然后可以假設目標是市場份額最大化，銷量最大化。有時要假設競爭者有一個組織目標而不是單一目標。應該注意的是，競爭者的目標隨著管理層次不同、市場範圍不同而變化，因此分析競爭者目標時必須找到相應的約束條件，而不能把一次目標分析的結果任意套用。

(二) 競爭者的假設

企業有自己的假設，競爭對手同樣也有他們的假設。假設是對不確定市場環境做出的主觀約束。分析競爭對手的假設，從某種意義說就是力爭從競爭者的角度，看競爭對手眼中的市場。

競爭對手的假設可分為兩類：一是競爭對手對自己的假設；二是競爭對手對產業及其他企業的假設。競爭者的假設可以通過其市場行動來分析，例如競爭對手經常使用低價競爭的戰略，這很可能是假設其他的企業不傾向於參與價格戰。

競爭對手對自己的假設可能是不正確的，而這一點如果被發現，往往就意味著企業的市場機會。例如，競爭對手相信它的產品擁有市場最高的顧客忠誠度，而事實並非如此的話，企業就可利用刺激性降價搶占市場。競爭對手很可能拒絕降價，因為它相信企業的降價行動不會影響它的市場佔有率。只有發現已丟失了一大片市場時，該競爭對手可能才認識到其假設是錯誤的。競爭對手對其他企業的假設不正確時，企業也可以對此加以利用。尤其是當競爭對手對企業的行銷能力做出了低於實際情況的評價時，企業就可以利用競爭對手的疏忽取得一定的優勢。

(三) 競爭者的能力

競爭者的優勢與劣勢將決定它發起（或反擊）戰略行動的能力以及處理所處環境或產業中事件的能力。其中包括：

1. 產品
(1) 細分市場中，用戶眼中產品的地位；
(2) 產品系列的寬度和深度。

2. 代理商/分銷渠道
(1) 渠道的覆蓋面和質量；
(2) 渠道關係的實力；
(3) 為銷售渠道服務的能力。

3. 行銷與銷售
(1) 行銷組合諸方面要素的技能水平；
(2) 市場調查與新產品開發的技能；
(3) 銷售隊伍的培訓及其技能。

4. 運作
(1) 生產成本情況——規模經濟性、經驗曲線、設備新舊情況等；
(2) 設施與設備的先進性；
(3) 設施與設備的靈活性；
(4) 專有技術和專利或成本優勢；

（5）生產能力擴充、質量控制、設備安裝等方面的技能；
（6）工廠所在地，包括當地勞動力和運輸的成本；
（7）勞動力狀況，工會情況；
（8）原材料的來源和成本；
（9）縱向整合程度。

5. 研究和工程能力
（1）專利及版權；
（2）企業內的研究與開發能力；
（3）研究及開發人員在創造性、簡化能力、素質、可靠性等方面的技能；
（4）與外部研究和工程技術的接觸。

6. 總成本
（1）總相對成本；
（2）與其他業務單位分組的成本或活動；
（3）競爭對手在何處正形成規模或其他對成本狀況至關重要的因素；
（4）財務實力；
（5）現金流；
（6）短期和長期借貸能力；
（7）在可預見的將來獲取新增權益資本的能力。

7. 組織
（1）組織中價值觀的統一性和目標的明確性；
（2）對組織的近期要求所帶來的負擔；
（3）組織安排與戰略的一致性。

8. 綜合管理能力
（1）首席執行官的領導素質和激勵能力；
（2）協調具體職能部門或職能集團間關係的能力；
（3）管理階層的年齡、所受培訓及職能方向；
（4）管理深度；
（5）管理的靈活性和適應性。

9. 公司業務組合
（1）公司在財務和其他資源方面對所有業務單位的有計劃變動提供支持的能力；
（2）公司補充或加強業務單位的能力。

10. 其他
（1）政府部門的特惠待遇及其取得的途徑；
（2）人員流動。

分析了競爭對手的優勢與劣勢后，就可以把對手的能力總結為四個方面：一是其快速反應的能力；二是其適應變化的能力；三是其成長的能力；四是其持久力。

（四）競爭者的反應模式

每個競爭者都有一定的經營理念、某些內在的文化和某些起主導作用的信念。大

多數競爭者的反應類型如下：

1. 從容型競爭者

它指一個競爭者對某一特定競爭者的行動沒有迅速反應或反應不強烈。對競爭者缺少反應的原因是多方面的，它們可能認為顧客是忠實於它們的，不需要對競爭者的行動做出快速的反擊。

2. 選擇型競爭者

競爭者可能只對某些類型的攻擊做出反應。競爭者可能經常對削價做出反應，但它對廣告費用的增加可能不做任何反應。殼牌和埃克森公司是選擇型競爭者，它們只對削價做出反應，但對促銷不做任何反應。瞭解主要競爭者會在哪方面做出反應，可為公司提供最為可行的攻擊類型。

3. 凶狠型競爭者

凶狠型競爭者對向其所擁有的領域發動的進攻都會做出迅速而強烈的反應。例如，寶潔公司絕不會聽任一種新的洗髮水輕易投放市場。因為防衛者如受到攻擊將抗爭到底，所以，凶狠型競爭者意在向對手錶明，最好不要發起進攻。

4. 隨機型競爭者

它指一個競爭者並不表露可預知的反應模式。這一類的競爭者在特定的情況下可能會也可能不會做出反擊，而且無論根據其經濟、歷史或其他方面的情況，都無法預見競爭者會做什麼。許多小公司都是隨機的競爭者，它們的競爭反應模式是捉摸不定的。

本章小結

產業是產業經濟學的研究對象，產業分類是把具有不同特點的產業按照一定標準劃分成各種不同類型的企業，以便進行產業研究和管理。按照廣義的產業分析，產業分類標準和方法主要有以下八種：馬克思的兩大部類分類法；農輕重產業分類法；霍夫曼的產業分類法；三次產業分類法；生產要素集約分類法；產業地位分類法；產業發展狀況分類法；標準產業分類法。

SCP 範式認為，產業組織理論由市場結構、市場行為、市場績效三個基礎部分和政府的產業組織政策組成。市場結構決定企業在市場中的行為，而企業行為又決定市場運行的經濟績效。因此，為了獲得理想的市場績效，最重要就是通過政府的產業組織政策來調整和直接改善不合理的市場結構。

產業結構是國民經濟結構的重要組成部分，是指在社會再生產過程中，國民經濟各產業之間的生產、技術、經濟聯繫和數量比例關係。產業結構的優化就是在產業結構的不斷變動過程中，遵循一定的運動規律使產業結構由合理化向高度化方向演進。產業結構的優化主要包括兩方面的內容，產業結構的合理化和產業結構的高度化。產業結構高度化必須以產業結構合理化為基礎，產業結構合理化則必須有利於產業結構的高度化進程。產業結構高度化、合理化既是產業演進的過程，也是產業發展的目標。

產業內部結構分析是解釋在同一產業中，企業之間在經營上的差異以及這些差異與它們的戰略地位的關係。為此，按照產業內各企業戰略地位的差別，將企業劃分成

不同的戰略集團，分析產業內各個戰略集團之間的關係，從而進一步認識產業及其競爭的狀況。

競爭對手是企業經營行為最直接的影響者和被影響者，這種直接的互動關係決定了競爭對手分析在外部環境分析中的重要性。

案例

森林裡兩個獵人遇到了一只老虎。其中一位馬上低下頭去系鞋帶。另一個人就嘲笑：「系鞋帶幹什麼？你跑不過老虎的！」系鞋帶的獵人說：「只要我比你跑得快就行！」選擇不同的競爭對手就會導致不同的行為和結果：獵人的競爭者不是老虎，而是他的同伴。如果認為自己在同老虎賽跑，那麼注定要失敗。商戰也一樣！

例如，寶鋼獲知一個汽車製造企業計劃採購生產保險杠原材料的信息後積極準備以參與投標。在收集材料的過程中發現，作為招標者的選擇可能有以下幾種（見表4-1）。

表4-1

可選擇的產品	利益點
1. 寶鋼或國內外其他同層次的鋼鐵廠	加工技術與概念都很成熟，質量可靠
2. 江西新余鋼鐵廠等那樣小型的鋼鐵廠	價格相比寶鋼具有優勢
3. 購買鋁材來替代	重量輕、價格比鋼材便宜
4. 購買工程塑料來替代	重量輕、價格最便宜

究竟誰對寶鋼的威脅最大？誰是寶鋼主要的競爭對手呢？

寶鋼通過對招標者的分析（汽車的生產要求、預計的銷售價格、擁有的加工技術等）和對現實（潛在）競爭對手的分析發現，如果僅僅將目光鎖定在與他居於同一層次的產品上是遠遠不夠的，未來對寶鋼構成威脅的更可能來自於那些生產替代品的企業（鋁材或者工程塑料）。寶鋼要保持競爭優勢，除了加強自己在行業內的競爭優勢外，還要緊盯鋼材替代型材料的發展趨勢和企業動向。

[案例思考題]

運用所學知識分析寶鋼的選擇。

思考題

1. 產業分類法的主要方法有哪些？
2. 影響市場集中度的幾種因素是什麼？
3. 制約產業結構發展的原因是什麼？
4. 產品差異化對戰略集團的競爭激烈程度影響大嗎？為什麼？
5. 對競爭對手的分析在企業戰略管理中占據著什麼樣的作用？

第五章　企業資源與能力組合

第一節　資源與能力

一、資源與能力的定義與區別

我們可以首先對資源和能力這兩個概念本身進行定義和區分。廣義而言，任何可以被稱為企業強項或弱點的事物，任何可以作為企業選擇和實施其戰略的基礎的東西都可以被看成是企業資源，比如企業的資產組合、屬性特點、對外關係、品牌形象、員工隊伍、管理人才、知識產權等。依據這種寬泛的理解，企業的能力自然也可以被看成是某種企業資源，一種能夠幫助企業發現、獲取、組合、應用與更新企業資源的更高層次的資源。事實上，在管理文獻中，企業資源與能力通常在許多情況下並稱通用。

狹義而言，資源與能力有著較大的不同。前者主要從企業所擁有的各類資產的角度來看，后者則主要從解決企業經營問題的角度來解釋。一般而言，資源可以被看成是相對靜止的資產、項目、屬性、關係和存在；能力可以被理解為組合和應用資源的技巧和手段，在經營活動中所表現的具有行動導向的某種功能性的運作水平。比如，先進的廠房和技術設備是企業的資源，而企業員工有效率地應用設備，管理者制定、實施、協調和監控系統的管理流程，從而增進企業的靈活性，提高應變速度，並增強其生產力的綜合技能，便是企業的一種能力。

二、資源與能力的企業特定性

嚴格說來，經濟學講的資源和管理學講的資源是有根本區別的。大家知道，從亞當·斯密古典經濟學、馬克思主義政治經濟學，到新古典經濟學，社會的經濟資源一般都被籠統地稱為「生產資料」或者「生產要素」。而我們通常說的企業資源，雖然指的也是生產資料或要素，但通常具有某種企業特定性，難以輕易地與企業分離，與那些可以在公開市場上能夠隨便買到的資源（生產資料）在可流動性方面具有根本的差別，因而對企業的競爭優勢的持久性來說具有不同的意義。根據企業資源與能力不同程度的企業特定性，由低向高，我們可以對企業的資源與能力序列作一個階梯性的描述：可以在公開市場上獲取的生產資料、具有企業特定性的企業資源、競爭力、核心競爭力、重組資源與更新核心競爭力的所謂動態能力，參見表 5–1。

表 5-1　　　　　　　企業特定性：企業資源與能力的階梯形描述

資源與能力的類別	企業特定性	競爭優勢可能性	案例說明（蘋果公司）
基本生產資料與要素	無或非常低	無或低	資金、清潔工
企業資源	稍微較高	較低	工程師隊伍
競爭力	相對更高	較高	研發實力
核心競爭力	非常高	很高	產品設計
動態能力	極高	最高	開發新的技術與市場

資料來源：根據 Teece 等人（1997）相關內容改編整理。

（一）生產資料與要素

生產資料——土地、資本、勞動力、技術等——廣義而言，恰如經濟學家所描述的，可以在公開市場上獲取。而這種可以在公開市場上得到的資源和要素，由於誰都能夠獲取並且沒有什麼差異化特點，並不能夠為企業帶來獨特的優勢。成功的企業必定是那些由於運氣或遠見而擁有或形成某種獨特資源和能力的少數。

（二）企業特定資源

什麼是企業資源或者說有企業特定性的資源呢？簡而言之，如果某種資源在企業內的價值高於其在企業外公開市場上的價值，那麼這種資源通常具有企業特定性。

（三）競爭力

更高一個層次的企業資源，往往是一些企業特定資源的組合——跨越小組和部門，貫穿於企業的運作體系，這種組合使得企業可以在某方面有特色，以更好地與對手競爭。這種被稱為企業的某種競爭力，或曰「組織動態定型」，凸顯其常規的實力。比如，豐田公司的柔性製造系統、索尼公司的產品微型化能力、三星公司的產品設計能力等。

（四）核心競爭力

對於核心競爭力，前文已詳細介紹。然而，核心競爭力的有效和強大，並不是一勞永逸的事情。環境在變，對手在變，企業自身也在變。昨日的核心競爭力很可能會成為今日的「核心包袱」或「核心僵硬性」（Leonard-Barton, 1992），阻礙企業對環境變化做出準確的判斷和對自身實力進行正確的估量。比如，美國柯達公司，傳統化學成像技術時代的巨擘，在其核心業務（傳統成像）中，無人與之匹敵。昔日的百年輝煌及其在傳統業務中的利益承諾，使得它對於數碼成像技術的威脅認識不足。比如，它錯誤地判斷傳統成像在中國和印度等發展中國家市場仍將占主導地位。而事實是，競爭對手在數碼成像產品市場上高歌猛進，改天換地，囿於其傳統核心競爭力的柯達卻措手不及、疲於應付，雖然該公司在數碼技術發展的早期就已經有很多發明和專利。

(五) 動態能力

如何避免「核心競爭力」變成「核心包袱」呢？答案和出路可能在於所謂的「動態能力」。動態能力，意指企業整合、創建、重構企業內外資源，從而在變化多端的外部環境中不斷尋求和利用機會的能力，也就是企業重新構建、調配和使用企業核心競爭力從而使企業能夠與時俱進的能力。如，大家熟知的無線通信設備企業諾基亞，其母公司前身的核心業務是造紙、橡膠和電纜，卓越的動態管理能力使得諾基亞積極地擁抱了新興朝陽產業；英特爾在自己原先的核心業務（記憶儲存裝置）即將四面楚歌之際，及時果敢地轉入了新的業務領域（CPU），迅速更新其核心競爭力；3M 公司從第一產業採礦，到第二產業製造，再到第三產業高科技研發設計諮詢服務，百年創新，屢建輝煌，堪稱動態能力應用和展現的典範。

(六) 企業特定性與競爭優勢

新古典經濟學假定資源是可以自由流動的，這是關於自由市場經濟的一個根本假設。事實上，上述假設通常是不成立的。我們經常看到的實例是，資源的分佈在不同企業間是不均等的，而這種不均等，或曰企業間資源分配的異質性（因企業特定資源存在的普遍性）才是常規狀態，往往可以、並且實際上是長期持久地存在的。如果資源異質性可以持久存在，某些企業的競爭優勢也就可能持久存在，其卓越經營績效也就可以持久。例如，可口可樂軟飲料、吉列牌剃鬚刀、寶潔的象牙牌肥皂等，一百年前就是第一品牌，如今仍然在市場中領先。

三、企業資源的種類和特點

企業的資源多種多樣：可以是某種資產或實物，也可以是某種關係或屬性；可以是一個單一的要素，也可以是一個複合的網路。同樣，對資源的分類也是多種多樣，並沒有統一的標準。這裡，我們採取一個折中的做法，介紹一些比較有代表性的資源類別。首先，我們將企業的資源粗略地劃分為有形資源與無形資源。然後，我們可以更加詳細地考察具體的資源類型。這裡的資源泛指企業的資源與能力，其分類參見前表 3-1。

(一) 有形資源

我們對有形資源的考察主要是為了考察這些資源的價值和對企業競爭優勢的潛在貢獻。問題的關鍵在於如何更有效地利用這些財務與實物資源於多種經營用途，並且切實地增加這些資源的營利能力。

(二) 無形資源

企業的無形資源可以是技術方面的並且受到法律保護的資源，比如知識產權；也可以是沒有法律含義的一般企業資源，比如組織資源。

知識產權，泛指企業的商標、品牌、資質與實力的鑒定和認可，特殊的經營執照與許可，企業所擁有的版權、技術專利以及技術訣竅和商業機密等。廣義而言，也包

括支持和創造這些知識產權的技術創新與研發能力。以技術為基礎的知識產權可以幫助企業影響或制定產業標準，增強自己產品的功能和生產過程的質量，從而實現產品設計和製造本身的優勢。以品牌為主導的知識產權，可以使企業在眾多的競爭對手中脫穎而出，贏得顧客青睞，獲得銷售與價格方面的優勢。參見表3-2和表5-2。

表5-2　　　　　　　　　　2006年最有價值的中國品牌

排名	品牌	行業	品牌價值（百萬人民幣）
1	中國移動	電訊	283,000
2	中國銀行	金融	82,000
3	中國建設銀行	金融	68,000
4	中國電信	電訊	32,000
5	中國人壽	金融	32,000
6	中國平安	金融	13,000
7	招商銀行	金融	13,000
8	茅臺	釀酒	10,500
9	交通銀行	金融	7,400
10	聯想	科技	6,100
11	網易	科技	4,500
12	國美	零售	3,800
13	中興	電訊	3,400
14	五糧液	釀酒	2,700
15	中國國際航空	運輸	2,600
16	張裕	釀酒	2,300
17	萬科	房地產	1,600
18	格力	電子	1,500
19	中國網通	電訊	1,200
20	中海地產	房地產	1,000

資料來源：Interbrand. *Best Chinese Brand* 2006；*A Ranking by Brand Value.*

顯然，知識產權的核心是知識，是增強企業經營活動有效性和效率的知識與能力。這種知識與能力，可以幫助企業瞭解客戶、研發產品、改進過程、管理品牌。之所以被稱為無形資產，一個很重要的原因是它們往往是所謂的隱形知識，隱匿於企業的運作流程中，共享於企業不同部門間的經營活動中，難以被量化、外在化、指針化。在如今所謂的知識經濟時代，資源的競爭已經不再是資本、土地和一般勞動力的競爭，而是知識資本的競爭和創造知識與應用知識的能力方面的競爭。表5-3可以為我們提供一些啟示。

表 5-3　　　　　　　　　　　　　知識的價值

產品	價格（美元）	重量（磅）	價格（美元/磅）
奔騰Ⅲ芯片	851.00	0.019,84	42,893.00
一粒偉哥	8.00	0.000,68	11,766.00
一盎司黃金	301.70	0.062,5	4,827.20
愛馬仕圍巾	275.00	0.14	1,964.29
Palm V 掌中寶	449.00	0.26	1,726.92
《拯救大兵瑞恩》DVD 影碟	34.99	0.04	874.75
20 只香菸	4.00	0.04	100.00
暢銷書：《誰動了我的奶酪？》	19.99	0.49	40.80
奔馳 E 系列 4 門轎車	78,445.00	4,134.00	18.98
暢銷書：《國家的競爭優勢》	40.00	2.99	13.38
雪佛萊騎士 4 門轎車	17,770.00	2,630.00	6.76
一噸熱卷菸	370.00	2,000.00	0.19

①資料來源：We're worth our weight in Pentium Chips, Fortune, March 20, 2000: 68.
②1 磅 = 0.453,6 千克。

　　另外，一個相對穩定的管理層與員工隊伍是保持長期競爭優勢的一個重要前提，因為如果優質資源可以隨便在企業間移動的話，任何一個組織都不可能長期地保持其競爭優勢。管理者必須在自己的地盤有足夠的權力和威信去影響員工與組織。同時，它們在社會網路中的地位以及在外界的聲譽也在很大程度上決定他們的社會資本累積、對各種信息的掌控以及對其他資源的獲取。

　　企業的組織資源是企業在總體水平上的資源與能力指標，是個體資源的應用與整合，主要體現在企業文化與精神風貌、企業形象與名聲信譽、組織的協調能力、學習能力與應變能力。其實，有關顯著競爭力或者核心競爭力的說法，指的不僅是一個企業在技術方面高人一等，有獨到之處，而且包括這些企業強大的組織能力、價值趨向、文化內涵和管理哲學與邏輯，使得企業的知識流、技術流和組織流渾然一體，促成並支撐企業在顧客、社會與公眾面前的良好形象。這種形象與公眾好感，不僅可以增進企業產品與服務品牌的親和力，而且可以使企業更加從容和順利地獲取企業經營活動所必需的其他資源，比如優質的人力資源。表 5-4 和表 5-5 列舉了一些這樣的企業。

表 5-4　　　　　　　　　　世界上最受尊重的公司，2006

1. 通用電氣	2. 豐田汽車	3. 寶潔公司	4. 聯邦快遞	5. 強生公司
6. 微軟	7. 戴爾公司	8. 伯克希爾	9. 蘋果公司	10. 沃爾

資料來源：The World's Most admired Companies, Fortune, March 6, 2006.

表 5-5　　　　　美國 MBA 畢業生最願意為之工作的公司，2006

1. 麥肯錫	2. 谷歌	3. 高盛	4. 貝恩	5. 波士頓諮詢集團
6. 花旗集團	7. 蘋果公司	8. 通用電氣	9. 強生公司	10. 摩根斯坦利

資料來源：Universum. *Fortune Top 100 MBA Employers 2006*；*Companies where MBA Candidates Say They'd Most Like to Work for*. CNN Website.

組織的協調、學習與應變能力，正是動態能力的核心基礎和實質內容。動態能力是企業作為一個整體不斷調整、組合和更新資源，從而應對市場變化的能力。

四、資源與能力分析的兩個基本方法

組織的資源與能力畢竟要應用於具體的產品製造或服務提供過程中，才能為顧客創造價值，為企業帶來競爭優勢。下面，我們在上述資源分類的基礎上，以價值創造和在競爭中的角色為主要線索，分別考察資源與能力分析的兩個基本方法：價值鏈分析和相關實力分析。

（一）價值鏈分析

產品的製造與服務的提供通常需要一系列企業活動來完成，從原材料的獲取，到半成品與成品的生產，再到銷售與服務，經歷多個環節。這些前後相關的價值創造環節通常被稱為企業經營活動的價值鏈。一個價值鏈所能創造的總體價值取決於價值鏈中不同鏈條或階段所分別創造的價值，有些鏈條附加值高，有些鏈條表現平平。通過價值鏈的分析，企業可以發現自己在不同價值創造階段的資源與能力的實際水平，發現自己的不足和改進方向，並找出更好地利用現有資源與能力的突破口，降低成本，增進效率，或者改善產品與服務功能，提高產品質量與服務水平及其差異化的程度，從而增強自己的競爭力。邁克爾‧波特總結了一個非常典型的價值鏈分析方法，參見圖 5-1。

圖 5-1　價值鏈：波特的企業內部活動分析方法

資料來源：Poter. *Competitive Advantage*. New York：Free Press，1985.

波特將企業的經營活動分成基本活動和支持性活動兩大類。前者與價值創造活動直接相關，後者在價值創造中主要起輔助與支持作用。

基本活動包括原材料投入物流、生產製造、產品出貨物流、市場行銷與服務等環

節。每個環節對企業的資源與投入都有相應的特定要求。在原材料投入物流環節，配送中心的位置與容量、庫存管理能力、進貨質量檢測與控制等至關重要。在生產製造中，廠房的設計與安排、生產線的先進性與合理設置、員工操作效率、質量控制體系等，都是影響價值創造的主要方面。在產品出貨物流環節，快速高效的運輸方式與精確可靠的運送能力非常關鍵。在市場行銷環節中，暢通的分銷管道、訓練有素的行銷隊伍、靈活適用的銷售手段等都是制勝的法寶。最后，售後服務與保障的質量、對顧客回饋的重視程度與反應速度、及時解決顧客難題的技術與組織能力，亦是整個價值創造過程中不可忽視的重要環節。

支持性活動包括企業的基礎設施、人力資源管理、技術開發與原材料的採購和資產購置能力等。這些支持性活動為基本價值創造活動的進行提供了必要的基礎與輔助。企業的基礎設施主要在於保持其有效的計劃與評審的能力，預見前景並隨機應變的能力，協調多種經營活動和各方利益相關者的關係的能力以及維護企業文化、價值體系和制度傳承的能力。人力資源管理主要在於人員的雇用、培訓、激勵、評審與獎勵，為員工隊伍創造良好的工作環境。技術開發是企業創新與正常高效率運作的基礎。而採購與購置能力，包括保障企業投入與資產購置過程中的質量標準的保持、成本的控制與削減以及應對突發事件的本領等。

顯然，清楚地理解價值鏈中基本活動和支持性活動之間的關係以及兩類活動內部各個環節與領域的關係，是企業充分認識和利用自身資源與能力的一個重要手段。比如，沃爾瑪的成功在於它對整個零售經營過程的價值鏈的各個環節了如指掌、嚴格控制。在基本活動中，從進貨採購、倉儲管理、物流配送、店鋪設計、貨架管理、操作流程、銷售定價到售後服務，運作流暢，簡單高效。在支持性活動中，其高度集中的總部管理能力與店鋪經營自主權的適當平衡、在不同的國家和地區以及經營種類上發現和捕捉新增長點的能力、吸引和應用低成本勞動力的能力、衛星技術支持的管理通信系統以及全球採購的規模與議價能力，共同保證了沃爾瑪的持續高速增長及其世界零售業龍頭老大的地位。

(二) 相關實力分析

在不同的競爭環境中，對企業的資源與能力的評估會有不同的標準和結果。對一個企業的資源與能力的評判與把握，通常情況下是要放在企業經營環境以及具體經營活動的參照系下來進行的。根據資源在經營活動中的重要性以及企業在該資源項目上的強弱程度，我們可以考察和評估企業資源與能力的價值與狀態。羅伯特・格蘭特（2002）為我們提供了一個相關實力分析的基本方法。

首先，我們需要根據價值鏈分析、關鍵成功因素分析和其他相關的分析方法與手段，來識別企業具體經營活動中那些最為重要、對於企業競爭優勢來說不可或缺的資源與能力。其次，我們需要根據自己企業的分析以及與競爭對手的比較，找出我們在重要資源與能力方面的強項或差距。企業間的「對標」學習，其主要目的之一就是為了發現自己在資源與能力方面的真實水平。

根據資源與能力重要性和企業的強項與弱點兩個維度，我們可以對企業的各種資

源與能力進行評估，參見圖5-2。那些既重要而又是企業強項的資源與能力可以被稱為「關鍵強項」。比如，一個汽車公司卓越的研發能力、發動機制造能力以及銷售管道管理能力。那些對企業經營與競爭非常重要但企業處於明顯弱勢的資源與能力項目，可以被稱為「主要弱點」。比如，上述汽車公司的品牌形象欠佳，技術設備落後，員工素質低下。還有一種情形是，企業的強勢凸現於並不十分重要的領域，可以被稱為多餘的強項。最后一種情形是，企業的弱點表現在不是特別重要的資源與能力項目，可以被稱為無關緊要的弱點。而重要程度一般、企業表現也一般的方面，多半是我們上面討論的企業特定性較低的普通資源，可以被稱為無所謂區間。

顯然，這些資源與能力不是一成不變的。關鍵強項可能在產業巨變中變成關鍵弱點或者多余的優勢。

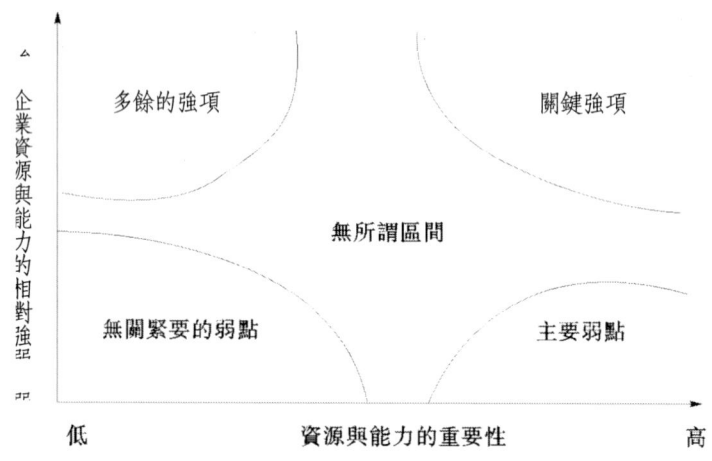

圖5-2　相關實力分析方法：資源與能力的重要性與企業的強項弱點

資料來源：根據Grant（2002，第五章）相關圖表與論述改編整理。

第二節　資源本位企業觀

一、資源本位企業觀的歷史背景與定位

資源本位企業觀將企業視為一個獨特的資源與能力組合，把企業的資源與能力看作戰略制定和實施的基礎（Wernerfelt，1984；Barney，1991）。它的主要分析單元在於企業層面，注重考察企業內部的資源禀賦與運作能力的構成、組合與特點。當波特的產業分析理論風靡於世之際，資源本位企業觀的興起與壯大，為戰略管理領域的研究與發展提供了必要的平衡力量，使我們再一次清醒地意識到，戰略的實質和精髓在於企業外部環境與內部要素的契合。畢竟，企業獨特的優質資源如果不能夠構建和導致強勢的外部產業定位，便不能充分地實現自己應有的價值；而強勢的外部產業定位的獲取及其持久占據，通常離不開企業獨特資源與能力的支持。

從SWOT的總體視角來看，資源本位企業觀應該是對產業分析理論的一個必要補充，甚至提供了某種理論整合的可能與契機。然而，作為對戰略分析一時獨領潮流現象的一種反饋，資源本位企業觀很自然地要刻意突顯企業層面而不是產業層面的分析焦點，強調內部資源與能力的作用而非外部產業定位的作用。其主要貢獻在於為企業資源與能力的分析提供了強有力的理論基礎和研究方法，尤其是在資源與能力的獨特性與企業競爭優勢的持久性之關係的分析方面，貢獻良多、成就斐然。

下面我們簡單回顧資源本位企業觀的理論淵源與發展沿革，並探討一些主要理論觀點和比較有代表性的貢獻。

二、資源本位企業觀的理論淵源與主要流派

我們現在所謂的「資源本位企業觀」，或曰「以資源為基礎的企業理論」「基於資源的企業戰略學說」，其實涵蓋了諸多研究領域不同理論流派的論斷和觀點，有的強調資源的獲取，有的強調資源的組合與應用，還有的強調資源的流動與更新。大致說來，資源本位企業觀的理論淵源與基礎可以從以下幾個研究領域來考察：企業政策研究傳統以及關於顯著競爭力的學說、彭羅思有關企業增長的理論、早期有關壟斷性競爭的經濟學研究、芝加哥學派產業組織經濟學理論、熊彼特創新理論以及演化經濟學的研究，參見表5-8。

表5-8　　　　　　　　資源本位企業觀的理論淵源

理論淵源	基本概念	主要觀點
企業政策與顯著競爭力	強項和弱點 顯著競爭力	企業戰略應該有效地利用企業的強項 企業的顯著競爭力造就其競爭優勢
彭羅思有關企業增長理論	企業資源組合 管理資源	企業是獨特的資源與能力組合體 管理資源是決定企業增長的主導力量
壟斷性競爭的經濟學研究	市場不完善 資源異質性的持久	資源要素市場的競爭是可能不完善的 企業資源與能力的差別可能持久存在
芝加哥學派產業組織經濟學理論	企業效率 效率租金	企業自身的效率是企業增長壯大及其強勢市場地位的基礎與利潤的源泉
熊彼特創新與演化經濟學理論	不確定性下的創新 組織學習與動態定型	企業家決策與創新決定資源的未來價值 組織的實際競爭力反應於其動態定型

資料來源：根據 Barney（1996），Wernerfelt（1984、1994），Rumelt（1994、1997），Teece 等人（1997）相關內容改編整理。

（一）企業政策與顯著競爭力學說

沃納菲爾特（Wernerfelt）1984年在資源本位企業觀的奠基之作《資源本位企業觀》（*The resource based view of the firm*）中（尤其是對「資源本位企業觀」名稱的首次提出），強調了資源分析與產業分析至少同等重要的地位。他的主要論點和所提供的有關基於資源的分析手段與思路，強烈地反應了對哈佛商學院企業政策研究傳統及其SWOT分析精髓的欣賞和遵從。資源本位企業觀與企業政策研究傳統所表現出的默契與

一致，並非無端巧合，而是根據設計有意為之，因為他發現對外部產業環境的選擇本身並不能令人信服地解釋許多令人困惑的戰略問題。比如，如果大家都去選擇和追求有吸引力的行業，誰能進去？為什麼能進去？問題很自然地要轉移到企業自身來。與企業政策研究傳統相一致，恰恰是資源本位企業觀具有強大生命力的一個重要原因（Wernerfelt，1984；1994）。

另外一個與企業政策研究相關的早期學說是賽爾茲尼克（Selznick）關於顯著競爭力的概念與應用。顯著競爭力指的是某個組織或企業所擁有的某種獨特、突出和明顯的競爭力。它不僅包含了一個組織的技術和競爭方面的特殊能力，而且通常具有某種制度化的色彩、價值趨向和文化意蘊，能夠界定和昭示企業的形象認知和戰略定位。

資源本位企業觀的文獻中後來所謂核心競爭力的說法，與早期的顯著競爭力的概念可謂一脈相承。不同的是，核心競爭力特指的是多元化經營的企業中集體學習與智慧的結晶，尤其是指企業不同業務部門共事的那些與協調不同生產技能和整合不同技術體系與組織體系有關的獨特知識與能力。

(二) 企業增長理論

彭羅思（Penrose）作為一名經濟學家，為企業增長理論做出了傑出的貢獻。然而，其主要成就並沒有受到主流經濟學界的十分重視，反倒對戰略管理理論的發展功勳卓著。彭羅思的理論貢獻，及其作為資源本位企業觀主要理論淵源的地位，得到了大家的一致公認。

在戰略管理領域，資源本位企業觀繼承了彭羅思的衣鉢，強調企業資源和能力是企業可持久競爭優勢的主要來源。具體而言，某些企業資源是有價值的、稀缺的、難以被模仿的，並且流動性低、企業特定性強，不可在公開市場上買到，也沒有替代可能。這樣的獨特資源將為企業帶來可持久競爭優勢和長期卓越經營績效。根據資源本位企業觀的解釋，企業經營戰略的首要任務在於，發現和尋求獨特的資源並以之為基礎構建其他企業不可能模仿和替代的戰略。與產業結構分析學派對進入壁壘概念的倚重相似，資源本位企業觀主要通過「資源實力壁壘」和「隔離保護機制」（那些限制和阻止對手模仿某個企業資源與能力組合的機制）來解釋可持久競爭優勢的來源。

(三) 壟斷競爭經濟學理論

壟斷競爭經濟學的早期發展，也為資源本位企業觀的形成提供了必要的理論素養與前提。比如，張伯倫、羅賓遜等通過對壟斷性競爭特點的考察，在解釋產品市場壟斷的時候，自然地將分析的起點落在企業資源組合的不同。企業間資源分配的異質性是導致市場壟斷和某些企業競爭優勢的起因。企業之間資源的不同可以表現在技術訣竅、聲譽與品牌、管理者合作的能力等，尤其是企業的專利與商標方面的差異。這種持久的資源差異可以導致產品與服務市場上的差異，使得某些企業的競爭優勢和超額利潤得以持久（Chamberlin，1933；Robinson，1933；Bamey，1996）。

受壟斷競爭理論的啓發，巴尼進一步將「市場不完善」的分析引入到企業間資源分配狀態的考察，為資源本位企業觀的形成提供了重要的理論基石。產業分析學派強調的是產品市場結構的不完善（或非完全競爭），而資源本位企業觀所強調的則主要是資

源和能力獲取市場的非競爭性特點。這種不完全競爭導致企業間資源分配的差異性極其持久，因而導致企業間戰略的差異、執行戰略的能力的差異以及最終經營績效的差異。

沿著資源市場（亦即生產要素市場）競爭不完善這條思路，在資源本位企業觀的文獻中，后來又產生了一個有關持久競爭優勢四大基石的說法。首先，競爭伊始，企業間資源分配的不同為某些企業提供了競爭優勢。其次，事後對資源競爭的限制使競爭優勢得以持久。再次，資源的不完全流動性將持久競爭優勢鎖定在擁有獨特資源的企業內部。最後，追溯到企業獲取獨特資源之時，對資源競爭的前向限制（當時競爭的有限性）保證了企業獲取該資源的費用不會完全沖抵未來的經濟收益。

(四) 芝加哥學派產業組織經濟學理論

產業組織經濟學中的所謂芝加哥學派，與以哈佛為陣地的、強調市場強權的產業分析學派不同，它堅持認為企業之所以發展壯大，主要靠的是它們的效率（Alchain 和 Demsetz，1972；Demsetz，1973，Stigler，1968）。該學派的主要貢獻在於對寡頭壟斷的研究與理論發展。當一個企業可以更有效率地服務整個市場時，自然壟斷是完全可能的，而該企業所享有的卓越經營績效可以被看作是對其效率的獎賞。

這種說法實際上強調的是某些企業在增長過程中的獨特性使它們的效率遠遠高於競爭對手，因而具有競爭優勢、良好的經營績效，以及隨之而來的市場地位。比如，微軟的快速發跡並非來自政府支持或者依靠打壓對手，而主要是靠自己快速捕捉技術潮流的眼界與超凡的行銷能力。這種注重效率的說法成為資源本位企業觀的又一個重要理論源頭。

(五) 熊彼特創新與演化經濟學理論

約瑟夫·熊彼特對企業家角色的貼切描述以及對創新機制的精闢論斷（Schumpeter，1934，1950），在經濟學與戰略管理領域至今仍然影響深遠。熊彼特認為，以追逐利潤為天職的企業家將不斷地通過創新來打破經濟發展中現有的均衡。創新是帶動市場經濟的引擎。由於創新性破壞的特質，熊彼特型競爭根據定義，不可能穩定，而且更難預測。然而，正是不確定性才使戰略成為必需。在以不確定性、複雜性、革命性為特色的快速多變的熊彼特型競爭中，正是企業家在戰略運作中的遠見、判斷和冒險，使一批又一批的新興企業後來居上，推進著經濟的不斷發展。顯然，對資源的獲取和利用正是戰略運作的一個核心要務。而資源的價值往往難以在獲取或使用之前預知。企業家對不同資源的判斷與承諾導致企業之間資源配置的不同。至於對那些獨特而又有價值資源的獲得，遠見與運氣可能都會需要。

以熊彼特理論為基礎的演化經濟學，注重考察企業作為一個組織不斷學習和應對環境變化的過程。在這個過程中，企業對知識資本尤其是「隱性知識」的重視，以及它所擁有的「組織動態定型」，即可以預見的、規律性的、協調個體與部門活動的主導模式與組織流程及「日常實力」，在很大程度上決定企業的競爭優勢與經營績效。隱性知識通常難以被系統地編碼、儲存與傳播，因而需要整個組織體系擁有良好的機制與能力去累積、傳承和應用這種能力。企業間在這種知識與能力上的差別決定了各自的競爭優勢與劣勢。同樣，組織動態定型說的是企業在日常營運中所能達到的並表現出

的實際能力水平，而不是超常發揮時的實力。這種實際能力決定企業在競爭中的表現（Nelson 和 Winter，1982）。

第三節　資源與能力的基本分析框架

一、理論共識與基本分析框架

(一) 資源本位企業觀的理論共識

資源本位企業觀為企業持久競爭優勢的分析提供了一個重要的觀察視角與理論體系。資源本位企業觀的基本論點在於企業獨特的資源與能力乃持久競爭優勢之根本源泉。要獲得持久競爭優勢，企業的資源與能力必須是極具價值、特性突顯、罕見稀缺、供給有限、不可流動、難以買賣、不可模仿、難以替代的，牢固地鑲嵌於企業複雜的技術和組織系統中，具有較高的企業特定性。資源本位企業觀的形成與發展，為理解企業資源與能力特性與持久競爭優勢之間的關係做出了重要的理論貢獻。

(二) 一個基本分析框架

杰伊·巴尼總結的關於企業資源與能力的「價值—稀缺—模仿—替代—組織」分析框架，被一致地公認為資源本位企業觀的標誌性分析框架和最有代表性的理論體系，集先學之大成，為後學之典範，承前啟後，廣為流傳，在管理學和其他相關的領域中得到日益增強的重視和廣泛深入的應用、檢驗與發展，與產業分析中的「結構—行為—績效」範式遙相呼應，與波特的「五力」分析框架相媲美。[①]

巴尼分析框架的主要構成要素在於他對資源與能力的價值性、稀缺性和難以模仿性的詳細論述。參見圖5-3的「價值—稀缺—模仿—替代—組織」分析框架。

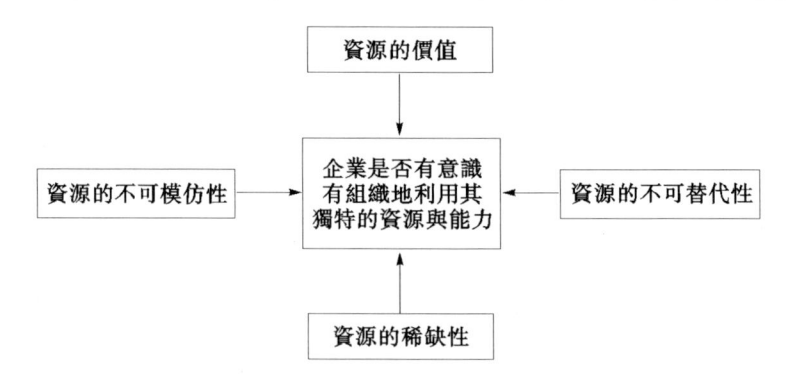

圖5-3　資源本位企業觀的基本分析框架：價值—稀缺—模仿—替代—組織

資料來源：根據 Barney (1991，1997) 相關內容改編整理。

---

① 關於資源本位企業觀的論述主要基於 Barney (1986，1991，1997，2002)；Barney 和 Hesterly (2005)；Rumelt (1984，1987)；Petraf (1993)；Amit 和 Sehoemaker (1993)。

(三) 巴尼資源與能力分析框架的主要特點

首先，巴尼分析框架系統地給出了一套對資源與能力的評估準則，層層遞進，披露資源與能力為企業帶來競爭優勢的可能。相對於波特「五力」分析框架之於企業外部環境機會與威脅分析的貢獻，巴尼的資源分析框架使得企業關於自己強項和弱點的分析嚴謹而又紮實。

其次，巴尼分析框架的核心基礎與前提在於企業資源的獨特性（異質性）和不可流動性（企業特定性）。從這個角度來看，其分析層次在企業這一層面，分析單元在於具體某項資源或能力。

再次，巴尼分析框架的另外一個特點，類似於波特對產業的寬泛定義，是巴尼對資源的廣義定義：任何可以被企業選作戰略制定與實施之基礎的資產、要素、關係、屬性等，都可以被稱為企業資源，並且他通常將資源與能力並稱，不作細分。

基於其資源定義，巴尼分析框架的主要目標，不是為了指出具體的企業資源項目，而是旨在幫助企業嚴格審視任何可以被稱為企業資源的項目的營利潛力，詳細考察其與持久競爭優勢的關係。可以說，其最終標尺和準繩牢牢地鎖定於企業的持久競爭優勢，這是企業資源與能力分析的終極使命，也是戰略管理的核心問題。

最後，這一框架不僅考察資源與能力本身的獨特性與營利潛力，而且關注企業在組織方面是否能夠正確地識別和妥善地應用這些獨特而有價值的企業資源與能力。

(四) 巴尼資源與能力分析框架的主要論點

資源與能力是否能夠為企業帶來持久競爭優勢取決於其特點是否能夠滿足一系列具體而又比較苛刻的要求。這些要求反應在下面的問題中：價值性、稀缺性、不可模仿性、不可替代性、組織性，參見表 5－6。對上述五大問題中不同要求的滿足程度，決定資源與能力為企業提供競爭優勢的潛力，參見表 5－7 中的主要論點總結。

表 5－6　　　　巴尼資源與能力分析框架的五個基本問題

價值性問題	這種資源與能力是否能使企業挖掘和利用外部環境中的機會並抵禦和化解威脅？
稀缺性問題	這種資源與能力是否被控制於少數企業手中？
不可模仿性問題	其他企業是否可以相對容易地模仿、複製這種資源與能力？
不可替代性問題	其他企業是否可以相對容易地獲取這種資源的替代性資源，從而提供同樣有競爭性的產品？
組織性問題	企業是否有組織地利用了這種資源與能力的全部潛能？

資料來源：根據 Barney（1991），Barney 和 Hesterly（2005）相關內容整理。

表 5-7　　　　　　　　巴尼資源與能力分析框架的主要論點

有價值	稀缺	難以模仿	難以替代	有組織性	強項與弱點	競爭優勢潛力
否	否	否	否	低	弱點	競爭劣勢
是	否	否	否	↑	強項	與對手持平
是	是	否	否		顯著強項	短期競爭優勢
是	是	是	否	↓	持久顯著強項	持久競爭優勢
是	是	是	是	高	絕對持久顯著強項	絕對持久競爭優勢

資料來源：根據 Barney（1991），Barney 和 Hesterly（2005）相關內容改編整理。

　　缺乏價值的資源通常被認為是企業的弱點，是企業的競爭劣勢。價值較高的資源通常被認為是企業的強項，可以使企業在競爭中至少與對手保持平手、勢均力敵。如果該強項資源既有較高的價值，又非常稀缺，只有少數企業掌握，這種資源往往是企業的顯著競爭力，能夠為企業帶來競爭優勢，至少是短期的競爭優勢。如果該強項資源不僅價值高、稀缺性強，而且難以被對手模仿，則可能為企業帶來持久競爭優勢。如果該強項資源不僅價值高、稀缺性強、不可模仿性強，而且其功能難以被對手的其他資源替代，這種資源通常可以為企業帶來絕對的持久競爭優勢。

　　應該說，前兩個問題主要考察的是資源與能力為企業帶來競爭優勢的潛力，接下來的兩個問題主要考察的是競爭優勢的可持久性。這前四個問題加起來只是考察了這些資源本身能夠為企業帶來競爭優勢的潛在可能性。最後一個問題，企業是否有意識有組織地開發和利用這些獨特的優質資源，最終決定持久競爭優勢是否出現。擁有這些有價值、稀缺、難以模仿、難以替代的資源與能力的企業，只有具備組織有序地挖掘和利用這些資源的潛力，才能真正使自己的競爭優勢得以持久，並獲得優異的經營績效。

　　下面，我們進一步比較詳細地探討巴尼資源與能力分析框架的五大問題。

二、巴尼資源分析框架的五大問題

（一）價值性問題

　　首先，價值性問題考察的是某種資源與能力是否能夠幫助企業獲取和利用環境中的機會，並化解或抵禦各類威脅。有價值的資源通常是企業的強項，能夠幫助企業更好地滿足顧客的需求，在競爭中立足。如果某種資源的價值較低，尤其是關鍵競爭領域所需要的資源，這種資源顯然是企業的弱點，在競爭中呈劣勢狀態。

　　資源的價值最終要體現在其受顧客歡迎的產品與服務上，體現在為顧客創造的價值上。因此，資源與能力的價值必須在特定的經營環境中考察才顯得具體而有意義。如何發現企業資源與能力的價值並創造性地將其利用於價值最大之處，顯然是對戰略管理者的一個巨大挑戰，或點石成金，或使千里馬「駢死於槽櫪之間」。從經濟價值創造的角度來講，考察資源與能力價值性的最明顯的指標，在於對企業收入增加的貢獻以及對企業成本降低的貢獻。

（二）稀缺性問題

　　資源與能力的稀缺性決定其是否能夠為企業帶來競爭優勢。這種稀缺性的資源與

能力，可能為顧客提供其他對手無法提供的產品與服務，因此創造獨特的顧客價值，為該企業帶來競爭優勢。

稀缺性是經濟學的基本概念與常識。資源的稀缺往往來自供給的固定性或者說供給的無彈性。稀缺性問題說明了一個簡單的基本道理：大家都有的資源不可能是競爭優勢的源泉。

(三) 不可模仿性

資源的不可模仿性決定了企業資源獨特性與異質性的持久存在。如果這種獨特的資源能夠為企業帶來競爭優勢，那麼其獨特性的持久將使企業的這種競爭優勢得以持久。一個企業如果依靠其某種有獨特價值而又稀缺的資源獲得了競爭優勢，必定吸引競爭對手對其資源進行模仿與複製，尤其是在知識產權意識低下、法律保護不夠健全的經濟環境中。雖然模仿者可能后來居上，但在通常情況下，模仿者很難直接通過模仿本身獲取比被模仿者更強的競爭優勢。然而，模仿者至少可以通過模仿先進企業的資源與能力來改變自己的競爭劣勢，降低被模仿者的競爭優勢。

(四) 不可替代性

資源與能力的不可替代性，進一步取消了競爭中其他遊戲類型或遊戲規則的可能性。雖然某個企業擁有某種有價值、非常稀缺、難以模仿的資源與能力，並通過其明星產品為顧客提供了卓越的價值，相對持久地為企業提供了競爭優勢（相對於同種產品提供者），但是，如果其他對手可以通過替代性的資源組合，向顧客提供同種產品或者功能相似或相近的產品，那麼，該企業的競爭優勢雖然非常持久，但不可能是絕對的。比如，雖然吉列在傳統剃須刀市場上技術精良、產品優質，但飛利浦等其他企業可以在電動剃須刀市場上通過不同的技術實力與產品價值來滿足顧客的同樣需求。

如果一個企業的資源與能力不僅能夠為其提供持久競爭優勢，而且難以被替代，則該企業所參與的遊戲成了其行業中唯一的或主導的遊戲，該種遊戲也就只有一種規則，而該規則下取勝的資源與能力只為該企業一家擁有。因此，該企業的持久競爭優勢就成了絕對的持久競爭優勢，因為其他企業由於資源弱勢幾乎沒有機會和可能去競爭。比如，De Beers 對鑽石資源的控制。鑽石顯然屬於價值較高、相對稀缺、難以模仿、不可替代的資源，而對這種資源的控制，顯然為 De Beers 提供了近一個世紀的持久競爭優勢。

也就是說，在既定的競爭空間內，資源的分佈如此異質化，某些企業或組織獨占優質資源，因而處於不敗之地。

這裡需要說明的是，由於資源與能力的不可替代性與不可模仿性是巴尼分析框架乃至資源本位企業觀總體文獻中的主要研究重點，因而在過去的二十多年間累積了豐富的理論觀點、概念體系和各種解釋變量。有關影響企業資源與能力的不可模仿性與不可替代性的要素與變量，我們將在第四節專門進行更為詳細的討論與總結。

(五) 組織性問題

組織性問題要解決的是對企業資源的正確認識與合理使用的問題。我們經常聽到的一個說法是，管理者通常不知道怎樣去創建有價值的資源與能力，但他們在摧毀這

些資源與能力的時候一個比一個在行。如果企業的資源與能力有價值、稀缺、難以模仿、難以替代，那麼這種資源與能力只是提供了持久競爭優勢的潛在可能性。如果企業的管理者不能清醒地認識這些資源的價值，或者不能將它們用於最能創造價值的經營領域和環境機會，那麼持久競爭優勢的實際出現和真正發揮作用就會值得懷疑。雖然優質資源本身通常能夠自動發揮作用，但長期的冷落忽視，或者有意無意地摧殘，都會造成資源的閒置浪費或者流失外逃，使之不能充分發揮作用，甚至成為競爭對手借以發動攻擊的實力后盾。

總結而言，正如本章至此所一直強調的，資源與能力的企業特定性是持久競爭優勢的必要條件，也是企業能夠從競爭優勢中真正獲益的秘訣。

第四節　資源獨特性的進一步探討

一個企業之所以能夠獲得長期卓越經營績效，往往是由於它擁有某種持久的競爭優勢。而競爭優勢之所以能夠持久的一個最主要的原因，就是導致和保持該優勢的企經營戰略無法被對手輕易複製和模仿。而經營戰略無法被成功模仿的關鍵原因通常在於所需要的企業資源和能力無法被模仿和複製，或者極其高昂的複製成本使得競爭對手不得不望而卻步。因此，獨特的企業資源和能力是戰略制定和實施的基礎、持久競爭優勢的源泉和長期卓越經營績效的保證。這便是資源本位企業觀的主要論斷。

總體而言，資源的獨特性如果持久存在，那就意味著它不可被模仿或複製（以下統稱模仿），並且通常不可被替代。如果可以被模仿，那麼資源和能力的獨特性就會打折扣；如果可以被替代，那麼資源和能力的獨特性所具有的價值就會降低。不可模仿性可以導致擁有這種獨特資源和能力的企業在某些依賴這種資源和能力的遊戲中勝出；不可替代性可以導致該遊戲對上述獨特資源和能力的排他性依賴，並可能使該遊戲成為在某一個特定空間和時間組合中的唯一遊戲或占主導地位的遊戲。在該時空中，擁有該種獨特資源的企業將享有持久競爭優勢而不受任何大的威脅和挑戰。

下面我們詳細探討為什麼某些企業的獨特資源和能力可以經時歷久，或者說，為什麼資源在企業間的異質化分佈可以持久存在。是什麼造成資源和能力的這種不可模仿和不可替代的獨特性呢？原因有多種，包括自然的、技術的、經濟的、法律的、社會的、文化的，等等。詳見表5-8。

表5-8　　　　資源與能力不可模仿性與不可替代性影響因素一覽

不可模仿性：	不可交易性	因果模糊性	社會複雜性
	時間壓縮不經濟性	資產聚集效率	資源關聯性
	資源損蝕	路徑依賴	其他因素
不可替代性：	自然天成	社會習俗	轉換費用
	縱向兼容	先入為主	買斷挑戰
	維權訴訟	霸道名聲	政府管制

一、資源的不可模仿性

資源的不可模仿性，如前所述，常用「資源位置壁壘」和「隔離保護機制」等術語來形容。具體而言，這些資源壁壘（或者更準確地說，保護機制）主要包括不可交易性、因果模糊性和社會複雜性以及其他一系列資源獲取和使用過程的特點，如時間壓縮不經濟性、資產聚集效率、資源關聯性和資源損蝕等，還有其他一些比較直觀的因素，如路徑依賴等。參見表 5-11。當然，上述所有因素並非完全在同一個分析層次之上，可能互相重疊和補充，更可能共同作用。

（一）不可交易性

不可交易性，意味著某些資源和能力，由於其自身的特性或者市場不完善性等原因，不可能通過公開市場買賣而實現其在企業間的流動，這就使得某些企業希望擁有某些資源和能力的企圖變得不可能。無法複製優勢對手的獨特資源（想買也買不到），也就無法模仿其成功戰略。

另外，某些資源和能力本身不具備可交易性，必須在企業內部進行累積和培養，比如某些無形資產，不可能被「摳」出來單獨在市場上買賣。即使對手要把整個企業買下，也可能得不到它要買的無形資產和獨特能力。

（二）因果模糊性

因果模糊性，意味著導致競爭優勢的資源和能力不能夠被確定，或者獲取這種資源和能力的機制不能被清楚地瞭解。也就是說，在某些情況下，連擁有某種獨特資源的企業自身也不明白這種獨特資源是怎麼來的，或者自己也很難說清楚到底是什麼獨特資源在起作用（支撐著企業的持久競爭優勢），企圖模仿的對手企業就更「摸不著頭腦」，無從下手。這便是因果模糊性在起作用（Lippman 和 Rumelt，1982）。

（三）社會複雜性

社會複雜性，意味著企業的獨特資源，尤其是其獨特能力通常不是某種可以清楚界定的設備、組件、技術或其他個體資源，而是深深地鑲嵌於一個企業的組織體系與文化傳統之中的某種流程、意識和運作能力。這種所謂的鑲嵌性，使得該獨特資源和能力的流動性大大降低甚至為零，只能存在於本企業，沉澱於本企業，發生作用於本企業，於是具有所謂的「企業特定性」。

（四）時間壓縮不經濟性

時間壓縮不經濟性，指的是某些資源和能力的獲取和保持需要長時期的累積和系統的培育。短期內，即使花費若干倍的力氣和錢財去購買、打造，也不可能一蹴而就，迅速達到預期的效果和作用。一個最淺顯的道理是，用高壓鍋煮肉，再快再好，至少從心理感覺上，不如砂鍋細火慢燉的效果好，急功近利往往事倍功半。比如奢侈品的品牌，往往需要幾個世紀的培育和經營，「暴發戶」是不可能與之匹敵的。

（五）資產聚集效率

資產聚集效率，或曰資源的關鍵規模效應，意味著某些企業的獨特資源與能力具

有足夠的規模和儲備，形成了良好的資源應用環境，並且可以更加容易地增加和更新其儲備和規模，從先進走向卓越。比如，一個森林中起先比較高的樹木，由於出類拔萃，可以更多地接近陽光而越長越高。同樣，人才濟濟的企業，比如微軟和通用電氣，往往比對手更容易吸引新的人才，這就使得意欲模仿的企業處於劣勢。即使它們能夠在某種程度上獲得少量的上述資源，但通常勢單力薄、不成氣候，達不到關鍵的集聚度或臨界點，只能望洋興嘆。

(六) 資源關聯性

資源關聯性，指的是獨特資源與其他資源的關聯性或互補性。企業的資源和能力往往是一個相互關聯的體系，互相影響、共同作用。既互相激發，也互相制約。某種資源和能力如欲完全發揮效用，通常需要其他資源做基礎，同時加以配合或者補充，從而共同發揮作用，奠定優勢。

(七) 資源損蝕

資源損蝕，指的是資源和能力的折舊、損耗、侵蝕和失效。尤其是有些獨特資源和能力，需要連續不斷地花重金和大力氣維持，比如研發能力、品牌的知名度和美譽度。

(八) 路徑依賴

路徑依賴，淺顯地講就是運氣。由於歷史原因、企業的獨特經歷和特定發展軌跡，使得企業恰好擁有某種獨特的資源與能力。而后來的企業，或者沒有與該企業同時行走於同一發展軌道上的企業，便不可能獲取這種資源與能力，或者即使可以獲取，但成本如此之高，可能已經沒有任何經濟意義。比如，可口可樂在第二次世界大戰時被盟軍總指揮艾森豪威爾將軍指定為美軍在世界範圍內必供的飲料，這等於是美國國防部出資給可口可樂建立銷售渠道。這種機緣和運氣不是隨便哪個企業都能享有的。再如，中國移動由於其前身的壟斷地位，繼承了眾多的高端客戶，擁有著優質號碼資源以及經驗相對比較豐富的管理團隊和營運隊伍。

(九) 其他因素

當然，還有很多其他原因使模仿根本不可能發生，如無知、傲慢和懶惰等。某些企業，落後無知而又夜郎自大，根本就不知道最佳實踐方法在哪裡，最佳資源組合應該是什麼樣，擁有獨特資源的對手是哪一家，從而認為自己已經很不錯，不需要進一步學習和趕超，不知道學習的對象，因此根本不會想到什麼模仿。另外一些企業，雖然知道自己的不足，也知道優秀對手的資源長處，但失之傲慢，礙於面子、虛榮、清高、傳統和其他心理障礙，不願意主動、虛心或認真地學習和模仿。它們我行我素，避免正視對手和承認對手的成功，或者不把它們放在眼裡，因而也不會刻意去模仿。更有一些企業行為懶惰，「三天打魚、兩天曬網」，不能腳踏實地、持之以恒地去學習、模仿、創新和替代。如此，優勢企業的獨特資源當然就更可以長期持久地發揮其競爭優勢了。

綜上所述，諸多因素單獨或共同導致某些獨特資源的不可被買賣、模仿或複製，這使得擁有這些資源和能力的企業可以享有競爭優勢，甚至持久競爭優勢。

二、資源的不可替代性

在很多競爭情況下，其實存在著殊途同歸的可能。也就是說，在同一個遊戲中，不同的資源和能力組合可以造就不同的競爭優勢，因此，企業可以用不同的強項去玩同一個遊戲。如果某些強勢企業的資源和能力不能夠被模仿，新興企業很可能會尋找其他資源和能力組合來「替代」現有強勢企業的資源和能力，從而避開、繞過或者跨越現有強勢企業所擁有的「資源位置壁壘」，成功地進入其市場，挑戰其地位，或者獨闢蹊徑，開發全新的市場空間，使原有強勢企業變得邊緣化、不相關，甚至完全被淘汰。遊戲創新和藍海戰略等講的就是這個道理。

然而，擁有獨特資源和能力的強勢企業，為了保持其持久競爭優勢及其遊戲在市場上的排他性和重要性，也會千方百計地使其獨特資源和能力不僅難以模仿，而且難以替代或者不可替代。這樣，其善於進行的遊戲便成為該市場中唯一的遊戲或者主導的遊戲；在該遊戲中，它由於獨特的資源和能力而穩居領先地位。其資源的不可替代性往往來自如下因素或者它們的組合，可以簡稱為替代壁壘：自然天成、社會習俗、轉換費用、縱向兼容、先入為主、買斷挑戰、維權訴訟以及政府管制等。[①]

（一）自然天成

自然天成，意味著某些資源和能力是自然形成的，非常稀少或供給有限。而這些資源對於某種行業或市場屬於關鍵要素，不可或缺。這時的遊戲便主要由這種獨特稀缺的資源決定。比如土地之於房地產，在可開發的土地供給有限的情況下，自己擁有土地、曾經廉價拿下的地，便是不可替代的資源。其他競爭性遊戲中的資源和能力也可能是不可替代的。超級球星的得分能力、首席歌唱家的亮嗓、某種優質葡萄酒產地的獨特地理環境和氣候等，這些都是自然天成、難以複製的。

（二）社會習俗

社會習俗，往往使某些並非極其稀缺的資源和能力顯得自然排他、不可替代。比如，由於文化傳統和歷史的原因，法國波爾多地區的葡萄酒自然特色出眾，而被披上了一層神祕的面紗，給世人以超級品牌的好感。品酒師可以認為北加州和南澳大利亞的葡萄酒可能一樣出眾或者更好，但消費者仍然感覺不及波爾多，不夠尊貴。儘管很多人可能認為雷克薩斯的質量遠遠高於奔馳，但他們真正買車的時候還是寧願多花點錢買奔馳，這種由於社會習俗而累積的品牌資源，在一定時期內是很難被替代的，尤其是奢侈品品牌。

[①] 本節的討論主要來自以下作者的啟發：Porter（1980，1985）；Lieberman 和 Montgomery（1988）；Barney（1991）；Grant（1991）；Ghemawat（1999）。

(三) 轉換費用

轉換費用，指的是顧客從一種價值提供系統和模式向另一種替代性的系統和模式轉換時發生的費用。轉換費用如果過高，就會影響顧客對替代系統和模式的選擇。不同的價值提供系統及其具體的產品和服務，通常是由不同的資源和能力組合以及技術特色來支持的。當現有強勢企業因為採用某種獨特的資源和能力組合從而推出控制產業標準的產品和服務時，對手因無法有效率地模仿，如果想進入該市場競爭，唯一的辦法就是採用某種不同的資源和技術組合，通過提供替代性的價值提供系統和模式，從側面進攻強勢企業。顧客由於長期習慣性地應用現有強勢企業的系統和模式，從心理上、信息上和操作上存在多種原因，或曰轉換費用，從而阻止他們輕易地向替代系統轉換。這些費用不僅包括新系統本身的費用，還包括教育顧客的費用、對新系統進行學習和培訓的費用，以及配套和互補產品的費用。因此，高昂的轉換費用使得原有獨特資源和能力以及它們所支持的主導價值提供系統非常難以被替代，從而延遲其提供的競爭優勢的表現。

(四) 縱向相容

縱向兼容，指的是替代技術與現有技術的兼容性。從時間序列的角度來看，如果替代技術缺乏縱向兼容性，那麼它成功的可能性就非常小，在這種技術所支持的產品和系統的連續性至關重要時，成功的可能性就更小。

(五) 先入為主

先入為主，指的不僅是已經擁有獨特資源和能力的企業的先動優勢，而且還包括這些企業有意識地圈地、滲透，從而拓展其資源的廣泛適用性，搶先佔有各種可能的替代性資源，或者染指可以想像到的各種替代性資源的培育和獲取過程。也就是說，擁有主導遊戲中獨特優質資源的企業也會積極主動地涉足和掌控替代性的資源。

(六) 買斷挑戰

買斷挑戰，指的是擁有現在主導遊戲中獨特優質資源和能力的企業，由於自己靈敏的嗅覺和對未來產業趨勢的良好判斷，通過強大的資金實力，在替代性資源和能力聲名鵲起之前，就主動出擊，或威脅，或利誘，強行或善意地買斷這些替代性資源和能力，將其扼殺於搖籃之中，或束之高閣，從而剔除潛在的替代威脅。

(七) 維權訴訟

維權訴訟，指的是擁有獨特優質資源的企業通過司法訴訟等手段打擊替代品的勢力，遏制其發展空間，威脅其生存基礎，挑戰其存在的合法性。這種訴訟和維權措施，可以是依照真憑實據的據理力爭，也可以是無中生有的蓄意炒作。其目的在於保護自己的不可替代的地位，強調自己的合法性，注重自己的質量卓越。

(八) 政府管制

政府管制，也可以導致替代性的降低和消除。比如，為了保持某些行業（如軍工

行業等）的穩定性和連續性，或政府可能對某些現有強勢企業的技術和能力情有獨鐘，因而可以通過法令、配額和指定標準等方法對該企業獨家扶持，各種政策進行傾斜。這種政府行為使得該企業的某種技術或者其他獨特資源和能力在一定時期內成為唯一的標準，不受挑戰。

第五節　資源本位企業觀與產業分析理論的關係

一、資源本位企業觀與產業分析理論的關係

(一) 兩種企業觀的比較

　　資源本位企業觀與產業分析理論，分別從企業內部稟賦和外部環境兩個方面來看一個企業，強調了 SWOT 分析中的兩個重要部分，應該同時考察，可以互為補充。從外部產業定位的視角和內部資源能力的視角同時來看企業的戰略，把握企業經營的實質，才能更加全面系統、詳細透澈。參見圖 5-4 中佳能的例子。

產業分析理論

視企業為產品與市場活動的組合

- 照相機
- 攝像機
- 打字機
- 傳真機
- 掃描機
- 復印機
- 計算器

佳能
圖像的獲取、處理與展示

資源本位企業觀

視企業為資源與能力的組合

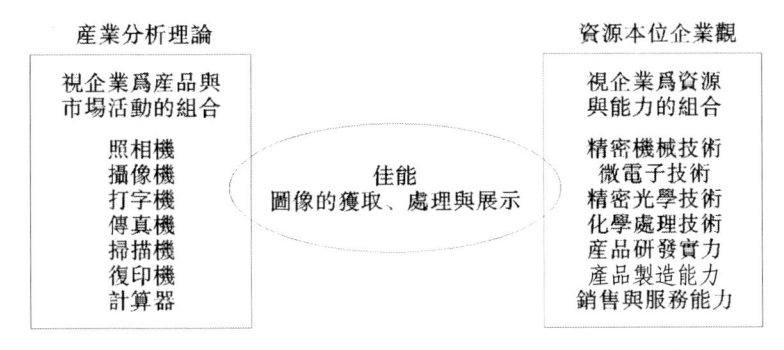

- 精密機械技術
- 微電子技術
- 精密光學技術
- 化學處理技術
- 產品研發實力
- 產品製造能力
- 銷售與服務能力

圖 5-4　產業分析理論與資源本位企業觀對企業的不同定義

資料來源：Prahalad 和 Hamel，1990；Grant，2002。

　　產業分析的視角將佳能看成是一系列的產品與市場組合，而資源本位企業觀則將佳能看成是一個技術與組織等方面資源和能力的結合體。在產品市場上，我們看到的是佳能產品的優質性能、可靠質量、強勢地位以及高額定價。在企業內部，我們看到的是資源優異、技術領先、組織有序、能力高強。而聯結兩種企業定義的核心是圖像的獲取、處理與展示。佳能的實質是利用其先進的圖像處理技術研製和銷售多種不同的圖像處理儀器。這是佳能績效優良的成功之源。任何只強調一種視角的做法都會是片面和不準確的。

(二) 兩種企業觀的理論關係

　　雖然資源本位企業觀與產業分析理論的焦點不同、概念不同，但它們之間還是存在很大的共性的。同時，值得欣慰的是，資源本位企業觀與產業分析理論的對話與融合已經蔚然成風，累積了一些值得注意的成果。

首先，兩種不同的企業觀，可能會應用不同的術語來描述同一個現象的兩個不同側面。產業分析理論中所謂的進入壁壘，很多是由主導企業所統占的優勢資源所集體形成的。比如，現有企業的差異化優勢對潛在進入者形成進入壁壘，對不同細分市場上的對手形成移動壁壘，但差異化優勢的背後支持往往是強勢企業難以模仿和替代的獨特資源。產業並不是一個虛幻的場所，而是一個不同企業的集合體。產業的許多特性，實際上是主導企業和有代表性企業的集體特徵。從這個意義上講，進入的壁壘通常就是「資源壁壘」。另外，從產業分析角度來講，所謂關鍵成功因素，其實在很大程度上也是由企業層面的指針構成的，不但代表了產業的總體特點，而且通常受制於企業的影響和操縱。比如，在日用消費品行業中經常被認為是關鍵成功因素的所謂品牌與管道以及管理它們的能力，顯然是屬於企業資源與能力的範疇。[1]

其次，兩種企業觀從理論基礎與分析方法上來看，也有驚人的相似之處。比如，兩者對市場不完善的共同關注。產業分析考察的是產品市場上的不完善性，因而可以通過市場強權和壟斷租金等概念來解釋某些企業的持久競爭優勢。資源分析考察的是資源要素市場上的不完善性，因而可以通過企業資源異質性的長期存在來解釋某些企業的持久競爭優勢。顯然，資源與能力的異質性很可能是導致產品差異性和市場強權的更為基礎的要素。當然，它們之間的關係可能比我們所知道的更為複雜。但是，有一點可以肯定，兩種企業觀所依賴的其實都是市場層面的經濟學分析。雖然資源本位企業觀表面上關注的是企業「內部的」資源與能力，而對這種所謂企業層面要素特性的考察，仍然要訴諸外部市場的不完善性。因此，無論是資源還是產品，競爭的不完善性才是競爭優勢和企業戰略長期存在的前提和誘因（Zajac，1992；Barney 和 Zajac，1994）。

二、資源分析與產業分析的互補

（一）產業的吸引力取決於企業的資源與能力

根據產業分析學派的論斷，一個企業營利高低，主要取決於它所在產業的所謂吸引力。由此而來，戰略的核心任務被認為是企業在外部競爭空間的定位，選擇最具有吸引力的行業，爭取在該行業建立強勢位置，享有持久競爭優勢。問題是：什麼是有吸引力的行業呢？是不是一個行業對所有的企業都具有相同的吸引力呢？是不是某個行業的平均利潤率高或者增長率高就一定具有吸引力呢？對這些問題的回答，僅靠產業分析一種理論視角的幫助顯然是不夠的。不同類型的產業，對於不同能力的企業來說，吸引力是不一樣的（Wernerfelt 和 Montgomery，1986）。

（二）資源與能力的競爭力取決於產業的選擇

正如一個產業並非對所有的企業都具有吸引力，某種特定的資源與能力也並非在所有產業環境下都有價值和獨特性。一種資源在真正能夠幫助企業利用環境機會並在競爭中勝出的情況下才算最大限度上實現了自己的價值。比如，一個企業的戰略計劃

---

[1] 詳見 Rumelt（1984），Mahony 和 Pandian（1992），Amit 和 Sehoemaker（1993）的討論。

體系和預測未來產業發展方向的能力，在不同的產業環境中，對企業競爭優勢的影響是不一樣的。

戰略管理是一門情境藝術，講究的是企業自身資源和能力與外部環境機會和要求的動態匹配與契合。沒有對所有企業都具有吸引力的產業，也沒有任何企業的資源與能力使之在所有產業中都能夠生存並取勝。根據自己的實力去發掘機會，根據環境的約束來提高自己，方可保持戰略的生命力和企業的競爭優勢。

(三) 資源分析與產業分析的共同應用

顯然，企業的資源分析與產業分析的共同應用，可以使其戰略分析更加全面。比如，巴尼的資源分析框架可以與波特的價值鏈分析方法同時應用。波特的價值鏈分析雖然是為企業內部分析所設計，但其精神實質與產業分析極為一致。比如，價值鏈中的一系列活動，就是關於企業如何與供給商和購買商接軌的問題。因此，通過它們在價值鏈上不同環節上的表現與作為，可以使企業更加清楚明晰地考察各類資源與能力組合的特色與作用。參見圖5-5中戴爾的例子。

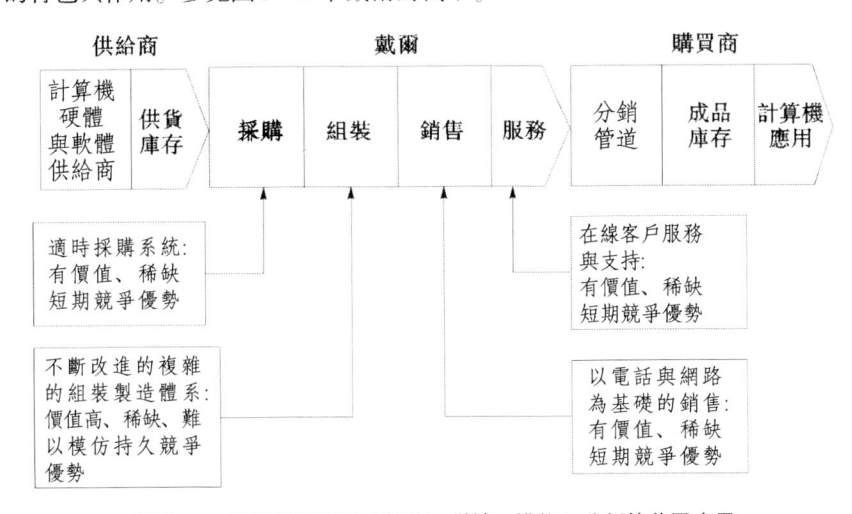

圖5-5　價值鏈分析與「價值—稀缺—模仿」分析的共同應用

資料來源：Barney, J. B. and Hesterly, W. 2005. Chapter 3.

在談到戴爾的核心競爭力的時候，經常列舉的是它的低成本直銷模式、為顧客迅速靈活地量身定制PC機的能力，以及可靠的網上以及免費電話服務支持系統。戴爾的這些能力，必須應用在顧客需要這種靈活性的產業中才可能創造較高的價值。PC機產品本身的日益商品化，意味著技術逐漸成熟穩定，產品更新換代減慢，利潤空間降低。這時，戴爾的量身定制能力發揮作用的機會變得越來越小，它必須尋找新的市場去充分利用自己的能力，否則自己多年的增長速度和優良業績就會遭受挑戰。我們看到，當戴爾向打字機和平板電視等市場拓展的時候，它遺憾地發現這些產品標準化程度相對極高，而顧客對量身定制的特殊要求卻非常之低。因此，能夠繼續大規模使用其現有核心能力的產業環境的萎縮與缺乏，是對其競爭優勢可持久性的最大威脅。

三、資源本位企業觀的局限性

資源本位企業觀及其具體的理論觀點與分析框架，為企業的內部分析做出了巨大的貢獻，使得我們對企業資源與能力的瞭解更加廣泛深入，對 SWOT 分析中的強勢與弱點分析更加全面、詳細、嚴謹、具體。同時，資源本位企業觀的及時出現，扭轉了產業分析一枝獨秀的局面，使企業的總體戰略分析迴歸平衡與合理，也為企業內部分析的進一步整合提供了有利的契機。然而，與產業分析一樣，資源本位企業觀也存在一些缺陷與不足，我們有必要對此略作說明。

（一）對資源本位企業觀的主要批評

對資源本位企業觀的局限性的批評與建議來自多個方面，有的出自其主要貢獻者的自身，有的則屬於持反對意見者的激烈論斷（Spender, 1996；Priem 和 Butler, 2001；Barney, 2001）。第一，如前所述，資源本位企業觀並不完全是一個企業層面的理論。它的主要理論依據仍然在於市場層面的不完善性，即資源供給市場上的競爭不完善性。第二，與市場分析相連，資源本位企業觀的基本論斷與產業分析中的「五力」框架一樣，仍然具有濃重的環境決定論的色彩，而且更加突出了運氣等隨機因素的作用，淡化了管理者選擇的可能性。第三，與環境決定論相關，在某種程度上，資源本位企業觀，至少是初期的文獻，對殊途同歸的可能性有所忽視。如果兩個企業的資源大不相同，但又都符合資源本位企業觀所描述的有價值、稀缺、不可模仿的特點，那麼誰能更有競爭優勢呢？第四，資源本位企業觀的理論只是解釋了資源與持久競爭優勢的基本關係，並未具體指出企業的戰略管理者如何去獲得或培育這些資源。第五，其基本分析框架「價值—稀缺—模仿—替代—組織」以及主要論斷，未免有循環論證之嫌，因為它對資源與能力的價值定義本身，就是以其對企業競爭優勢與經營績效的貢獻為標準，因而根據定義便可自圓其說，難以在實證研究中被證偽。

（二）如何看待理論的局限性

在很大程度上，對上述局限性的批評是可以成立的。前兩項批評的出發點來自於企業管理學者自身相對重視企業層面變量與要素的理論傾向和實際偏好。第三點是關於殊途同歸（抑或獨家遊戲）可能性的質疑。應該說，近期資源本位企業觀的文獻對資源與能力可能具有不同程度的可替代性的闡釋，在某種程度上緩解和回應了這種批評。最后兩種批評，也許適用於所有管理學的理論，乃至整個社會科學的理論。比如，波特對產業「吸引力」的定義，就是其較高的利潤率；而在有吸引力的產業選擇有吸引力的企業定位，根據定義，自然會導致較高的利潤率。再如，我們通常說的「有營養」，就是對身體有益。吃有營養的東西（適量），根據定義，自然會對身體好。保持健康的最好手段就是不生病；不生病的最好辦法就是保持健康。

這種批評甚至可以說是恰恰道出了管理學乃至社會科學理論的真諦。許多理論皆是循環論證，因為社會科學研究的現象發生在一個複雜的網路空間，其間不同的實體與要素互動交融，很難說清起點終點、因果關係。理論視角或分析框架，比如資源本位企業觀，只是給出了一些道理和解釋，而沒有給出具體的答案，並不能夠告訴你具

體怎麼去做。深刻的道理往往難以被準確清楚地轉化為具體的行為準則，從而直接指導行動與實踐；而直接可行、簡單有效的偏方與秘訣往往注定庸俗，缺乏普適性與思想深度。也許所有管理學的所謂理論與學說，其作用主要在於強調基礎、啟發思路，而不是像大家通常預期的那樣直接去指導實踐。

本章小結

　　本章主要介紹戰略分析中對企業資源與能力的考察和把握，旨在增強對企業強項與戰略制定的基礎與實施的保障。對資源與能力的分析，使我們的視角轉向企業內部，關注企業層面的變量與要素。

　　我們首先陳述了資源與能力的基本定義與關係，以及它們在不同程度上的企業特定性，然後分類介紹了企業的資源體系與能力組合。我們需要重點強調的是資源本位企業觀的基本視角和理論成就。資源本位企業觀視企業為獨特的資源與能力組合，並將企業持久競爭優勢的源泉歸結於企業的獨特資源與能力。我們回顧了資源本位企業觀的理論淵源與不同學派的理論貢獻，包括企業政策研究傳統與顯著競爭力學說、彭羅思的企業增長理論、壟斷競爭經濟學理論、芝加哥學派的產業組織經濟學理論以及熊彼特創新和演化經濟學的理論。

　　我們重點介紹了巴尼等學者所倡導的一個關於資源與能力的基本分析框架，將資源與能力分析的焦點放在稀缺、價值、模仿、替代與組織等維度與屬性，並闡釋它們與競爭優勢的關係模式，以及企業可以從獨特資源與能力所帶來的競爭優勢中獲益的可能性。最後，我們進一步全面系統地探討了造成企業資源與能力難以被模仿和替代（因而獨特並有價值）的主要因素，將資源分析與產業分析進行了比較，並對資源本位企業觀的缺陷與不足做出了評述。

案例

戴爾的競爭優勢

　　戴爾電腦公司在很長時間裡保持了極高的營利能力。1998—2003年間，戴爾公司的平均投資資本回報率（ROIC）達到驚人的39%，這一數字遠遠領先於競爭對手。與此相對比，蘋果公司同期的ROIC為7%，Gateway公司為10%，惠普公司為13%。即使在2001—2003年間個人電腦銷售的低谷時期，戴爾公司仍然保持了很高的ROIC，而同期它的競爭對手們卻在喪失營利能力。如何解釋戴爾公司的競爭優勢？

　　答案就在戴爾公司的商業模式之中：將產品直接銷售給顧客。邁克爾·戴爾指出，由於取消了批發和零售環節，他可以保留原來必須分給這些環節的利潤並且將一部分利潤以低價的形式返還給顧客。一開始，戴爾通過郵件和電話進行銷售，但自從20世紀90年代中期以來，絕大部分的銷售都是通過網站實現的。到2001年，85%的銷售是通過互聯網完成的。戴爾精心構造的網站允許顧客自行選擇與他們所需要的性能相匹配的產品配置：芯片、存儲、顯示器、內置硬盤驅動器、CD和DVD光驅、鍵盤和鼠

標等，因此每一位顧客都能獲得滿足自己獨特需要的產品和服務。正是這種定制採購的能力吸引顧客們不斷為戴爾公司帶來生意。高度的顧客忠誠幫助這家公司在2004年實現415億美元的銷售額。

戴爾卓越績效的另一項主要原因是通過供應鏈管理使成本結構最小化，特別是削減存貨成本，與此同時還能保持交貨速度——三天即生產出符合顧客獨特要求的電腦。戴爾共有約200家供應商，其中一半以上不在美國，戴爾利用互聯網向供應商提供訂單的即時信息，從而后者可以掌握以分鐘計算的對其所生產的部件的需求動向，以及未來4~12周的預計訂單量。戴爾的供應商運用這些信息調整自己的生產計劃，生產出剛好滿足戴爾需要數量的部件，再用最合理的方式運輸以保證剛好趕上生產時間。這種緊密的合作還能夠沿著供應鏈回溯，因為戴爾還將這些信息發布給供應商的最大供應商們。例如，Seletron公司為戴爾生產主板，主板上所裝配的芯片來自德州儀器公司。為了協調供應鏈，戴爾的訂貨信息既發給Seletron公司也發給德州儀器公司。德州儀器公司可以據此調整生產以滿足Seletron公司的需要，而這也有助於Seletron公司調整自己的生產以滿足戴爾的訂單。所有這些協作都減少了整個供應鏈上的成本。

戴爾的最終目標是將所有庫存擠出供應鏈，只留下從供應商到戴爾的在途運輸的部分，從而徹底用信息取代庫存。儘管這一目標還未實現，但戴爾的庫存已經做到了全行業最低。戴爾的庫存只有3天，而其競爭對手如惠普和Gateway則高達20~30天。在計算機行業中，這是一項極為重要的競爭優勢，因為庫存部件的成本占收入的75%，而且由於產品更新速度極快，這些庫存還會以每週1%的速度貶值。

總之，戴爾公司的競爭優勢的基礎是直銷的商業模式，它取消了批發和零售環節，令公司得以降低產品的價格。再加上高度的顧客忠誠和有效的內部管運，特別是卓越的供應鏈管理為公司創造了產業中最低的成本結構。當2001年個人電腦需求下降時，戴爾公司能夠利用成本領先的優勢進行價格競爭、擴大市場份額的同時，也通過規模效應和其他提高效率的舉措保持營利能力。2004年，戴爾公司在全球個人電腦市場上的份額由前一年的14.6%提高到16.5%，排名第二的惠普公司的市場份額為14%。

[案例思考題]

在某一特定的產業或市場中，為什麼有些企業的績效高於另一些企業？它們的（持續）競爭優勢的基礎是什麼？

思考題

1. 簡述企業資源和戰略能力研究的基本思路。
2. 敘述價值鏈是如何構成的。
3. 闡述資源與能力分析的基本分析框架。
4. 敘述企業核心競爭能力的定義和特徵。
5. 簡述資源本位企業觀與產業分析理論的關係。

第六章 公司戰略

第一節 公司戰略的任務與公司戰略類型

一、公司總部與業務單元

(一) 公司戰略與競爭戰略

一個公司的戰略目標和內容可以根據對一個簡單問題的回答來描述：公司怎樣才能掙錢？這個問題可以進一步細分為兩個問題：我們該在哪個行業或哪些行業從事經營？在每一行業內，我們怎樣參與競爭？對前一個問題的回答描述了公司戰略（Corporate Strategy）的基本主題，對第二個問題的回答則描述了經營戰略或競爭戰略（Competition Strategy）的基本主題，具體如圖6-1所示。

公司戰略規定了公司競爭活動的範圍，即公司打算進入哪個行業或市場，經營何種業務。公司戰略決策包括在多元化、垂直整合、知識和新業務等方面的投資，資源在公司不同業務部門之間的配置和資產剝離等內容。

經營戰略則是有關公司如何在一個行業內或市場中進行競爭的決策。一個公司要想在本行業內興旺發達就必須建立自己相對於其他競爭者的競爭優勢，所以經營戰略也可以稱為競爭戰略。但對於從事單一業務的公司，公司戰略和經營戰略之間並無區別。

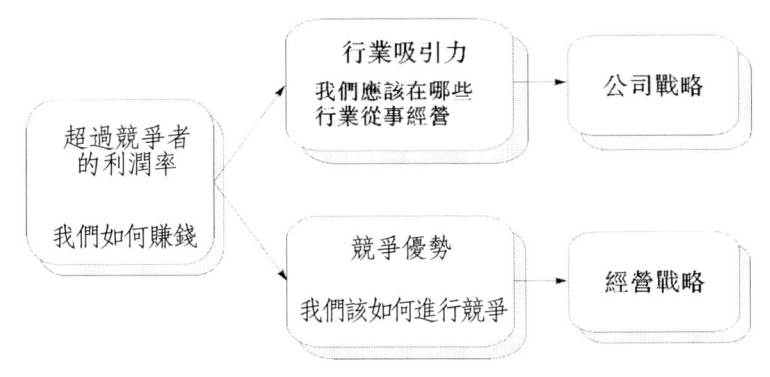

圖6-1 公司戰略與經營戰略：超凡盈利能力的源泉

資料來源：根據 Robert M. Grant（2001）相關內容整理。

(二) 業務單元與戰略業務單元

如何在不同業務中進行經營（無論這些業務之間是否有替代關係），是公司戰略的任務。

從組織的角度來看，所謂一項業務，通常是指能夠相對獨立地為顧客提供某種價值的最小經營單元。一項業務通常可以從三個方面來界定：顧客群、顧客需求以及滿足手段。通過對這三個問題的回答，我們解釋了一個業務的實質內涵：誰是我們的顧客？他們需要什麼？我們該如何滿足他們的需要？

例如，一個小公司專為電視演播室設計白熾照明系統。它的顧客群就是電視演播室；顧客需要就是照明；滿足顧客需求的手段就是白熾照明。這個公司的業務範圍如圖6-2上面的一個立體方塊，公司的每項業務就是在這三個方面的交點上。如果公司要擴大到其他象限，我們就說它擴大了業務範圍。

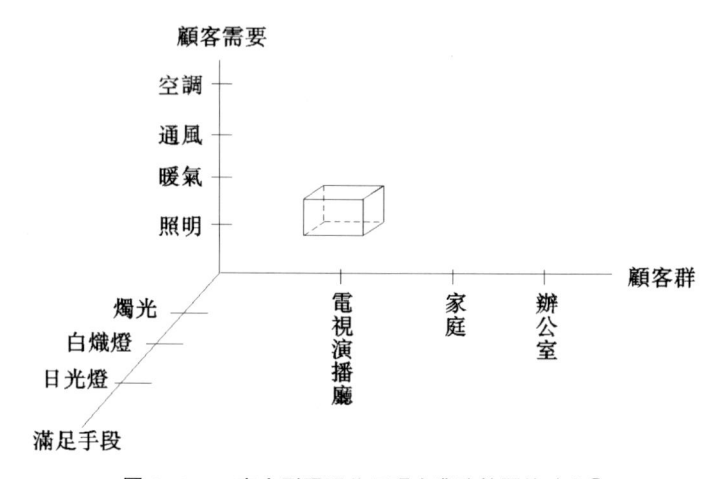

圖6-2 一家小型照明公司現有業務範圍的確定[1]

最早提出「戰略業務單元（Strategic Business Unit，SBU）」這個概念的是20世紀20年代美國GM公司的總裁阿爾弗雷德·P. 斯隆（Alfred P. Sloan）。

戰略業務單元是公司中的一個單位，或者職能單元，它是以企業所服務的獨立的產品、行業或市場為基礎，由企業若干事業部或事業部的某些部分組成的戰略組織。戰略業務單元必須在公司總體目標和戰略的約束下，執行自己的戰略管理過程。在這個執行過程中其經營能力不是持續穩定的，而是不斷變化的，可能會得到加強，也可能會被削弱，這取決於公司的資源分配狀況。

一個戰略業務單元，在最低限度上，應該是一個相對獨立的業務構成，當然也可能由定義更加寬泛和複雜的業務構成。從組織管理的角度來看，戰略業務單元通常是一個企業中需要總體管理的最低一級組織單元。可以說，我們前面談到的最小獨立單

---

[1] 菲利普·科特勒. 行銷管理：分析、計劃、執行和控制 [M]. 梅汝和, 梅清豪, 張桁, 譯. 8版. 上海：上海人民出版社, 1997：102.

元應該算是一個比較有意義的戰略業務單元劃分標準。

二、公司戰略的主要任務

公司戰略的主要任務是確立公司的經營領域和業務範圍，對企業資源在不同業務中進行配置和應用，管理不同業務之間的關係以及總部與戰略業務單元的關係，管理公司的不同業務與外部其他實體之間的關係。

(一) 經營領域選擇與業務範圍界定

企業的經營領域選擇與業務範圍的界定，主要回答的是企業的規模與範圍的問題，同時也兼顧了公司管理邏輯的問題。正如儒梅爾特（Rumelt）所指出的三個問題，既是公司戰略的基本問題，也是核心問題。

(二) 資源配置和應用

給定企業的經營領域與業務範圍，如何在不同的業務中配置和使用資源，如何使不同的業務在自身的發展中為公司總體的資源與能力組合做出自己的貢獻，是公司戰略的又一項重要任務。

妥善地應對這個問題，是公司戰略之所以能夠使公司總體大於其各個部分總和的重要秘訣。所謂核心競爭力的培育與應用，就是這樣一種資源配置所追求的境界和目標。不同的業務之間也可能存在上下遊關係或者互補關係，如何使這些不同業務間的資源與能力組合實現最佳接軌和匹配，也是公司戰略需要考慮的重要問題之一。

(三) 公司內部管理

自從 M 型組織（即多業務部門或稱多事業部門的組織結構）出現以後，公司總部與戰略業務單元（業務部門）兩個層次的一般管理分工逐漸明確。戰略業務單元具有業務經營的自主權，公司總部不參與具體業務的日常經營，而在於通過上述的經營範圍界定與資源配置來把握公司的總體經營方向、管理公司的資產組合。

公司總部另外一個具體的任務就是要為公司所屬的不同業務進行管理與服務。這種管理與服務，廣義而言，包括對業務戰略制定的指導與幫助、戰略業務單元管理團隊的任命與調配、對戰略業務單元經營績效的評估與考核、對公司總部與業務單元之間關係的設計與管理、對不同業務單元之間的協調以及必要的整合等。

這些管理與服務活動有助於公司總部保證其戰略業務單元的經營活動與公司總體經營目標與利益保持一致。公司總部為不同的業務所提供的服務主要在於法律、融資、管理政策、人力資源以及其他控制體系方面。

(四) 公司外部關係管理

管理公司與其他企業和實體的關係，也是公司總部的一項重要任務。在現代競爭環境中，企業間的關係錯綜複雜。企業之間的關係模式可以非常疏遠膚淺，比如偶爾的零星交易或者不定期的合作舉措；也可以比較固定與長期，比如戰略聯盟與合作網路；還可以非常緊密正規，比如合資企業，甚至兼併與收購。

這些不同的關係模式以及它們在不同企業與實體上的應用，是公司戰略需要探究

的內容。另外，如何把握公司在多個產品或地域市場上與同一個（組）對手的總體關係，即多點市場競爭戰略，也是公司總體戰略必須考慮的重要問題。

歸納而言，公司總部的主要任務如表6-1所示。

表6-1　　　　　　　　　公司戰略：公司總部的主要任務

公司總部的主要任務	具體表現
經營領域選擇與業務範圍確定	數量性：公司業務數目的多少與參與程度（企業規模） 多樣性：公司業務種類的多少與多元化程度（企業範圍） 相關性：公司業務之間的關係模式（管理邏輯）
資源配置和應用	資源在不同業務中的配置與應用 核心競爭力的培育與應用 業務之間資源的互補與支持
公司內部管理	對業務戰略制定的指導與幫助 戰略業務單元管理團隊的任命與調配 對戰略業務單元經營績效的評估與考核 對公司總部與業務單元之間關係的設計與管理 對不同業務單元之間的協調以及必要的整合等
公司外部關係管理	競爭與合作關係 戰略聯盟與合作網路 合資企業 併購與兼併 市場競爭

資料來源：根據Chandler（1962），Ansoff（1965），Hofer和Schendel（1978），Rumelt（1974，2001），Bettis和Prahalad（1986），Grant（1988，2005），Parhalad和Hamel（1990）等文獻資料總結而成。

三、公司戰略類型

戰略環境分析使企業認識自己所面臨的機遇和威脅，瞭解自身的實力與不足以及能為何種顧客進行服務。公司的戰略任務還有戰略選擇，戰略選擇的實質是企業選擇恰當的戰略，從而揚長避短，趨利避害和滿足顧客需求。表6-1列舉了企業可選擇的各種戰略類型。

表6-1　　　　　　　　　企業可選擇的各種戰略類型

分　類	戰　略	定　義
基本戰略 （generic strategy）	成本領先 （overall cost leadership）	企業強調以低單位成本價格為用戶提供標準化產品，其目標是要成為其產業中的低成本生產廠商。
	特色優勢 （differentiation）	企業力求就顧客廣泛重視的一些方面在產業內獨樹一幟。它選擇被產業內許多客戶視為重要的一種或多種特質，並為其選擇一種獨特的地位以滿足顧客的需求。
	目標聚集 （cost-differentiation-Focus）	企業選擇產業內一種或一組細分市場，並量體裁衣使其戰略為該市場服務而不是為其他細分市場服務。

表6-1(續)

分　類	戰　略	定　義
成長戰略 I (development strategy)：即核心能力企業內擴張	一體化戰略　前向一體化 (forward Integration)	企業獲得分銷商或零售商的所有權或加強對他們的控制
	一體化戰略　后向一體化 (backward Integration)	企業獲得供應商的所有權或加強對他們的控制
	一體化戰略　橫向一體化 (horizontal Integration)	企業獲得與自身生產同類產品的競爭對手的所有權或加強對他們的控制
	多元化戰略　同心多元化 (concentric diversification)	企業增加新的，但與原有業務相關的產品或服務
	多元化戰略　橫向多元化 (horizontal diversification)	企業向現有顧客提供新的，與原有業務不相關的產品或服務
	多元化戰略　混合多元化 (conglomerate diversification)	企業增加新的，與原有業務不相關的產品或服務
	加強型戰略　市場滲透 (market penetration)	企業通過加強市場行銷，提高現有產品或服務在現有市場上的市場份額
	加強型戰略　市場開發 (market development)	企業將現有產品或服務打入新的區域市場
	加強型戰略　產品開發 (product development)	企業通過改進或改變產品或服務而提高銷售
成長戰略 II：即核心能力企業外擴張	戰略聯盟 (strategic alliance)	企業與其他企業在研究開發、生產運作、市場銷售等價值活動中進行合作，相互利用對方資源
	虛擬運作 (virtual operation)	企業通過合同、參少數股權、優先權、信貸幫助、技術支持等方式同其他企業建立較為穩定的關係，從而將企業價值活動集中於自己的優勢方面，將其非專長方面外包出去
	出售核心產品 (core products saling)	企業將價值活動集中於自己少數優勢方面，產出產品或服務，並將產品或服務通過市場交易出售給其他生產者做進一步的生產加工
防禦戰略 (defensive strategy)	收縮戰略 (retrenchment)	通過減少成本和資產對企業進行重組，加強企業所具有的基本的和獨特的競爭能力
	剝離戰略 (divestiture)	企業出售分部、分公司或任一部分，以使企業擺脫那些不營利、需要太多資金或與公司其他活動不相適宜的業務
	清算戰略 (liquidation)	企業為實現其有形資產的價值而將公司資產全部或分塊出售

1. 企業基本戰略

企業基本戰略揭示企業如何為顧客創造價值。波特認為「競爭優勢歸根究柢產生於企業為顧客所能創造的價值：或者在提供同等效益時採取相對低的價格，或者以其不同尋常的效益用於補償溢價而有餘。」一種基本戰略可以有多種實現形式，比如，多元化和一體化戰略都可以是成本領先或特色優勢戰略。同樣，一種戰略形式可以為多種基本戰略服務，比如，多元化戰略既可以實現成本領先戰略，又可以實現特色優勢的戰略。

2. 企業核心能力與成長戰略

美國學者哈梅爾（G. Hamel）和普拉哈拉得（C. K. Prahalad）認為，「核心能力是組織內的集體知識和集體學習，尤其是協調不同生產技術和整合多種多樣技術流的能力」。一項能力是否成為企業的核心能力必須通過三項檢驗，即：①用戶價值。核心能力必須能夠使企業創造顧客可以識別的和看重的價值並且是顧客價值創造中處於關鍵地位的價值。②獨特性。與競爭對手相比，核心能力必須是企業所獨具的，即使不是獨具的，也必須比任何競爭對手勝出一籌。③延展性。核心能力是企業向新市場延展的基礎，企業可以通過核心能力的延展而創造出豐富多彩的產品。

企業成長的基礎是核心能力。一種方式是核心能力通過一體化、多角化和加強型戰略等戰略形式在企業內擴張，另一種方式是核心能力通過出售核心產品、非核心能力的虛擬運作和戰略聯盟等戰略形式在企業間擴張。

3. 防禦性戰略

在企業成長的道路上，經常需要採取一些防禦性戰略。以退為進，以迂為直，從而使企業更加健康地成長。常採用的防禦性戰略有收縮、剝離和清算等方式。

第二節　經營領域與業務範圍

一、公司經營領域的選擇和更新

如果一個公司只有一種業務，其公司經營戰略與業務競爭戰略其實都是互相重疊、合二為一的。隨著多種類型的業務出現，公司戰略才顯得必要並且與具體的競爭戰略產生本質上的差異。

公司業務類型的多樣性主要來自於兩個方面：一個是縱向一體化，另一個是橫向多元化。縱向一體化是在同一個價值鏈的不同階段上經營，某生產企業分別向其原材料供應領域或產品銷售領域進行擴張，例如成衣廠兼併服裝廠、成衣廠兼併紡織廠，汽車製造企業開設銷售分公司和維修部，整車廠兼併零部件廠等等。橫向多元化指的是跨越不同業務種類的經營。

廣義而言，我們可以把縱向一體化看成是企業多元化經營的一個特例，但真正意義上的多元化通常指的是橫向多元化。我們可以參見圖 6-3 中的例子。

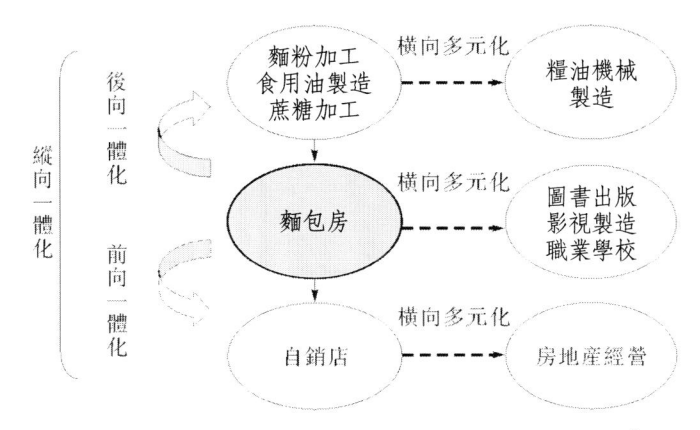

圖6-3 縱向一體化與橫向多元化：一個麵包房的公司戰略前景①

當然，上述的縱向一體化和橫向多元化的方向只是潛在的可能，並不一定都符合邏輯，一個麵包房究竟有多大的縱向多樣性和多高的橫向多元化程度，到底向哪方面發展去增加其多樣性，最終取決於環境的機會、競爭的壓力、資源與能力的儲備，以及管理者自身偏好等多種因素的共同作用。

二、公司業務組合形態的分類體系

（一）利格列

利格列（Wrigley，1967）對《財富》雜誌500家企業進行了實證研究，他特別提出專業化比例（Specialization Ratio，SR）一詞，即企業中最大產品業務的年銷售額占企業年銷售總額的比重。根據專業化比例（SR）的情況，利格列將企業分為四類，如表6-2所示。

表6-2　　　　　利格列關於企業業務組合形態的分類

多元化類型	專業化比例（SR）	企業增長特點
單一產品型 Single Product	$0.95 \leq SR \leq 1$	企業只是通過擴大原有產品的規模來實現增長。
主導產品型 Dominant Product	$0.70 \leq SR \leq 0.95$	企業實行很小程度的多種業務組合，但仍然依賴且專注於其主導產業。
相關產品型 Related Product	$SR < 0.70$	企業增加的新的業務活動與組織原有的技術和能力有明顯的關係。
不相關產品型 Unrelated Product		企業在實施多業務經營時（通常是通過收購），除了財務上以外，與企業原有的技術和能力不相關。

資料來源：Richard P. Rumelt. Strategy, Structure, and Economic Performance. Boston. Harward University, 1974: 29-32.

---

① 馬浩. 戰略管理學精要 [M]. 北京：北京大學出版社，2008：135.

(二) 儒梅爾特

儒梅爾特（Rumelt，1974）認為利格列的分類存在明顯的不足，企業的各項業務之間難以區分，儒梅爾特在利格列的基礎上，提出三個具體比率指標作為企業業務分類的標準：

專業化比率（Specialization Ratio，SR），指的是公司最大一個業務項目的收入占公司總收入的比率，體現公司經營專業化的程度。

相關性比率（Related Ratio，RR），指的是公司最大的一組相關業務項目的銷售收入總和占公司總收入的比率，體現公司業務之間的相關性程度。這裡相關指的是業務間在經營活動中有相互聯繫，比如共享資源與能力、共同研發、共用行銷渠道等。

縱向一體化率（Vertical Ratio，VR），又稱為垂直一體化比率，指企業銷售總收入中，製造的一體化過程中所有的副產品、中間產品和最終產品的銷售收入所占的比重，體現公司縱向一體化業務的比重。

儒梅爾特根據上述三個比率將企業業務進一步細分為四類八種業務組合形態的，如表6-3所示。

而對於相關多元化的企業，儒梅爾特認為根據業務間相互關係的不同模式，還可以被進一步分為相關同心多元化和相關關聯多元化，參見圖6-4。

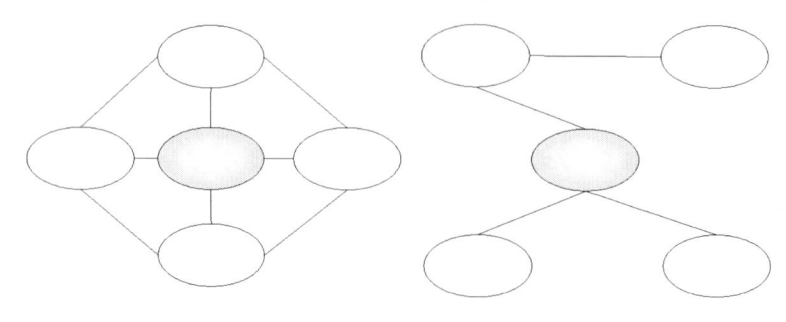

同心多元化　　　　　關聯多元化

圖6-4　相關多元化的不同模式：同心與關聯

資料來源：根據 Rumelt（1974），Montgomery（1982）相關研究內容整理。

同心多元化意味著公司所有的或者多數業務都與某種核心的經營活動或者資源和能力相關。比如，本田公司幾乎所有的業務都與小型引擎的設計、製造與應用有關。關聯多元化意味著相關業務中，每個業務與公司的至少另外一個業務相關，並不一定都與某種核心的活動或者能力相關。

顯然，同心多元化企業中業務之間的相關性程度要比關聯多元化企業中業務的相關性程度高，而且業務之間的關係更加緊密。

表 6-3　　　　　　　　　　公司戰略：業務組合形態分類

類型			特徵
單一型 SR≥0.95			單一業務
主導型 0.70≤SR<0.95	VR<0.70	主導同心型	除具有主導型的一般特徵外，企業內各個業務活動項目都與其他活動或主導活動相關聯，聯繫呈網狀；企業將其多種業務建立在與企業原有主導業務活動相關的能力、技能和資源上。
	VR<0.70	主導關聯型	除具有主導型的一般特徵外，企業內各個業務活動與主導業務活動沒有直接關係，但是各個業務活動之間多少有一點關聯，聯繫呈線狀；企業將其多種業務建立在與不同的能力、技能和資源上，或者建立在由收購而獲得的能力、技能和資源上。
	VR≥0.70	縱向一體化型	企業銷售的各種最終產品中，沒有一個銷售額超過總銷售額的95%。
	VR<0.70	不相關主導業務型	企業主要表現為多樣化活動與主導業務不相關。
相關型 SR<0.70 且 RR≥0.70	VR<0.70	相關同心型	除具有關聯型的一般特徵外，各項目均相關聯，聯繫呈網狀；企業的多種業務經營主要是將新的業務與某一特定的能力、技能或資源相聯繫，因此每種業務活動幾乎均與所有的其他活動相關聯。
	VR<0.70	相關關聯型	除具有關聯型的一般特徵外，各項目只與組內某個或某幾個項目相聯繫，聯繫呈線狀；企業的多種業務經營是將新的業務與企業已有的能力、技能或資源相聯繫，但並不總是相同的能力、技能或資源。
無關型 SR<0.70 RR<0.70			各個項目沒有聯繫。

資料來源：李敬. 多元化戰略 [M]. 上海：復旦大學出版社，2002：14-16.

第三節　縱向一體化

一、縱向一體化的實質

縱向一體化問題之所以是公司戰略的研究起點，這是因為縱向一體化牽涉到有關企業範圍決策的許多問題的核心內容，尤其是交易費用在限定企業邊界中的作用和企業間關係的類型問題。

二、縱向一體化的動機

(一) 交易費用節約動機

在關於企業的存在原因與邊界確定的學說中,交易費用經濟學是一個比較典型的分析視角與理論體系。所謂交易費用,指的是交易過程中的搜尋、談判、簽約以及保證合同執行等各個環節所必須支出的消耗與費用。在企業決定其縱向一體化和邊界的時候,交易費用高低是一個主要的決定因素。

根據交易費用理論的解釋,究竟是通過組織結構與程序在企業內部管理交易活動,還是通過外部市場買賣來進行交易,主要取決於使用兩種交易方式的費用的比較。通過組織結構與程序來進行一項業務活動的費用,如果小於通過市場交易來實現的費用,那麼這項活動就應該在組織內部進行。如果市場交易比組織內部經營成本更低,那麼企業應該應用市場機制進行交易,而不是依靠自己內部運作。

因此,是否縱向一體化,在多大程度上縱向一體化,就是一個「做或買」的問題。如果企業自己做省錢,即使縱向一體化增加了協調與管理費用,就自己做;如果去市場上買省錢,即使存在各種交易費用,也去市場上買。

(二) 內部化控制動機[①]

中間市場存在交易費用還不足以說明縱向一體化的原因,因為縱向一體化雖然可以避免市場交易費用,但交易的內部化也意味著現在產生了新的費用,即行政成本(協調與管理費用)。

1. 不同生產階段的最優經營規模的差異

聯邦快遞公司是卡車和行李車的一個主要購買者,但它從來沒有考慮過自己生產這些車輛或購買汽車廠。這是什麼原因呢?首先,車輛的購買費用是很低的,聯邦快遞公司可以通過現貨購買,也可以通過長期合同採購,非常高效地購置車輛。其次,最優經營規模之間存在差異。雖然聯邦快遞公司每年購買的車輛超過了 25,000 輛,但這個數量遠遠低於汽車生產廠的最小經濟規模的要求。

因而,當最小經濟規模的數量要求很高時,縱向一體化就可能導致高成本的發生,聯邦快遞公司也就不會向前一體化去生產汽車了。

2. 管理戰略性差異的不同業務

對聯邦快遞公司來說,卡車生產所需要的管理機制與快遞業務所需的管理機制有很大的不同,這就是聯邦快遞公司自己擁有汽車廠的另一個不利之處。由於不同業務之間存在很多戰略性相異點,這就使得許多公司進行了垂直分拆。

3. 不同能力的發展

如果一項能力是建立在鄰近縱向相關的幾項能力之上的話,那麼縱向一體化就有利於不同能力的發展。

---

① [美] 羅伯特·格蘭特. 公司戰略管理 [M]. 胡挺,張海峰,譯. 3 版. 北京:光明日報出版社,2001:328-330.

摩托羅拉公司在無線通信設備上的成功就在很大程度上依賴於它在半導體方面的技術能力。就數字邏輯集成電路而言，設計能力和製造能力完全不相關，所以這些不同的活動就由獨立的設計企業和製造企業分別進行。

4. 縱向一體化的競爭效應

獨占性企業將縱向一體化作為在產業的不同階段擴展壟斷地位的一個工具加以使用。例如，標準石油公司利用自己在運輸和煉制方面的強大實力，奪取了獨立的石油生產商的市場份額。

5. 靈活性

縱向一體化和市場交易在不同方面都有較大的靈活性。如果所需要的靈活性是對不確定的需求迅速做出反應，那麼市場交易就更有優勢，而一體化就處於劣勢。反之，如果需要的是整個系統的靈活性的話，縱向一體化就更有優勢，它可以成為一條在各個層次同時調整的有效途徑。

6. 混合風險

縱向一體化使得企業與它的內部供應者緊密聯繫起來了，從這個意義上講，一體化就存著混合風險，生產的任何一個階段出現了問題，都會危及其他階段的生產和盈利。1997年，通用汽車公司的一家煞車廠進行罷工，結果通用的裝配廠也紛紛被迫停止生產。

三、縱向一體化的運用

(一) 縱向一體化的決定因素

企業的縱向交易模式，從市場到縱向一體化及其中間的替代方式，至少可以由如下幾類因素來決定：業務的不可分割程度、信息不對稱、隱性知識、資產的特定性、控制防範、規模經濟、核心競爭力，以及企業不同業務之間最優規模與管理邏輯的差異等，參見表6-4。

表6-4　　　　　　　　　　縱向交易方式的決定因素

	縱向一體化	中間方式	市場機制
市場失靈非常嚴重	✓		
業務的不可分程度	✓		
信息不對稱	✓		
隱性知識	✓		
市場失靈非常可能	✓	✓	
資產的特定性	✓	✓	
控制防範	✓	✓	✓
規模經濟	✓	✓	✓
市場機制比較完善		✓	✓
核心競爭力		✓	
最優規模不同			✓
管理邏輯不同			✓

資料來源：根據Collis和Montgomery (2005)，Grant (2005)，Ositer (1994) 等相關內容整理。

(二) 縱向一體化戰略的運用

縱向一體化戰略的最大優勢在於通過向上游或下游業務的擴展，能夠在一定程度上避免價格、供應量（或需求量）的波動以及其他因素可能造成的市場失靈，對企業成本及業務水平的影響，從而減弱經營風險。

同時，執行縱向一體化戰略雖然要求企業進入不同於原有業務特點的活動，但由於新增加的業務與原有業務具有相同的週期特性，以及技術上和管理上的一致性，因此具備了統一戰略規劃、統一資源調配、統一管理的可能，可以使管理效益大大提高，並能保持企業組織的穩定。

四、縱向一體化評價

(一) 縱向一體化的益處

縱向一體化可以保證企業對自己經營活動相關環節的控制，盡可能地按照自己的需要進行計劃、安排與協調。

后向一體化保證對原材料投入的成本、質量以及其他條款的控制，消除對供應商的依賴並避免供應商的無端「劫持」。前向一體化保證企業產品與服務銷售渠道的暢通，並對其售價、銷售方式、售后服務以及其他銷售條款保持控制。

縱向一體化可以簡化購銷程序，整合購銷渠道，減少與多家供銷企業談判打交道的複雜程序與高昂費用。通過對原材料業務的擁有與控制，企業不僅可以避免其他競爭對手搶先控制原材料供應商所帶來的威脅，而且，與自己只是作為購買商時相比，它對原材料供給業務的核心資源與工作環境予以保護的動機會大大增強。這些長期的考慮對業務的可持續發展通常是有好處的。

縱向一體化可以在整個價值鏈條上對資源進行最優化的配置，從而減低總成本與資源的耗費。更重要的是，它可以通過減少某些環節的不必要的支出或者減少該種原材料的使用來實現總體質量與成本的優化。如果各個階段的業務皆由獨立的企業來完成的話，每個階段的企業都希望實現自己銷售和利潤的最大化，那總體的優化是不大可能的。因為在市場制度下的公平交易，沒有一個至高無上的權威。而在縱向一體化的企業中，存在這種協調與管理的權威與機制。還有，如果不同階段的業務都要分別被單獨收稅，縱向一體化顯然也是一個應對稅收的總體優化方案。

通過縱向一體化戰略，企業還可以打壓對手，擠垮對手，實現獨家壟斷的局面。洛克菲勒當年對火車貨運以及石油運輸管道的控制，不僅保證了自己產品的運輸與傳送，而且有效地控制和操縱了在油品加工業務上經營的對手的運輸途徑，使之難以公平地在終端市場與洛克菲勒的標準石油公司競爭，最終廉價收購對手，實現自己的壟斷地位。

(二) 縱向一體化的挑戰

縱向一體化雖然提供了某些潛在的益處，但其實施與管理過程中將會面臨諸多挑戰。

由於參與價值鏈中多階段的業務，企業內部的協調與管理成本就會增高。當內部協調與管理成本高於應用市場機制的費用時，縱向一體化便成了一種負擔。在極端的情況下，上下遊的業務在資源組合、技術手段和管理邏輯方面相去甚遠，難以被同一個公司來經營管理。這時的縱向一體化就可能事與願違、有心無力。

　　代理人問題與相關費用也是縱向一體化進程中的一個潛在負面因素，代理人有可能將自己的利益凌駕於授權人的根本利益之上。為降低這種可能性，授權人需要花費一定的費用與資源，比如高薪、股權、提升、榮譽等其他獎賞或激勵，盡量使得代理人的行為符合授權人的利益。一個縱向一體化的企業，環節眾多、關係複雜，較單一業務企業相對簡單透明的經營活動，信息不對稱程度更高，授權人對代理人的監管難度更大，因此，代理人問題的相關費用就會增大，從而影響企業的總體運作效率和有效性。

　　縱向一體化通常意味著上遊（后向）的供給業務主要為，甚至只為本企業的下遊（前向）業務服務。由於企業的保護與市場的隔絕，上遊的業務可能缺乏競爭壓力，感受不到各種不同的客戶可能帶來的啓發與刺激，因而主動創新的動力較小。即使它根據本企業的特殊需要有所創新，其專業化的資產投入往往會降低企業經營的靈活性。一旦企業的現有業務陷入嚴重危機，它就很難迅速轉型，因為其業務的整體包袱沉重，難以輕易擺脫。

　　另外，雖然企業企圖實現整個價值鏈上的最優資源配置與活動安排，但不同階段的業務面臨的產業週期、技術進步、供需特點以及波動起伏是不一樣的。這種來自不同經營環境的複雜性和不確定性，可能會導致縱向一體化企業的業務之間容量利用與發展的不均衡，造成資源與能力的浪費。有些部門可能能力過剩，但由於公司限制，不得向其他企業銷售自己的產品，因而產生積壓浪費。

　　最后，縱向一體化也可能會導致企業某些階段業務的外部客戶的減少或消失。比如，若百事公司兼併肯德基等快餐店，希望增加其飲料銷售的時候，其他餐飲業的業主則會紛紛放棄百事公司的飲料，轉而投向可口可樂的懷抱。

五、縱向一體化戰略的替代

（一）長期合同與「準縱向一體化」

　　事實上，對處於價值鏈上、下遊各方的企業而言，他們之間縱向的關係除了一體化以外，還有其他各種關係使得他們在縱向關係上仍能互相作用和協調各自的利益。

　　向生產性企業供應零部件和原材料的供應商通常會和與生產性企業之間建立起一種長期關係。同樣，生產商、分銷商和零售商之間的供貨關係也是長期性的。如果買賣雙方數目很少，產品或服務根據顧客要求提供，或者交易專用性投資較大，那麼，長期合同就可以很好地代替縱向一體化發揮作用，使縱向關係非常緊密，我們稱之為「準縱向一體化」或者「增值夥伴關係」[①]。

---

① ［美］羅伯特·格蘭特. 公司戰略管理［M］. 胡挺，張海峰，譯. 3版. 北京：光明日報出版社，2001：331.

(二) 一些新的趨勢：反縱向一體化[①]

由於長期性的「關係型合同」既有市場交易的靈活性，又可避免現貨合同所導致的許多交易費用，所以在西歐和北美的許多產業裡，都出現了一股強勁的遠離縱向一體化的趨勢，包括大量的業務外包現象與虛擬公司的出現。這在很大程度上也是受了日本企業的啟發，因為許多日本企業都與自己的供應商建立起了非常密切的合作關係，日本汽車生產商在技術、質量控制、設計、生產安排與銷售安排方面建立密切的合作關係上，取得了非凡的成功。在20世紀80年代后期，豐田和尼桑公司自己直接創造了產品價值的20%到23%，而福特約為50%，通用汽車則高達70%左右。西方企業的「反縱向一體化」主要表現包括兩個層次：

1. 企業重新定義與供應商的關係

生產商們不再依賴於競爭性的報價供貨和書面合同，而更加注重長期合作所帶來的靈活性和密切協作關係。在汽車製造業和電子產品行業，大公司紛紛減少供應商數目，並推出供應商認證項目，即由供應商自己證明能夠達到生產商提出的標準。這樣，雙方的關係就越來越少地依賴於法律形式的合同，而更加注重信任和長期合作的互利互惠了。

2. 企業集中精力於少數縱向活動，將更多的零部件和服務外包

受壓縮成本的驅動，企業對價值鏈的每一項活動都進行了詳細考察，如果哪項活動外部供應商的效率更高，那麼就將其外包。國際商用機器公司和克萊斯勒公司曾經都是高度一體化的企業，后來它們將部分零部件和服務業務進行了外包，重建了供應商關係，結果成本大幅度降低，靈活性大大提高，新產品開發週期也有了一定的縮短。

第四節　多元化戰略

一、多元化戰略的動因

第二次世界大戰后，尤其是進入20世紀50年代后，美國企業出現多元化發展的熱潮，並且越來越猛，在60年代末70年代初達到最高峰。

通過對1997年全球100家最大企業的分析發現，其中有75%實施了多元化；對中國上市公司中的105家企業的抽樣分析也發現，79%的企業是多元化經營的企業[②]。多元化似乎是企業經營中一種很普遍的現象。

一般說來，企業實施多元化經營通常基於經濟、市場、企業以及管理者四個方面的因素。我們應該注意到，雖然多元化的進程和發展可以由上述某個具體因素直接誘發，但多元化戰略的背后通常會有多種因素共同作用。

[①] [美] 羅伯特·格蘭特. 公司戰略管理 [M]. 胡挺，張海峰，譯. 3版. 北京：光明日報出版社，2001：334.

[②] 李敬. 多元化戰略 [M]. 上海：復旦大學出版社，2002：1.

(一) 經濟因素

多元化企業相當於將原來由多個在相關行業中進行專業化經營的企業組合在一個企業內進行，在這個「聚合」的企業裡，管理者通過計劃與管理等手段決定不同經營方向之間的資源配置，可以減少交易成本，提高資源配置的效率，從而產生範圍經濟和財務協同作用，並節約交易成本。經濟因素是企業選擇多元化戰略的內部因素。

1. 範圍經濟

相同的技術、相同的市場和一般的管理方法都能形成範圍經濟，從而導致企業作出多元化選擇。Nathanson Daniel 與 Cassano James 認為[1]，為達到範圍經濟而進行的多元化應該是相關多元化，企業可以通過生產和銷售相似的產品達到經濟性或通過向相似的市場提供不同的產品達到經濟性。由於範圍經濟的存在，企業進入相關的行業要比其他不相關企業進入同一行業所發生的成本低。

而 C. K. Prahalad 和 Richard A. Battis 則認為[2]，多元化企業的範圍經濟主要來源於管理者的一般管理技巧在各不相關行業的分享，稱為「一般管理主導邏輯（Dominant General Management Logic）」，即企業管理者通過擁有和發展適合其業務組合的一般管理邏輯或者技巧，可以在企業進入其他行業的時候，為企業創造範圍經濟。許多學者認為，範圍經濟是企業選擇多元化的基本理由。

2. 財務協同作用

多元化企業的財務協同作用可以使企業獲得穩定的現金流。多元化企業的一個內部優勢是企業內部資本市場的建立，能夠為其內部的各個分部提供資金的來源，使其能比專業化企業更多地利用淨現值為正的投資機會，從而為企業創造價值，提高企業的盈利水平。同時，企業內部資本市場的建立，能有效解決企業投資不足的問題，支持企業在有利的條件下實現低成本擴張。

3. 節約交易成本

與幾家獨立企業相互合作的形式相比，由一個企業進行多元化經營可以有效地降低交易成本。縱向和橫向多元化都涉及特殊資產的投資和交易成本的降低，當各個獨立企業的自私行為損害了合作和這些投資的價值時，資產聯合或選擇多元化就成為解決問題的一種有效的方法。因此，節約交易成本往往是企業通過收購或兼併而實現多元化的一個原因。

(二) 市場因素

1. 市場需求飽和

當某種產品達到其社會需求的飽和度時，該產品的社會供需平衡，產量的增長達到極限。此時，如果企業在該產品領域繼續投資或擴大生產量，必將導致供給過剩、

---

[1] Nathanson Daniel, Cassano James. What happens to profits when a company diversifies? [J]. Wharton Magazine. Summer, 1982: 19-26.

[2] C. K. Prahalad, Richard A. Bettis. The Dominant Logic: A New Linkage Between Diversity and Performance [J]. Strategic Management, Vol. 7, 1986: 485-501.

產品積壓、價格下降、利潤降低甚至虧本。因此，在這種產品已達到市場需求飽和的情況下，企業不得不轉向新的產品市場領域，進行新的競爭，走上多元化的道路。

2. 行業增長潛力下降

行業像產品一樣，有其生命週期。當某一行業由於政治因素、經濟環境、技術革新等各方面因素的影響而導致增長潛力下降甚至走向衰退時，處於這行業中的企業就會考慮在別的行業中尋求生存的空間，於是選擇了多元化。

3. 新的市場機會

由於社會的進步、經濟的發展和技術的革新，一些老的行業可能逐漸衰退，一些新興的行業可能迅速成長；另外，可能一些原來經營環境好的行業開始走下坡路，一些原來經營環境較差的行業卻好起來。這些新行業的成長、新產品的推出、行業結構的變化都會導致新的市場機會的出現。

許多企業看到了新的市場機會，又估計自身有一定的能力，於是向這些新的市場領域進軍，以期發揮先動優勢，率先占據市場，於是走上多元化道路。

4. 經濟週期

根據卡爾多的經濟週期理論，在不同的經濟環境下，企業的多元化經濟的狀態是不一樣的。危機和蕭條階段的企業通常不具備多元化經營所需的內部能力和外部市場機會，經營的困境使企業難有精力開展多元化，普遍的市場不景氣也使得企業不容易找到有吸引力的市場機會。而經濟復甦和高漲，則會刺激企業積極開展多元化經營，已有研究證明[1]，經濟繁榮時期也是企業多元化盛行時期。

(三) 企業因素

1. 產品成本提高

當企業原有產品由於市場競爭激烈，要維持原有市場份額必須新增加投入而導致產品成本的提高達到企業無法承受或無利可圖時，企業只有減少該產品的市場份額，而將部分資源轉入新的市場領域，以使單位成本不再提高，從而走上多元化的道路。

2. 企業競爭優勢下降

由於市場的變化和競爭的激烈，有些因素可能導致企業在市場上原有的競爭優勢下降甚至逐漸喪失，比如企業原有優勢資源的喪失，競爭規則的改變，新產品、新技術的出現，企業內部矛盾的影響，擁有更強大優勢的企業的進入，等等。競爭優勢的下降使企業難以在原行業立足，只能在別的行業中尋找新的機會，走上多元化道路。

3. 企業潛能的發揮

經營良好的企業在長期的經營活動中，不斷形成累積，並形成潛在的能力。這種潛能可能是企業可以利用而未充分利用的資源、資金、設備、人員和研究開發、行銷推廣及企業管理的能力。當企業累積起超過目前經營活動所需的資源和能力時，就不會再滿足於原來的經營規模而尋求發展。在發展戰略的選擇上，如果考慮到目前行業發展潛力的限制和其他行業機會的誘惑時，就可能會選擇多元化發展的戰略。

---

[1] Markides. Diversification, Refocusing and Economic Performance. Cambridge. Mass. MIT Press, 1995: 1.

4. 分散經營風險

由於特定的產品和行業都有其生命週期和發展的起伏變化，因此企業如果長期生產單一產品或長期在同一行業裡經營，可能會面臨著較大的經營風險。

因此，對於有一定的經營規模，並打算長期經營的企業，通常都考慮選擇多元化戰略，擴大風險損失分佈，用相對降低每一風險單位的風險損失預期的辦法來減少風險損失，進而爭取以一種風險利益抵制另一種風險損失，從而減少由於某行業或某產品市場需求出現較大影響時對整個企業經營的衝擊，提高企業抵禦風險的能力。分散經營風險是企業做出多元化戰略選擇的又一個重要理由。

（四）管理者因素

1. 多元化有利於保住管理者的職位

Amihud Yokov 和 Baruch Lev 的研究表明[1]：在管理者主導的企業和非管理者主導的企業之間比較，管理者主導的企業具有更高的多元化程度。原因是管理者為了降低失去職位的風險，大多採用不相關多元化或者收購不相關的企業來降低整個企業的風險，以避免企業經營出現大的下滑。而通常情況下，只要企業不出現大的經營下滑，股東一般都不願意更換高級管理層。

2. 管理者通過多元化實現自身財富的增長

企業選擇多元化戰略或者通過購並實現多元化，能使企業規模迅速擴大。而且，如果通過購並實現多元化所獲得的銷售增長比內部集中增長更容易的話，管理者一般都採用通過購並實現多元化的戰略。這種銷售增長可以為管理者提供更好的職業發展機會和收入。

二、通向多元化的路徑

企業的多元化通常可以通過內部自身發展和併購與兼併來實現。自身發展一般需要白手起家、從頭做起。併購與兼併（除非特別說明，本章中兩者統一簡稱「兼併」），則是接管和利用企業外部現成的業務。

當然，正像企業對縱向業務的管理一樣，對多元化的管理也可以通過長期合同、戰略聯盟與合資企業等來進行。但通常意義上的企業多元化，指的是通過對不同業務的所有權和監管而進行的多元化，包括合資企業、部分控股或者全資擁有。這裡，我們把考察的焦點放在自身發展和兼併兩條發展路徑。

究竟是通過哪條路徑實現多元化，取決於外部兼併對象的存在與否和兼併的經濟性與可兼容性以及企業自身發展的可能性、速度與成本等多方面因素。

（一）企業自身內部發展

1. 企業內部發展的優勢

企業自身發展的最大優勢，是企業對新的多元化業務擁有完全的控制權，可以按

---

[1] Amihud Yakov, Baruch Lev. Risk Reduction as a Managerial motive for conglomerate mergers. Bell Journal of Economics. Vol. 12, Iss: 2, 1981: 605-617.

照自己的意願與設想來管理與實施多元化的進程，基本不受環境和各類外部實體的制約。與此相關，內部發展也有助於新業務與現有業務之間關係的處理，有利於業務間的協調與整合，有助於避免兼併外部企業時所產生的不可避免的文化衝突和組織摩擦。內部發展的另外一個好處是按部就班、循序漸進、邊走邊看、靈活決斷。這樣的發展過程可以避免兼併時的一次性決策中可能存在的未可事先預知的風險。

同時，內部發展也給企業提供了組織方面與技術方面的學習機會，增進企業的內部知識累積，增進組織學習的經驗與能力，以及企業資源與能力的拓展與更新。企業的內部發展尤其適用於對企業隱性知識在不同業務間的轉移與利用。毫無疑問，依靠內部發展，不僅迫使企業去學習、改進與提高，同時為企業的內部創新提供了良好的動力。

2. 企業內部發展的缺陷

通過內部發展實現多元化，面臨著一些重大挑戰，有時甚至根本不可行。首先，內部發展的速度通常緩慢，可能不足以及時滿足企業的多元化要求。有些時候，由於缺乏必要的技術或者組織能力，企業不可能自己培植或自創新的業務，或者內部自創業務的成本過於高昂因而不再具有經濟價值。另外一個較大的風險是業務發展失敗后的沉沒成本。如果一個企業兼併另外一個企業而業績低下，它還可能將其賣掉；而一個失敗的內部項目通常只有自食苦果，難以轉嫁包袱。

內部發展還有一個令人擔憂的問題，就是進入的規模太小，沒有足夠的聲勢去造就一個能使企業立足的市場空間與活動平臺，不足以支撐自己的生存，更不用說形成壟斷了。另外一種可能是，后來進入的企業可以免費享有先進入企業所做的公共投入的溢出，並依靠自己的相關業務的實力，在更大的規模上介入，從而將那些自創業務的先期進入者擠垮，或者擠至市場邊緣。最后，在行業發展的中后期，內部發展可能會不必要地增加整個行業的生產能力，還可能會造成業內競爭的進一步加劇。

(二) 兼併

1. 兼併的優勢

顯然，兼併最明顯的優勢就是其速度，可以很快地使一個企圖多元化的企業進入它所希望進入的行業。有些時候，不僅進入速度快，而且兼併的成本甚至可能低於內部發展的成本，尤其是對於機構龐大的企業在某項非常專業的業務上而言，可能比自己內部開發要合算。另外，有些時候，單靠企業自身內部發展不可能創造新的業務，或者缺乏關鍵資源與技術，或者缺乏必要的組織能力。兼併幫助企業獲取這些關鍵資源與能力，使多元化成為可能。與此相關，另外一個益處是獲取互補資源，實現相關多元化的協同作用與範圍經濟。總之，通過兼併，企業可以較為迅速地改善自己的資源與能力組合，保證核心競爭力的更新與鮮活。

兼併還可以幫助企業在多元化進程中跨越某些市場的進入壁壘。比如，某些產品市場需要經營特許和配額，而有關部門已經停止發放新的許可。這時，進入該業務的唯一手段便是兼併某個現有企業。一些市場可能直接要求進入者必須對該市場做出資金與技術的承諾，接管並擁有（或者通過合資）本地現有企業，並保證原有企業人員

的就業與福利。這時雖然跨越進入壁壘可能是採取兼併路徑的優勢，因為它使進入成為可能，但其劣勢很可能與之俱生，那就是進入後包袱沉重。然而這一點往往被急欲進入者所忽視。當然，兼併了一個企業，同時市場上也就少了一個競爭對手。這也可能是所謂進入後使得產業結構更加具有吸引力的一種好處，是兼併實施中的副產品。

2. 兼併所面臨的挑戰

實證研究表明，大多數兼併不成功，沒有能夠實現預期的效果，比如範圍經濟及協同效應。這其中最大的一個原因，就是新老企業間組織制度的差異與摩擦以及企業文化的衝突與抗衡。

成本過高、虧損可能性過大，是兼併的一個主要缺陷。從一個方面來說，兼併時所支付的價格通常遠遠高於被收購業務的未來營利，尤其是在多方競標的情況下。與此相關的一個缺陷是，企業在兼併了其目標對象以後，還可能要承受被兼併企業的其他資產與債務負擔，通常是不良資產與債務包袱。在這種情況下，兼併者看到和重視的通常是兩者業務之間的相似性和想像的協同作用，而不是可操作性與最終可營利性。

從另一個方面來說，兼併後的協調與管理費用，往往大大抵消潛在的範圍經濟和協同作用，使企業的良好企圖落空。這不僅包括文化和組織的衝突，也包括不同業務的技術範式、操作流程和管理邏輯的根本差異。百勝旗下的必勝客和肯德基，曾被百事總部要求共同採購某些原材料，以期降低成本。由於必勝客希望為其衛生間購置雙層衛生紙，而肯德基則希望購置單層衛生紙，雙方僵持不下，各行其是。可以預見，多元化業務之間在更為複雜的技術與組織領域的合作，需要高昂的協調與管理費用。

還有一項需要注意的缺陷，是被兼併企業核心資源（尤其是人力資源）的出走和喪失。某些骨幹人員可能由於對兼併其企業的風格與制度不夠認同，因此，選擇單獨或集體出走，尤其是在研發方面和銷售方面，問題會顯得尤為嚴峻和突出。在這種情況下，兼併者買到的只是一個原來企業的空殼，並沒有得到核心能力與資產。

三、多元化檢驗

邁克爾·波特提出了一套關於多元化戰略方向的三大檢驗問題：產業吸引力檢驗、進入成本檢驗和競爭優勢檢驗。這三種檢驗不是完全獨立的，通常需要綜合考慮。當企業忽略了其中一個或兩個檢驗的時候，其多元化結果往往是損失慘重。

（一）產業吸引力檢驗

要進入的產業是否具有吸引力？如果現在不具有吸引力，企業進入以後是否可以使之具有吸引力？

一個從根本上不具有吸引力的行業或者業務往往是多元化方向選擇的第一陷阱，而急欲進入者往往對此視而不見，或者異想天開地認為，別人幹不成的事情自己就能幹得成。還有，企業可能無端地青睞一個現時高速增長但后繼乏力或利潤前景欠佳的行業，高速增長本身並不一定意味著長期吸引力。

（二）進入成本檢驗

企業進入一個產業所支付的成本是否足夠低從而不至於沖抵所有未來的利潤？

第二個檢驗與增值問題直接相關。決定多元化經營是否能夠為企業增值的，無外乎收益與成本兩個重要因素。比如，菲利浦‧莫里斯公司當年兼併七喜飲料公司的時候，支付了七喜帳面價值四倍的價格。因為兼併後並沒有達到預期的強勁營利來支持投資回報，七喜公司最終被剝離出去。

(三) 競爭優勢檢驗

新進入業務是否可以為現有業務帶來競爭優勢，或者現有業務是否能夠為新進入業務帶來競爭優勢？

第三個檢驗與協同作用有關，關注的是多元化業務之間的增益的問題。一個適當的多元化方向，必須保證至少新老業務之間一方可以從對方獲益，從而增強自己的競爭優勢，或者同時互相獲益、共增優勢。在業務經營活動中實際增益，增強競爭優勢，這是從實質上保證通過多元化經營來增加企業的價值創造。

四、多元化戰略和公司經營績效的關係

儒梅爾特在20世紀70年代對多元化戰略的研究，不僅區分了單一業務企業、主導業務企業與多元化經營企業，而且明確地區分了相關性多元化與非相關性多元化的不同類型。自此，有關多元化企業的業務相關性的理論與實證研究就一直在不斷改善和檢驗所謂的「相關性假說」——相關多元化企業的經營績效通常高於非相關性多元化企業，同時也高於單一經營企業和主導業務企業。

（1）相關性多元化企業的業務之間可以共享經營活動與互補資源，從而實現範圍經濟。

（2）單一業務企業和主導業務企業不僅受產業波動的影響很大，而且與多元化經營相比，缺乏範圍經濟的優勢。

（3）採取非相關多元化經營的企業，一般多元化程度較高，業務的多樣性較大，業務之間的關係缺乏，甚至毫不相關。非相關多元化企業，與單一業務企業和主導業務企業相比，可能會享有內部資金市場等與多元化經營相關的優勢；與相關多元化企業相比，沒有協同作用和範圍經濟所帶來的業務間的相互補充與支持。

(一) 實證研究的傳統與證據

儒梅爾特的戰略類別與經營績效的關係分析，應用美國《財富》500強的樣本，基本印證了上述相關性假說，共享資源、能力與活動的相關性多元化企業，其經營績效高於那些非相關多元化企業。

另外，1982年，湯姆‧彼特斯和羅伯特‧沃特曼也得出這樣一個結論[1]：「我們的發現很清楚，也很簡單。那些進行多元化經營的企業，只要在核心業務上的關係仍然緊密，收益率確實比其他企業高。最成功的就是圍繞核心技能進行多元化的企業，……比它們差一點的企業則是進行相關多元化的企業，……最次的則是廣泛開展多元化經營的企業，不管相不相關都經營，這些企業的併購活動最終都失敗了。」

---

[1] 湯姆‧彼特斯，羅伯特‧沃特曼. 追求卓越. 紐約：哈珀與羅出版公司，1982.

根據諸多學者在 20 世紀近三十年的實證研究，我們粗略地勾勒出支持相關性假說的「多元化程度與經營績效的關係曲線」，參見圖 6-5。

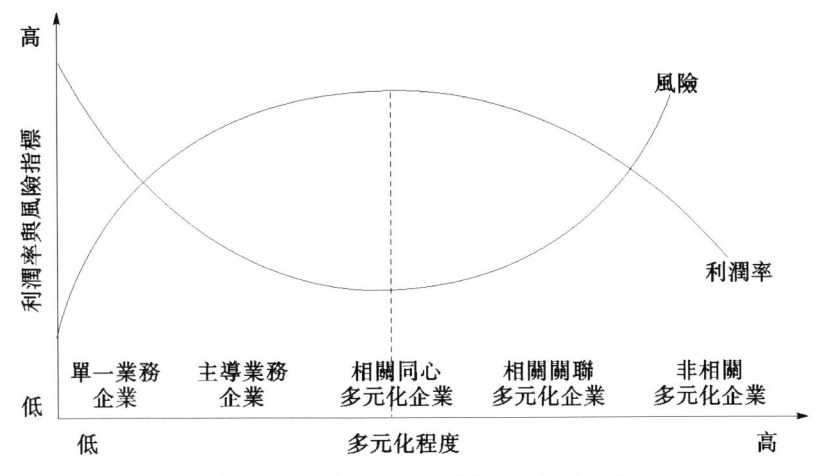

圖 6-5　多元化程度與經營績效的關係曲線

資料來源：根據 Rumelt（1974）；Grant, Jammines 和 Thomas（1988）；Palich, Cardinal, Miller（2000）等相關內容整理。

雖然相關性假說在不同的樣本中得到了一定程度的支持，但是至今並沒有完全確鑿的證據明白無誤地支持這一假說。造成這種結果的原因有多方面，包括研究方法與對相關性的表述與實際測量問題、經營績效指標的可比性問題、研究樣本選擇與產業效應問題、相關性定義本身的問題、相關性戰略的實施問題、多元化戰略與經營績效關係的因果方向問題，以及不同的理論思潮和外部金融市場在不同歷史時期對多元化經營的不同理解、判斷與反應等問題。

（二）多元化戰略與經營風險的關係

分散風險通常是導致多元化經營的一個重要和直接動機。然而，經驗表明，純粹為分散風險而進行的多元化，其績效與風險規避的結果往往不盡如人意。

現代金融學的資產組合理論中一個著名的論斷是「企業多元化可以降低企業的特定風險，但不能夠降低一個業務的系統風險」。

然而，實際證據並沒有對多元化經營的風險分散作用提供強有力的支持。相反，戰略管理文獻中的研究表明，過分多元化、進入非相關領域的多元化，反倒會增加企業的經營風險。無論是系統風險還是企業特定風險，相關多元化經營的企業，由於資源共享、互為補充，於是能夠享有範圍經濟的優勢，往往占據主導市場潮流的強勢地位，不是被動應對產業風險，而是主動引領潮流，給其他企業帶來風險與威脅。過分多元化往往實力分散、不成氣候，業務間沒有互相聯繫與支持，無異於單一業務企業的簡單聚集。各個業務雖然在名義上歸某個多元化企業所有，實際上仍然類似散兵遊勇、孤軍奮戰。這時的多元化，可能比單一業務風險相對小一些，但其分散風險的效果並不明顯。因此，依據這種思路和判斷，至少從分散風險的角度來看，多元化的方向不是相同的業務，也不是完全不同的業務，而應該是比較相似的業務。也就是說，

不要把雞蛋放在同一個籃子裡，也不要放在太多不同的籃子裡，而是要放在幾個比較結實而又非常相似的籃子裡。

第五節　多元化戰略的管理

一、多元化戰略的管理挑戰

關於多元化戰略的管理挑戰，文獻中提供了不同的觀察視角與理論體系，我們不妨對現有的多元化戰略的幾個重要視角進行簡單解析。我們通過歷史沿革以及傳播的順序，將這些視角分為「業務相關性」「競爭優勢」以及「核心競爭力」以及「母合優勢」等。

(一) 業務相關性

儒梅爾特關於多元化戰略的分類法中，最為引人注目是其對相關性多元化和非相關性多元化的區分。相關性主要指的是，一個採取多元化經營戰略的公司內部，不同的業務單元（或事業部）之間在操作和運行層面是否有資源和能力（如研發、製造、行銷渠道等）的共享。不同的事業部之間由於資源共享而產生的協同效應與範圍經濟，使得這些企業能夠在市場中建立強勢地位，享有競爭優勢，取得優異的經營績效。相關性多元化戰略對於企業總體經營績效的正面影響在眾多的實證研究中也得到了一定程度的支持。

當然，業務單元間只有潛在的資源和能力共享的可能性是不夠的。範圍經濟的實現、協同作用的產生，並不是自動自發的，而是依賴於業務單元之間的協調和整合。這就意味著公司內組織成本的提高，甚至高到足以抵消協同作用和範圍經濟帶來的好處。有時，在極端的情況下，這種協調由於人事或體制的原因，根本不可能實現。因此，只看業務相關性，而不看業務間的實際協調，並不能說明問題。

(二) 競爭優勢

波特基於產業分析的理論視角堅持認為，公司之間可能在某些行業競爭，在某些行業合作，在某些行業互相買賣產品，關係錯綜複雜。競爭主要發生於某個業務單元所在的具體產業、行業或市場。因此，對產業結構和競爭態勢的分析應當是戰略的主要基點。

戰略的實質在於企業在市場中的定位，這一基本命題可以在公司戰略層面（選擇有吸引力的行業）和業務單元層面（選擇產業內的優勢位置）同對實現。不管公司總體管理能力如何，進入不具有吸引力行業的多元化注定要失敗。

波特認為核心業務是企業多元化經營成效的關鍵，核心業務是那些處於有吸引力的行業、能夠取得持久競爭優勢，同其他業務具有重要內在關聯，能夠為多元化提供技能與活動的業務。

(三) 核心競爭力

1990 年，普拉哈拉德（Prahalad）與哈默爾（Hamel）將資源本位觀點引入公司的戰略分析，並認為，企業之間的競爭可分為三個層次：核心能力的競爭、最終產品的競爭、核心產品的競爭。

普拉哈拉德與哈默爾認為（如圖 6-6 所示），企業好比一棵大樹，最終產品是樹的果實，業務單元是樹枝，核心產品是樹干，核心競爭力是樹根。其中，核心產品是核心能力與最終產品之間的紐帶，也是一種或幾種核心能力的實物體現。核心產品是決定最終產品價值的部件或組件。樹的生命源在樹根，企業只有在核心能力領域中保持領先地位，才能有牢固的基礎，維持其最終產品在市場競爭中的優勢。「核心競爭力」是一個從「核心競爭力」到「核心產品」再到「終極產品」的發展延伸過程。

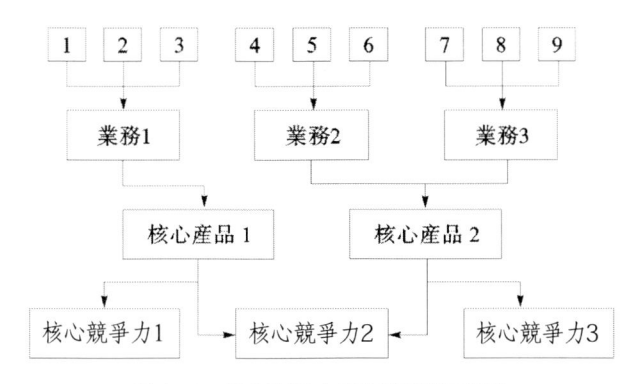

圖 6-6　核心競爭力與公司競爭三層次

資料來源：根據 Prahalad 和 Hamel（1990）相關資料整理。

企業多元化戰略的實質就是核心競爭力的運用。只有建立在核心競爭力之上的多元化企業戰略才能取得最終成功。多元化經營要以培育核心競爭力為前提，核心競爭力的一個顯著特徵是具有延展性，而這種延展性恰好是多元化經營的根基。在根基不紮實的情況下，盲目進行多元化，必然導致戰略上的失敗。企業只有努力培育自己的核心競爭能力，才能獲得創新能力來孕育具有特質的新產品，才能進入多個不同市場並取得相對競爭優勢，才能實現真正意義上的有效益的多元化經營。核心競爭力的識別和運用，又要靠多元化經營來實現。

從總體來說，企業核心競爭力和多元化經營之間是一種相互促進又相互制約的關係。首先，企業的核心競爭力是企業進行多元化經營的基礎，企業若擁有一個或幾個核心競爭力，就等於為多元化經營準備好了一個平臺；而適度的多元化經營，又促進了核心競爭力的發展和融合，提高了核心競爭力的使用效率。其次，兩者又是相互制約的。在資源有限的情況下，企業必須決定當前是首先規模擴大還是內涵發展的道路。同時，多元化又是一把雙刃劍，它導致高收益和高風險並存，必須謹慎操作。盲目多元化經營會導致企業陷入困境，削弱甚至喪失企業的核心競爭力；而基於核心競爭力

的多元化可降低風險、提高效益、強化企業現有核心競爭力並獲取新的競爭力。

(四) 母合優勢

20世紀70年代,盛行的業務組合理論利用現金流特徵將業務進行分類,為企業平衡業務組合和配置資源提供了一個統一的標準,但這種方法並沒有解決企業如何選擇新的多元化業務的問題。20世紀90年代,普拉哈拉德與哈默爾提出應以核心競爭力作為企業創造價值的基礎來建立業務組合,並建立相應的組織機構和管理模式。儘管這一觀念非常誘人,也提高了人們對企業組織的認識,但它無法解釋像ABB、GE等公司採取高度分散化戰略也能成功的原因,而且由於缺乏有效的分析工具,這一觀念並不能為多元化企業在選擇業務方面提供太多幫助。

古爾德 (Michael Goold)、埃貝爾 (Andrew Campbell) 和亞歷山大 (Marcus Alexander) 對核心競爭力和公司戰略之間的聯繫有更加深入的見解。他們認為對業務組合戰略來說[1],各項業務間共同的「關鍵活動」的存在既非必要條件又非充分條件,其關鍵是要認清母公司在公司戰略中的重要地位。如果母公司能在各業務單位之間建立起技能聯合機制、連鎖機制和信息共享機制,並且提高這些活動運作效率,使之成為可以共享的優勢資源,那麼業務組合戰略與核心競爭力(或關鍵活動)兩者之間就具備了某種邏輯聯繫。如果母公司不具備關鍵活動的管理技巧,那兩者之間就沒有必然聯繫。他們認為,使核心競爭力概念同公司戰略是否具備重大關聯的是相關的母合技能的存在與否。這一理論框架中的焦點是母公司的技巧和能力。

古爾德、坎貝爾和亞歷山大認為,很多成功的業務組合戰略建立的基礎不是業務單位的核心技能和知識,而是母公司的核心技能和知識。

古爾德、埃貝爾和亞歷山大認為[2],多元化企業的成敗取決於能否擁有獨特的母合特徵,從而對不同的業務單位產生資源共享。他們在核心能力理論基礎上把公司戰略歸結為追求「母合優勢(Parenting Advantage)」,即如果一個業務單元的特點符合一個公司總部的主導邏輯(對業務的指導、幫助和評估)就會產生「母合優勢」。他們強調和關注公司總部能否為業務單元增加價值。

母合優勢理論為我們在多元化戰略設計中提供了這樣一個思路:第一,分析某一經營業務時,首先要分析其關鍵成功因子,以便判斷企業對該業務的影響在哪些地方是積極的,在哪些方面是消極的;第二,明確可以從哪些方面改善該項經營業務;第三,分類探討多元化企業的特徵,以便判斷其特徵和經營業務的關鍵成功因子與母合機會之間的匹配性(如圖6-7所示)。

---

[1] 安德魯·坎貝爾,凱瑟琳·薩默斯·盧斯. 核心能力戰略:以核心競爭力為基礎的戰略 [M]. 嚴勇,祝方,譯. 大連:東北財經大學出版社,1999:101-102.

[2] 邁克爾·古爾德,安德魯·坎貝爾,馬庫斯·亞歷山大. 公司層面戰略:多業務公司的管理與價值創造 [M]. 黃一義,等,譯. 北京:人民郵電出版社,2004:14.

	低		高
低	壓艙類業務 Ballast	邊緣類業務 Edge of Heartland	核心區業務 Heartland
高	異質類業務 Alien Territory		價值陷阱類業務 Value Trap

纵轴：多元化企業母合特徵與業務關鍵成功因素之間的不匹配性
横轴：多元化企業母合特徵與母合機會之間的匹配性

图6-7　母合匹配度與企業多元化業務組合

資料來源：邁克爾・古爾德，安德魯・坎貝爾，馬庫斯・亞歷山大. 公司層面戰略：多業務公司的管理與價值創造［M］. 黃一義，等，譯. 北京：人民郵電出版社，2004：326.

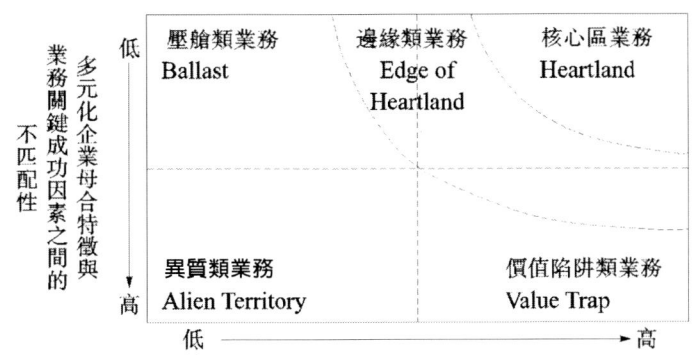

對於多元化的管理模式，上述四種視角是比較普遍的、具有代表意義的。它們之間既有強烈的分歧和差別，也有很大程度上的相似和重疊。因此，可以說，公司必須根據自己業務的特點與多元化的程度與走勢來進行管理。不拘泥於單一視角的束縛和可能產生的偏見，熟悉多種視角的特點並能夠自覺地從多方面進行思考和考察，而又不在眾多的說法面前無所適從，將是對公司戰略制定和實施者的一個重要考驗。

二、多元化戰略的分析與管理方法

（一）公司業務增長途徑分析

安索夫的公司增長矩陣，是較早地探討公司增長向量的框架。該矩陣以產品與市場為兩個重要維度進行組合，考察公司增長的不同方向，對多元化經營給出了清晰的定義和解讀，參見圖6-8。

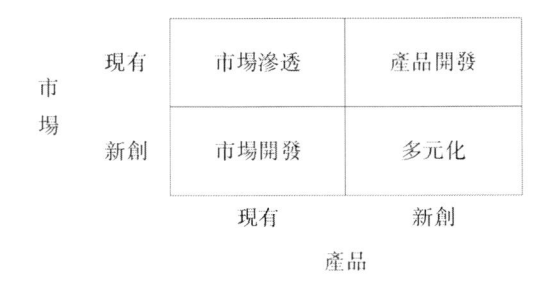

市場 \ 產品	現有	新創
現有	市場滲透	產品開發
新創	市場開發	多元化

圖6-8　安索夫的公司增長矩陣

市場滲透意味著用同樣的產品在同一個市場上為現有的客戶服務，精耕細作，向縱深方向發展，仍然堅持單一業務或者主導業務經營，比如通過提高自身效率和增進市場促銷手段等來增加銷售量。比如，美國西南航空公司，在過去很長一段時間內，

其增長靠的不是開闢新航線，而是增加現有航線的客流量。市場開發意味著用現有產品打入新的市場，比如世界著名菸草公司的跨國經營至少增加了市場的地域多元性；產品開發意味著在現有市場上通過開發新產品更全面地為現有客戶服務，比如，豐田引入雷克薩斯品牌，促使豐田產品向高端用戶過渡。這種增長模式，可以被認為是產業內部的產品多元化。最後，新產品服務新市場，進入真正跨行業多元化的境界，比如，戴爾進軍平板彩電業務。

（二）資產組合管理分析框架

隨著非相關多元化在 20 世紀六七十年代的興起，以及金融學中資產組合理論的發展，許多大型多元化公司開始嘗試所謂的資產組合計劃，對公司內不同業務的狀況與特點進行盤點。一些比較著名的諮詢公司也及時介入，進行總結與推廣，形成了一些有關資產組合的分析方法。其中最有名的是「波士頓矩陣」和「GE－麥肯錫矩陣」分析法，詳細內容見本書第三章。

然而，資產組合的分析方法與視角也存在重大的潛在缺陷。這些方法主要是針對非相關多元化企業進行的，而且主要從財務的角度來考察公司業務的定位與特點，可能會過於簡單化，忽視業務間的內在關係以及戰略意義。比如，一個公司的「瘦狗」在被公司剝離後，加入競爭對手的隊伍，可能會反咬一口，給公司帶來巨大損失。因此，並不是現金流和對業務的就事論事分析就能決定一切，戰略層面的分析以及業務之間的關係通常也必須被考慮進去。

（三）以價值為基礎的公司重組方法

投資組合分析工具是 20 世紀 70 年代多元化時期戰略分析的主要框架，那麼 20 世紀八九十年代的焦點是股東價值分析工具應用和公司戰略決策。

在評價一個企業的業務投資組合時，應用的基本標準是，公司在有該項業務和無該項業務兩種情況下，企業市場價值在哪種情況下更大（例如：把它賣給其他企業還是將它分離出去，成為一個獨立的實體）。

基於價值的管理工具的應用對許多多種經營公司的高層管理團隊大有幫助。正如，大部分多元化投入都會損害股東財富——為投入物所支付的額外費用大大超過了由投入物帶來的增加的收入。相反，股票市場評估對資產剝離，甚至對資產剝離的預期作出積極的反應。麥肯錫公司利用股東價值分析技巧，提出了通過公司重組，增加多種經營公司的市場價值的動態模型。如圖 6-9 所示。

目前的市場價值

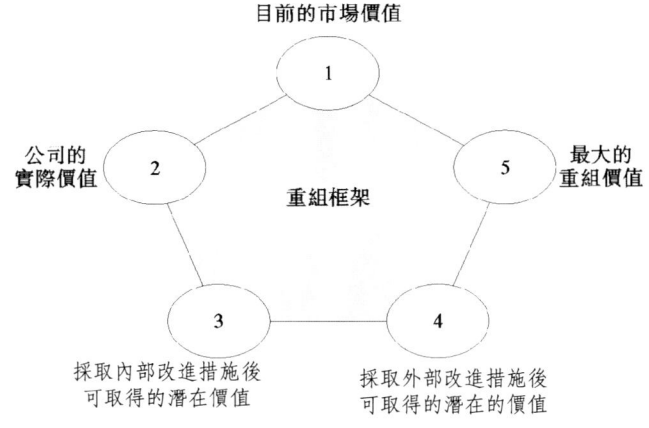

圖6-9　公司重組創造價值：麥肯錫的「五角形框架」[①]

麥肯錫的「五角形框架」由五個階段的程序組成，這五個階段是：

(1) 公司目前的市場價值。分析的起點是公司目前的市場價值，包括股票價值和負債。

(2) 公司的實際價值。由於目前的市場價值代表著市場對公司的評價，因而可以通過改變外界對公司的看法增加企業的市場價值，而不必改變戰略或運作方式。

(3) 採取內部改進措施可取得的潛在價值。一個企業的總部有許多機會採取戰略改進措施和經營改進措施，提高各項業務的現金流，從而提高企業的整體價值。戰略改進措施包括尋找成長機會，如全球擴張、對顧客和競爭者重新定位，或戰略重制。經營改進措施包括削減成本的機會和提高價格的機會。

(4) 採取外部改進措施可取得的潛在價值。一旦高層管理者決定把企業各項業務的價值和企業的價值作為一個整體，那麼就應該考慮業務投資組合的改變是否會影響整個公司的價值。這裡的關鍵問題是，即使採取了戰略改進措施和經營改進措施，出售單個業務的價格是否比它對企業的潛在價值更大一些。

(5) 公司的最大重組價值。這是指一旦經過改變投資者的觀點，採取內部改進措施，以及利用外部機會，而使得所有潛在價值都實現后一個公司的最大價值。最大重組價值與目前的市場價值之差表示一個企業利用重組機會可獲得的潛在利潤。

過去，這種分析方法只有槓桿經營專家和其他一些公司投機商採用。然而，面對資產日益增加的威脅，諸如此類的分析越來越被公司管理團隊所採用。

(四) 兼併整合分析

企業兼併後的協調與整合，在具有潛在範圍經濟與協同作用的前提下，是決定兼併成功與否的關鍵因素。哈斯普斯勞格 (Haspeslagh) 與杰米森 (Jemison)，基於不同業務對組織自主性的需求和業務之間戰略相互依賴性的需求，提出了一個關於兼併後

[①] [美] 羅伯特·格蘭特. 公司戰略管理 [M]. 胡挺, 張海峰, 譯. 3版. 北京: 光明日報出版社, 2001: 409.

的整合與管理的分析框架。參見圖6-10。

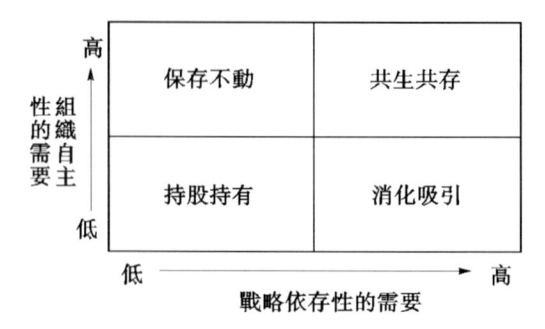

```
高
 ↑
組|保存不動    | 共生共存
織|            |
自|            |
主|------------+------------
性|持股持有    | 消化吸引
的|            |
需|            |
要|            |
低 ────────────────────→
  低    戰略依存性的需要    高
```

圖6-10　企業兼併后的整合類型分析：組織能力的視角

資料來源：Haspeslagh and Jemison. Managing Acquisitions. New York：the free press，1991.

不同業務之間的兼併，其性質不同，兼併後給整合與管理帶來的挑戰也不同：

（1）如果被兼併業務的自主性運作要求很高，而與其他業務的戰略依存性較低，通常適用的整合辦法是保存不動：盡量保存現狀，減少變動。至少表面看來，這與從兼併對象與現有業務的關係中挖掘和創造價值的理念背道而馳。然而，有些業務由於其獨特性，可能很難被融入企業的整個體系。但由於其存在，可能會為整個企業起一個榜樣的作用，增進其他業務的學習，並滿足企業的某些特殊需要。

（2）如果被兼併的業務經營自主性要求與戰略依存性要求都比較低，則企業兼併的目的主要是在財務和一般管理上有所關照，並不需要將其與其他業務整合。這時的運作理念與模式實際上是純粹的控股公司模式。

（3）當業務之間的戰略依存性較強的時候，整合的願望也會隨之增強。當兼併對象的戰略依存性需求較強但組織自主性需求較低的時候，最適用的整合類型通常是消化吸收。這種整合是以大吃小，純粹意義上的兼併或者收購。誰兼併誰，主次分明。這裡，一個比較恰當的比喻可能是「移植」：缺什麼，補什麼。

（4）當兼併對象的戰略依存性需求和組織自主性需求同時都很高的情況下，最為適用的整合類型大概應該是共生共存，即保持和利用業務的獨特性，也營造和體現公司的總體性。這裡，最恰當的比喻可能是「合金」：既有各個組成因素的性質，更有新的組合體的綜合特性。這種高度融合又高度自主的狀態是最難以拿捏的，也是大多數兼併通常失敗的原因。

本章小結

本章主要探討公司戰略的主要任務以及公司總部的管理角色。公司戰略的主要任務在於：選擇總體經營方向和界定業務範圍，合理配置資源，比如核心競爭力的培育與應用等；管理不同業務之間的關係，比如資源互補、活動共享、知識傳輸等；管理總部與業務單元之間的關係。公司的業務範圍界定體現在數量與規模、種類與多樣性、關係與管理邏輯三大方面。

本章開始我們首先介紹了業務的三維定義（顧客群體、顧客需求與滿足方式）以及戰略業務單元的定義。

然後我們分別探討了企業多樣性的來源、縱向一體化和橫向多元化的含義與表現，以及儒梅爾特的公司戰略分類法。在對縱向一體化的考察中，我們從交易費用和保持控制兩個主要方面闡釋了縱向一體化的實質、動機、評審與管理。

公司戰略最核心的問題，其實是多元化經營的問題，其最終的挑戰在於如何使公司的價值大於其單個業務價值的簡單疊加。我們從環境、企業、個人三個方面詳細考察了企業多元化的動因，比如分散風險、尋求新的增長，以及建立和應用市場強權。我們比較了內部發展以及併購與兼併兩種實現多元化之途徑的潛在優劣，比如內部發展的控制優勢以及速度的限制，企業兼併的速度優勢以及兼併后文化衝突與整合的困難。我們探討了多元化進程的方向選擇與檢驗準繩，即產業吸引力、進入成本以及競爭優勢和增益的三大檢驗。我們回顧了不同類型的公司戰略與經營績效和經營風險的關係，初步支持了相關性多元化經營平均績效優異的假說與觀點。

最後，我們分別介紹了有關多元化戰略管理的主要理論流派，即業務相關性學說、競爭優勢學說、核心競爭力學說以及母合優勢學說，並展示和討論了公司增長途徑分析、資產組合管理分析、企業重組再造分析以及兼併整合分析等有助於多元化管理的多種分析方法與框架。

案例

寶潔：加減的算術與藝術

2007 年，由於雷富禮（A. G. Lafley）讓寶潔公司越做越大，越做越強，而被《巴倫周刊》評為「CEO 全球 30 強」。2008 年，雷富禮再次成為「2008 全球最佳 CEO」，理由變為：為創新不計情面。

發展到今日，寶潔已經擁有 300 多個品牌，暢銷 130 多個國家和地區，在 80 多個國家和地區擁有 13.8 萬名雇員。雷富禮希望，最終的結果不僅是現在看起來很光鮮，而且要致力於寶潔一貫倡導的「長期持續發展」。

他無情地宣布，將要出售或者分拆 Folgers 咖啡、品客（Pringles）薯片和金霸王（Duracell）電池，因為它們的銷售沒能達到 4%～6% 的增長水平。此舉讓寶潔幾乎退出了食品行業。

今年（2008 年）6 月 4 日，寶潔結束了自己的「咖啡之旅」，將 Folgers 咖啡業務以約 13 億美元的純股票交易並入盛美家（J. M. Smucker）。做出這個決定並不容易，經營 Folgers，寶潔用了 45 年的時間。2007 年 Folgers 銷售收入達到 16 億美元，營業利潤為 3.5 億美元，但由於年銷售額增長率只有 2%～3%，因此難逃被出讓的命運。

「如果不能至少達到目標範圍內銷售增長的底線、不能實現一位數或更多的營運利潤增長，或不能在保證資金成本的基礎上完成股東總回報，就有可能被我們賣掉。」雷

富禮曾表明,「寶潔退出某些業務領域,是為了致力於核心業務——家庭日化用品和美容品。」

資料來源(有刪減):朱熹妍. 寶潔:加減的算術與藝術 [N]. 經濟觀察報,2008 - 10 - 20 (29).

思考題

1. 企業業務的內涵是什麼,如何界定企業業務的經營領域與範圍?
2. 企業採用縱向一體化成長戰略的動機是什麼?如何實現?
3. 你如何評價縱向一體化戰略?
4. 企業多元化經營戰略的動機與方式是什麼?
5. 企業多元化戰略運用的條件是什麼?
6. 簡述指導企業多元化戰略的戰略管理思想與理論。
7. 簡述企業多元化業務管理的方法。

第七章　業務戰略

第一節　業務戰略概述

業務戰略又稱為競爭戰略，指把企業擁有的一切資產通過剝離、出售、轉讓、兼併、收購等方式進行有效的營運，以實現最大的資本增值。它所涉及的決策問題是在已經選定的業務範圍內通過確定本業務的具體競爭方式和資源使用重點，最終謀求競爭優勢，獲得比競爭對手更好的業績。

企業的每一種業務都有自己的業務戰略，業務戰略與企業相對於競爭對手而言在行業中所處的位置相關。那些在行業內定位準確的企業通常能更好地應付五種競爭力量。要想找準定位，企業必須決定其準備採取的行動能否以不同於競爭對手的方式開展活動或開展完全不同於競爭對手的活動。

一、業務戰略的內容

（1）決定本業務對實現公司戰略可做出的貢獻，業務的發展方向和發展遠景，本業務活動與公司內其他業務活動的關係，包括需要與公司內其他業務共享的資源種類和共享的活動。

（2）決定本業務的涵蓋範圍，包括本業務在業務價值鏈上的位置和業務活動涉及的價值鏈長度、業務活動所採用的技術類型和技術擴散利用的潛力、主要市場和用戶群結構。

（3）業務的核心活動方面、基本競爭戰略種類以及獲取並控制價值的方式。

（4）業務內各項職能活動對該業務取得競爭成功的作用。

（5）業務內對資源的分配和資源平衡的方式，建立對業務內各項活動資源使用效果的控制和評價機制。

二、業務戰略的制定

業務戰略強調了各單位在各自產業領域中的生存、競爭與發展之道。如何整合資源、創造價值以滿足顧客，是業務戰略關心的重點。在進行業務戰略制定時，可以分別從以下五方面來構思企業的業務戰略[1]：

---

[1]　代宏坤. 企業業務戰略制定新方法［J］. 商業時代，2007（15）.

(一) 產品線的廣度與特色

產品線廣度與特色產品（或服務）是企業與顧客之間最直接接觸的接口，是企業求生存最基本的依據，是最容易掌握與描述的企業特性。因此，產品線的廣度與特色，是描述企業業務戰略的首要項目。

描述產品線的廣度和特色時，要注意如下問題：在產業所有可能提供的產品或服務項目中，本企業提供了哪些產業有的，本企業是否全有或只提供單一產品；如果產品線不止一種，則選擇這一產品組合的理由為何，產品線或服務項目大約可以劃分為幾大類，它們之間如何搭配，同業間產品或服務的特色共有哪些，本企業所提供的特色又是哪些，這些特色是怎樣形成的，憑什麼可以創造這些特色。

(二) 目標市場的細分方式與選擇

目標市場是本企業所欲服務與滿足的對象，也是主要的外界資源來源，因此是描述業務戰略的重要構成層面。但在實務上，許多企業領導人或業務負責人對目標市場的概念並不清楚，常造成實踐中缺乏重點，或因為想以同樣的方式服務不同的目標市場，而降低了顧客的滿意程度。

無論消費品或工業品，顧客皆可以依據各種標準劃分為許多細分或類型。同一產業中的各個業者對目標市場的細分方式未必相同。而且其細分方式也代表其戰略思考的方式與戰略選擇。例如有些企業依客戶的規模劃分市場；有些則是依地區；有些依消費者的所得、年齡或生活形態。不同的劃分方法，在戰略上甚至組織上，都代表著不同的意義。

業務戰略的制定者應思考並決定他所負責的業務，現在如何界定和選擇其目標市場來應對？這一細分方式有何戰略上的意義？目標市場中的顧客在購買行為和需求特性方面，是否與本業務的產品線廣度與特色相配合？所選定的目標市場將來成長潛力及需求特性的穩定程度如何？如果是工業品，也可以思考各個目標市場差別或客戶類型對本企業的依賴程度如何？本企業對它們的依賴程度又如何？將目標市場細分以後，企業未必就只選擇其中一個。

(三) 垂直整合程度的決策

任何產業，由原料到最終顧客的滿足，都必須經過一連串的加工作業或「價值活動」。例如，在半導體產業，有IC設計、光罩、芯片加工、被動元件製造、包裝等階段，廠商可以在這許多階段中選擇其中一個階段來做；也可以從頭做到尾，成為一個一貫作業的半導體業者。究竟要從事多少項或多少階段的決定，就是垂直整合程度的決策。這些「活動」，企業可以自己做，也可以讓別人來做，各有其優劣之處。

在決定垂直整合程度時，必須先瞭解產業上下游共有哪些流程與階段，才能深入分析而有所取捨。有些業務（活動）的競爭優勢的形成極具關鍵性，應盡量掌握在自己手中；有些業務（活動）與競爭優勢或企業的核心能力關聯不大，外界又有許多機構可以代勞，則可以考慮外包來精簡組織。

(四) 相對規模與規模經濟

規模經濟是隨著經營規模的擴大而帶來的效益，可能表現在產能的充分利用、採購上的談判力、全國性廣告的運用，以及人員訓練與研究發展等。而這些效益的大小又隨著產業特性而有所不同。即使在同一個產業，也會因為科技的進步、產業結構的演進等因素而有所變化。

要描述「相對規模與規模經濟」，必須要先仔細思考並回答以上這些問題，而不只是簡單地提出本企業的營業額或資本額而已。想要回答以上這些問題，需要深入的研究，也需要一些主觀的判斷。

在許多高科技或電子商務的產業，由於產業特性是「大者恆大」，未達一定門檻規模者很快就會被淘汰，所以快速追求規模成長是關鍵。在投資新業務前，需要先想清楚，這一產業的規模要求或門檻是多少，本身的資源與戰略雄心是否能配合產業規模的要求。而即使是產業中的老將，當面對產業環境劇烈變化時（例如科技突破或市場開放），也應深入檢討自己在規模方面的地位與決策。

(五) 競爭優勢

戰略制定者希望能由以上各項戰略決策，創造出業務所獨特擁有的競爭優勢。這些競爭優勢可能是行銷方面的優勢，例如品牌知名度和渠道的掌握，也可能是在生產和財務方面，例如生產效率和低成本的資金來源；也可以是技術的獨創與領先。

但這些戰略上的競爭優勢，有時彼此並非互相獨立，而是互相支援、互相呼應、互相配合的。有些競爭優勢是從本業務的戰略形態所形成的，或說是從以上五個戰略形態層面延伸出來的。例如「產品品質特別好」「產品種類比別人多」「交貨迅速」等優勢，是與「產品線廣度與特色」有關的；「掌握了最忠誠的客戶」「找到了最好的經銷商」是與「目標市場的細分方式與選擇」有關的優勢，「產銷一體化」「善用外包以精簡組織」是與「垂直整合程度的決策」有關的優勢。

第二節　基本競爭戰略

競爭戰略是指在正確界定和分析競爭對手和競爭形勢后，企業計劃在一段較長時期內採用的主要競爭手段，也可以說競爭戰略就是確立企業競爭優勢的謀劃。波特提出，企業有三種基本的戰略選擇，即成本領先戰略、差異化戰略、集中化戰略。他指出，一個企業要獲得相對競爭優勢，就必須做出戰略選擇。企業若沒有明確地選定一種戰略，就會處於左右為難的兩難境地。企業必須從這三種戰略中選擇一種，作為其主導戰略。這三種戰略在架構上差異很大，成功地實施它們需要不同的資源和技能，由於企業文化混亂、組織安排缺失、激勵機制衝突，夾在中間的企業還可能因此而遭受更大的損失。

一、成本領先戰略

成本領先戰略也稱低成本戰略，是指企業通過有效途徑降低成本，使企業的全部成本低於競爭對手的成本，甚至是同行業中最低的成本，從而獲取競爭優勢的一種戰略。為了實現低成本，企業應發揮規模經濟的作用，使生產規模擴大、產量增加，從而降低單位產品的固定成本。

成本領先可以從以下幾個方面給企業帶來競爭優勢：
(1) 獲得高於產業平均水平的利潤；
(2) 獲得較大的降價空間，從而有效地實施價格競爭，提高企業的價格競爭能力；
(3) 以較低的價格銷售產品，有利於擴大銷售，提高市場佔有率；
(4) 以較低的價格限制潛在競爭者的加入。

成本領先戰略的戰略邏輯，一是要求企業成為產業內唯一的成本領先者，而不僅僅是若干領先企業之一；二是要求企業較競爭者有明顯的成本優勢，而不只是微小的領先。在實踐中，有許多企業採用成本領先戰略而取得了良好績效。邯鋼以嚴格的成本控制取勝，形成了著名的「邯鋼經驗」。

(一) 成本領先戰略對競爭威脅的抵禦

波特認為，身處任何產業的企業都面臨五種競爭威脅，即來自產業內的現有競爭者、替代品生產者、買方、供方和潛在進入者。競爭戰略的目的是指導企業採取進攻或防守性行動，幫助企業在產業內建立進退有據的地位，成功地應對五種競爭威脅，從而為企業贏得超常的投資收益。

買方和供方都是企業的合作夥伴，買方與企業競爭的焦點是產品售價。成本領先的企業，有能力將產品的價格始終維持為產業最低，因此買方一般也不會奢求進一步降價。供方與企業競爭的焦點是原材料或零部件的供應價格。成本領先的企業，一般具有規模化的生產和較高的市場佔有率，因此它可依賴採購數量優勢來說服供應商放棄提價的企圖。即使在供應商堅持提價時，成本領先的企業也比競爭對手更具承受能力。

替代品生產者與潛在進入者加入競爭行列的目的，是為了該產業的需求與利潤。實施成本領先戰略的企業，可通過不斷降低產品價格來削弱顧客轉向替代品的慾望，即使替代品對該產業有較大衝擊時，首先受損失的也是那些成本與產品價格較高的企業。成本領先的企業，會傳遞給潛在進入者一個信息，即一旦其敢涉足該行業，成本領先企業有能力將產品價格降到使入侵者無利可圖的水平。

產業內競爭者對企業的威脅，主要體現在顧客爭奪、供應商爭奪和資源爭奪。產業內競爭者對顧客的爭奪，主要依賴降低產品價格和提高產品質量來完成。實施成本領先戰略的企業能夠自如地應對其他企業的降價，不會讓競爭對手獲得任何價格優勢。實施成本領先戰略的企業，其目標市場是價格敏感性的顧客，因此質高而價格也相對較高的產品，難以對目標市場形成較大衝擊。成本領先的企業，規模化的採購是其一大特徵，供應商會竭盡所能地爭取與維持此類顧客。因此，採購價格相近時，理智的

供應商會選擇成本領先的企業。而當競爭對手以提高採購價格來搶奪供應商時，成本領先的企業比競爭對手更容易消化採購品價格的上升，有能力應對競爭對手的提價。

(二) 成本領先戰略的實現

成本領先戰略通常靠規模化經營來實現。所謂規模化，通俗的說法就是「造大船」，而「大船」必須同降低單位產品的成本聯繫起來才有意義。如果僅僅強調規模之大，而不注重成本之低，那麼這種所謂的「規模」就同古埃及法老造金字塔、中國秦始皇築長城無異，不具備經濟學上的成本分析意義。只有類似於福特汽車在20世紀初期通過流水作業線把T型車價格降到二百多美元，以及更早一些時間的卡耐基把每噸鋼材價格降到十幾美元的舉措，才是真正的規模化經營。國內有些人簡單地把企業併購擴張理解為規模化，而不注重「航母」和「舢板」的單位成本比較，誤解了規模化的真諦。

規模化的表現形式是「人有我強」，但是這個「強」首先不是追求質量高，而是價格低。所以，在激烈的市場競爭中，處於低成本地位的公司仍可獲得高於本產業平均水平的收益。換句話說，當別的公司在競爭過程中已經失去利潤時，這個公司仍可以獲利。企業實施總成本領先戰略，不是要開發性能領先的高端產品，而是要開發簡易便宜的大眾產品。正是這種思路，使工業化前期的企業往往選擇這一戰略。它們通過提高效率，降低成本，使過去只能由上流社會甚至皇宮王室享用的奢侈品，走進了尋常百姓家。至今，這種戰略依然有效。

(三) 成本領先戰略的適用場合

成本領先可以是一種有效的戰略選擇，但並非在任何情況下都是適用的，在以下一些場合，成本領先戰略最能發揮作用和效力。

(1) 在顧客方面，對某一類商品存在巨大的共同基本需求。在這種情況下，質量可接受的標準化產品就能夠滿足用戶需要，價格而不是特色、質量或品牌成為顧客購買的主要決定因素。像沃爾瑪這樣的大型連鎖超市所銷售的多為日常消費用品。對於食品而言，所謂民以食為天，需求是大量、持續而穩定的，並且顧客之間的差異性不大。面對這一類的需求，沃爾瑪之所以能夠做到年銷售額超過 2,000 億美元的規模，這裡的邏輯是簡單明瞭的：大量的共性需求是規模化經營的前提和基礎，而規模經濟所帶來的低成本和低價格又正好迎合了這類需求。

(2) 對於產品生產而言，如果產品差異化的途徑不多，差異化的作用不大，那麼該行業所生產的產品都將是標準化的。比如，農產品、建築鋼材、基本化工產品等，不同廠家所生產出來的產品的差別是很小的。在這種情況下，顧客的轉換成本很低，很容易從一個廠家轉向另外一個廠家購買。

二、差異化戰略

所謂差異化戰略或標新立異戰略就是使企業提供的產品或服務標新立異，有別於競爭者而具有鮮明的個性或特色，以創造和提升企業競爭優勢的戰略。這種戰略的核心是取得某種對顧客有價值的獨特性。凡是差異化戰略，都會把成本和價格放在第二

位考慮，首要的是看能不能做到標新立異。這種標新立異可能是獨特的設計和品牌形象，也可能是技術上的獨家創新，或者是客戶高度依賴的售后服務，甚至包括別具一格的產品外觀等。

差異化可以通過許多方面來體現，如產品性能、質量、外觀、品牌形象、技術、客戶服務、經銷網路等，企業只要在其中某一方面或某幾個方面與競爭者有所不同，並對潛在顧客具有較大的吸引力，就能取得優勢地位。

成功地實施差異化戰略可帶來的競爭優勢有：

（1）使企業減少與競爭對手的正面衝突，取得某一領域的競爭優勢；

（2）利於擴大企業和品牌的知名度，強化顧客的品牌偏好和忠誠；

（3）能有效地將顧客的注意力吸引到企業鮮明的個性和特色上，降低顧客對價格的敏感性，從而有利於企業抵禦價格競爭的衝擊，增加企業利潤；

（4）具有特色的產品還能有效地防止替代品的威脅。

（一）差異化戰略對競爭威脅的抵禦

差異化戰略是一種極具顧客導向的戰略。它很注重研究顧客需要與滿足顧客需求，其目標是比競爭對手更好地滿足顧客的需求，其手段是使產品中融入顧客需要的獨特個性。獨特個性的融入，使實施差異化戰略的產品與眾不同。顧客欲獲得這些獨特性和滿足某些特定需求，就必須消費該類差異化的產品；否則，他們的特定需求將無法得到滿足。由於顧客缺乏滿足同類需求的備選產品，因此其壓低產品價格的能力相對有限。

企業所尋求的獨特性有一部分來自其採購品的獨特性。因此，實施差異化戰略的企業多對供應上的依賴比較強。反之，企業停止採購對供應商也有較大威脅。因為產品的專用性使供應商很難及時找到其他買主，轉換成本較高。因此，供應商與實施差異化戰略的企業之間，一般會更多地選擇合作與相互信賴。

差異化戰略的有效實施可以形成顧客對企業產品的消費偏好，幫助企業建立良好的品牌信譽和顧客忠誠。新的進入者和替代產品生產者想要在短時間內克服這些障礙絕非易事。在與新的進入者和替代產品生產者的較量中，首先受損失的是那些產品無特色的企業。

（二）差異化的來源

1. 差異化的內在來源

差異化的內在來源包括產品質量上的識別性。產品及使用上的可靠性、安全性、功能穩定性、耐用性等都可以成為不同的消費者識別質量的標志。產品品種的可挑選性使產品具有個性和與環境的適應性，消費者可以根據時間和場地的不同選擇性使產品具有個性和與環境的適應性，消費者可以根據時間和場地的不同選擇不同的式樣。通過產品品種的更新換代，還能使消費者在追隨產品更新過程的同時，與企業建立長期的關係。

與產品使用過程捆綁在一起的服務提高了消費者對產品質量的識別程度，對使用專業要求較高的產品來說，與使用過程捆綁的服務使消費者能經濟放心地使用產品。

特別是當某產品的使用，關係到使用者系統的穩定性，或是當使用者系統故障的成本特別高時，是否能提供捆綁服務和服務的滿意程度將成為購買的前提條件。對於注重系統及時、平衡、經濟性的用戶、對市場變化較快的用戶和經常性創新的用戶來說，獲得產品的及時性及合理的交貨期，就成為重要的差異化識別標志。

2. 差異化的外部來源

差異化的外部來源表現為企業長期建立的市場形象和品牌吸引力、產品的外觀特徵、產品價格等。通過差異化，可以使用戶在任何地點及任何時候都能獲得所需要的能力（包括產品、服務及結合效果），能獲得使用和維修上的便利和支持，能獲得對升級產品的首先使用等。甚至能借助對產品的消費來獲得相應的市場地位，獲得與供應商結盟的機會和利用供應商無形資產及市場機會的地位。可見，市場形象和品牌吸引力的差異化作用最強。

總的來說，當差異化的外部來源有內在來源的支持時，差異化的可識別性和消費者認可程度較高，差異化標志維持的時間也較長，差異化戰略的成功率會更高。

(三) 實施差異化戰略的途徑

企業要突出自己產品與競爭對手之間的差異性，主要有四種基本的途徑：

1. 產品差異化戰略

產品差異化的主要因素有：特徵、工作性能、一致性、耐用性、可靠性、易修理性、式樣和設計。

2. 服務差異化戰略

服務的差異化主要包括送貨、安裝、顧客培訓、諮詢服務等因素。

3. 人事差異化戰略

訓練有素的員工應能體現出下面的六個特徵：勝任、禮貌、可信、可靠、反應敏捷、善於交流。

4. 形象差異化戰略

形象差異化是指通過塑造與競爭對手不同的產品、企業或品牌形象來取得競爭優勢，塑造形象的工具有名稱、顏色、標示、標語、環境、活動等。企業通過強烈的品牌意識、成功的 CI 戰略，借助媒體的宣傳，使企業在消費者心目中樹立起良好的形象，從而對該企業的產品產生偏好，一旦需要，就會傾向於選擇該企業的產品。

(四) 企業實施差異化戰略的意義

企業通過差異化戰略可實現以下目的：

(1) 建立起顧客對企業的忠誠。

(2) 形成強有力的產業進入障礙。

(3) 增強企業對供應商討價還價的能力。這主要是由於差異化戰略提高了企業的邊際收益。

(4) 削弱購買商討價還價的能力。企業通過差異化戰略，使得購買商缺乏與之可比較的產品選擇，降低了購買商對價格的敏感度，另一方面，通過產品差異化使購買商具有較高的轉換成本，使其依賴於企業。

（5）由於差異化戰略使企業建立起顧客的忠誠，所以這使得替代品無法在性能上與之競爭。

三、集中化戰略

集中化戰略也稱聚焦戰略，是指企業或事業部的經營活動集中於某一特定的購買者集團、產品線的某一部分或某一地域市場上的一種戰略。這種戰略的核心是瞄準某個特定的用戶群體，某種細分的產品線或某個細分市場。具體來說，集中化戰略可以分為產品線集中化戰略、顧客集中化戰略、地區集中化戰略、低佔有率集中化戰略。

集中化戰略是同市場細分緊密關聯的，通俗的說法就是市場定位。如果把經營戰略放在針對某個特定的顧客群、某個產品鏈的一個特定區段或某個地區市場上，專門滿足特定對象或者特定細分市場的需要，就是目標集中。這一類基本戰略是主攻某個特定的顧客群、某產品系列的一個細分區段或某一個地區市場。成本領先戰略與差異化戰略都是要在全產業範圍內實現其目標，集中戰略卻是圍繞著很好地為某一特定目標服務這一中心建立的，它所制定的每一項職能方針都要考慮這一目的。

（一）集中化戰略的實施形式

集中化戰略實施有兩種形式：集中成本領先和集中差異化。採取集中成本領先戰略的企業追求在目標市場上的差異化優勢。集中戰略的這兩種形式都以所選擇的目標市場與產業內其他細分市場的差異化為基礎。集中成本領先戰略在一些細分市場的行為中發掘差異，而集中差異化戰略則是開發差異化細分市場上客戶的特殊需求。這些差別意味著多目標競爭者不能很好地服務於這些細分市場，他們在服務於部分市場的同時也服務於其他市場。因此，採取集中戰略的企業可以通過專門致力於這些細分市場而獲得競爭優勢。

（二）集中化戰略的表現形式

集中化戰略與上述兩種基本戰略不同，它的表現形式是顧客導向。為特定的客戶提供更為有效和更為滿意的服務。所以，實施集中化戰略的企業，可能在整個市場上並不占優勢，但卻能夠在某一比較狹窄的範圍內，要麼在為特定客戶服務時實現了低成本，要麼針對客戶的需要實現了差異化，還有可能在這一特定客戶範圍內低成本和差異化兼而有之。在一定意義上，集中化戰略類似於差異化，不過是調換了位置（即顧客角度而不是企業角度）的差異化而已。

（三）集中化戰略的適用條件與收益

1. 適用條件

（1）具有完全不同的用戶群，這些用戶或有不同的需求，或以不同的方式使用產品；

（2）在相同的目標細分市場中，其他競爭對手不打算實行重點集中戰略；

（3）企業的資源不允許其追求廣泛的細分市場；

（4）行業中各細分部門在規模、成長率、獲利能力方面存在很大差異，致使某些

細分部門比其他部門更有吸引力。

2. 收益

（1）集中化戰略便於集中使用整個企業的力量和資源，更好地服務於某一特定的目標；

（2）將目標集中於特定的部分市場，企業可以更好地調查、研究與產品有關的技術、市場、顧客以及競爭對手等各方面的情況，做到「知彼」；

（3）戰略目標集中明確，經濟效果易於評價，戰略管理過程也容易控制，從而帶來管理上的簡便。

四、三種戰略的風險

任何戰略都有風險。在戰略選擇時，不但要看到相應的戰略能帶來什麼效益，同時還要看到會造成什麼風險。在一定意義上，對風險的認識要比對效益的掌握更重要。

（一）成本領先戰略的主要風險

成本領先戰略的主要風險是規模化經營會妨礙產品的及時更新換代，技術上的重大變化會把過去的投資和經驗累積一筆勾銷；產業的進入者和追隨者易於模仿，競爭對手的學習成本較低；企業集中精力於成本，很可能忽視消費者的心理需求和市場的變化；需要同競爭對手保持足夠的價格差，一旦這種價格差不能抵禦競爭對手的品牌和特色影響，這一戰略就會敗北。當年福特公司的 T 型車敗給通用公司的新車型，就是成本領先戰略失敗的典型事例。

在與競爭對手對抗的過程中，企業只能依賴兩種途徑來獲取競爭優勢，一是低成本，二是差異化。因此成本領先戰略的風險也體現在兩個方面，一是成本領先企業領先地位喪失，二是企業的成本優勢難以彌補差異化的劣勢。

1. 喪失成本領先地位

實行成本領先地位的企業面臨的最大挑戰是必須始終保持產業內最低的成本地位，要做到這一點，比獲得成本領先地位更加困難。

（1）技術上的變化將過去的投資與學到的經驗抵消

處於成本領先地位的企業，通常擁有相對先進與完善的技術體系。其競爭對手深知，基於現有的技術體系來開展競爭，難以取得突破性進展。所以，他們會千方百計地尋求以新的技術體系來取代舊的技術體系。一旦某產業的技術體系發生質變或部分質變，原有領先企業在技術領域的投資和努力將大大貶值，成本優勢也將不復存在。如美國的得克薩斯儀器公司，率先開發並採用半導體技術，用晶體管代替電子管，極大地動搖了通用電器公司在電子領域的領先地位。20 世紀 80 年代以來，產品的技術更新的週期越來越短，奉行成本領先戰略的企業正面臨著日益嚴峻的挑戰。

（2）成本降低的空間日漸狹小

企業想要維持成本領先地位，必須不斷降低成本以保持對競爭對手的成本優勢。但隨著技術與產業的成熟，企業降低成本的空間及幅度日漸狹小。隨著競爭對手標杆管理的實施，企業之間在技術水平與管理水平方面的差距將逐漸縮小，企業成本優勢

的維持日漸困難。

2. 成本優勢難以彌補差異化的劣勢

在市場上，成本領先企業的優勢最終表現為價格優勢，而其劣勢就是產品缺乏個性。當企業產品的價格優勢無法彌補其差異化劣勢時，企業會將市場優勢拱手讓與實施差異化戰略的企業。導致企業差異化劣勢過分突出的原因，既可能是來自企業的內部經營不善，也可能是來自外部市場環境的變化。

(1) 過度關注企業內部經營效率的提高，缺乏對顧客需要的良好把握

產品立足於市場的前提是能滿足某些顧客的需求。一旦產品無法滿足顧客的需求，價格的高低就失去了意義。因此，企業在堅持提高企業內部的經營效率的同時，應始終貫徹顧客導向，堅持對顧客需求的研究與迎合。

(2) 市場需求發生不利於低成本的企業的顯著變化

在顧客需求發生很大變化的情況下，即使企業仍然能夠保持產品的價格優勢，由於無法滿足顧客的需求，原有市場也將被實施差異化的企業所占領。如：福特公司出產的黑色 T 型轎車，由於成功地實施了成本領先戰略，曾在美國風靡一時。但隨著消費者收入與購買力的提高，許多高收入家庭開始購買第二輛、第三輛汽車，市場開始偏愛個性突出、風格新穎、質量優良的汽車，顧客願意為此支付較高的價格。福特公司由於沒有及時調整戰略，很快失去了市場的主導地位。

(二) 差異化戰略的主要風險

差異化戰略的主要風險是維持差異化特色的高成本能否被買方所接受，如果價格差距過大，客戶很可能會放棄對這一品牌的忠誠度而轉向採購更便宜的產品以節省費用；買主的差異化需求下降，不再願意為保持特色支付溢出的價格；差異化形成的高額利潤，會吸引投資者進入並模仿，而大量模仿的出現會導致差異縮小，利潤逐漸降低。

差異化戰略的風險主要有兩類，一是差異化優勢的喪失，二是差異化優勢無法彌補成本劣勢。

1. 差異化優勢的喪失

差異化優勢喪失的一個原因是競爭對手的仿效。對於那些具有差異化優勢的企業，競爭者會想方設法地學習與模仿，以改進自己的產品或服務，達到縮小或彌補差異化優勢的目的。因此，獲得差異化優勢的企業既不可能高枕無憂，更不可能一勞永逸，它們既要注意已有差異化優勢的保護、維持與強化，又要不斷尋求新的差異化優勢。

差異化優勢喪失的另一個原因是顧客對獨特性的不認可。產品或服務的獨特性只有滿足顧客所重視的需求時，才能被顧客認可，從而為企業帶來差異化優勢。顧客對獨特性不認可一方面源於主觀因素，如對顧客的需求特點認識不足、產品未能達到顧客使用標準、向顧客傳遞的信息不充分或被扭曲等；另一方面源於客觀因素，如顧客需求特點出現重大變動、成熟市場中顧客不再對一些特殊需求感興趣等。

2. 差異化優勢無法彌補成本劣勢

通常情況下，顧客願意為所獲得的獨特性價值支付一定的溢價。但溢價的幅度不

能過高，因為顧客的承受能力有限。當實施差異化戰略的企業成本過高時，將面臨兩難的選擇：如果大幅度提高產品價格以補償成本，就會失去大量的顧客；如果價格不變或稍微提高以保住市場份額，就會流失大量利潤甚至虧損。從長遠來看，兩種選擇都會影響企業的正常發展，因此對實施差異化戰略的企業來說，控制成本與尋求差別同樣重要。

(三) 集中化戰略的主要風險

(1) 由於企業全部力量和資源都投入一種產品或服務或一個特定的市場，當顧客偏好發生變化，技術出現創新或有新的替代品出現時，則這部分市場對產品或服務需求下降，企業就會受到很大的衝擊；

(2) 競爭者打入了企業選定的目標市場，並且採取了優於企業的更集中化的戰略；

(3) 產品銷量可能變小，產品要求不斷更新，造成生產費用的增加，使得採取集中化戰略的企業成本優勢被削弱。

總的來說，集中化戰略的主要風險是細分目標的公司與大面積提供服務的公司成本差距過大，從而使集中化公司失去成本優勢，或者失去特色優勢；原來確定的客戶對象與其他客戶逐漸趨同，不再需要針對特定目標的特色服務，細分市場失去意義，外來的「大路貨」消解了原來的目標定位；競爭對手對市場進行了二次細分，使相應產品和服務也隨之變成了不再吸引特定客戶的「大路貨」。

第三節 競爭優勢

競爭優勢是指在特定的產品與市場領域中，企業通過其資源配置的模式與經營範圍的決策，在市場上所形成的與其競爭對手不同的競爭地位。它常常表現為企業所擁有的資源、能力與競爭企業相比，在數量上或質量上形成的有利差別。競爭優勢是競爭性市場中企業績效的核心。然而很多企業在追求瘋狂的增長和多元化經營的過程中，將競爭優勢拋於腦后。今天，全世界的企業都面臨增長的減緩和來自國內和全球的競爭，競爭優勢的重要性前所未有。而競爭者們已不能在似乎不斷增大的餡餅足夠分享的前提下經營。本節主要基於企業資源和能力著手，探討競爭優勢是什麼？競爭優勢的基本類型有哪些？資源和能力如何轉換為競爭優勢？

一、競爭優勢的形成

關於競爭優勢的認識，一定要在特定的競爭環境中來考察。所謂競爭優勢是指當兩個企業處在同一市場中，面對類似客戶群體，其中一個企業能夠獲取更高的利潤率或能夠獲得潛在的更高利潤率時，該企業就擁有某種競爭優勢。競爭優勢是一種特質。競爭力大或強的才有優勢。這種優勢就是獨特的，否則它就不可能有更大或更強的競爭力。

一般地說，只要競爭者在某些方面具有某種特質，它就具有某種競爭優勢。因此，

也可以說，競爭力是一種綜合能力，而競爭優勢只是某些方面的獨特表現。之所以稱之為「獨特」或「特質」就是不同於別的競爭者的東西，如企業的創新能力比其他企業強，那麼它的新產品開發就會快，就會準；又如某企業的品牌有獨特的魅力，能更多地吸引顧客，那麼它就更容易開拓市場或擴大銷售等。所以，競爭優勢是某種不同於別的競爭對手的獨特質量，這種質量難以觀察和測量，但在競爭中是能夠比較明顯地表現出來的，也可以說會脫穎而出。競爭優勢是在競爭中培育出來的，也是在日常工作中累積起來的，不過需要用心和智慧，而不是隨意或自然就可擁有的。

(一) 適應外部環境的變化形成的競爭優勢

企業所處的外部環境時刻都在發生變化，這種變化並不直接對企業產生正面的或負面的影響。在動態的環境下，企業只有適應環境的變化才能生存。基於變化環境中的競爭優勢的形成有賴於企業對外在環境的變化做出的敏捷反應。外部環境的變化意味著創造出新機會，識別這種機會並快速地調整企業管理的各項工作，我們往往把這種能力稱為「創業者精神」，也把面對機遇敢於第一個嘗試的企業稱他們擁有「第一行動優勢」。上海的華聯超市、聯華超市是上海最早成立的超市集團，他們及時把握了超級市場作為一種新型零售形式在上海的良好發展機遇，一舉成為上海超市的領先者；麥德隆、易買得等作為上海第一批倉儲式銷售的拓荒者，同樣在其領域取得了巨大的成功。

因此，一種競爭優勢能否形成，企業的反應速度能否跟上變化，關鍵在於對外界環境變化的預測能力。產品有生命週期，行業也有生命週期，顧客的要求在不斷變化，競爭的模式也在變化，所以企業的信息系統起到重要的作用。這並不單純是指對現實市場環境的數據收集、整理和分析，更重要的是企業需要建立對環境重大因素變化的預警系統，通過對科技發展、顧客需求、供應者條件、社會形態等多項指標的監控來達到對外界的把握。英國著名的清潔公司 Body Shop，正是準確地體悟到人們對自然型清潔用品不斷增長的偏愛，大膽地採用世界各地民間的天然的清潔用品配方，附以現代的行銷方式，從而在強手如林的清潔行業中后來居上，取得成功。

當然，單純的預測未來並不能直接形成競爭優勢，企業必須能靈活地應用自己的資源和能力去適應形勢的變化。這裡的靈活性一方面指與工廠、設備有關的技術能力，另一方面同樣涉及企業組織整體的靈活性，包括組織結構、決策系統、工作設計以及員工態度等。所以，快速反應的源泉來自於組織本身的軟性程度。

事實上，許多成功的企業絕不是消極地等待事物的變化，或僅依靠預測來進行反應；他們更側重於自我創新，努力創造新事物來影響外部環境，為自身的發展提供良好的機遇。例如，Sony 公司堅定不移地追求「高、精、尖」的經營理念，不斷地向市場推出如 Walkman、Diskman、Watchman 等耳目一新的產品，打破市場的原有格局和態勢，為自身的發展拓展新的空間。

隨著競爭程度的不斷提高，競爭對手的實力也變得異常強勁。人們注意到利用外界環境變化形成競爭優勢的關鍵是反應速度，即在大家都預感某種變化將要發生的時候，最后的贏家往往是反應速度最快的企業。所以對企業資源和能力的快速重新組合，

並有效地執行新的戰略計劃成為競爭中制勝的法寶。

(二) 內部系統的創新形成的競爭優勢

外部環境的變化給具有敏銳觸角者以及有創業者精神的人提供了形成競爭優勢的良機。同時，企業內部系統的創新，包括對內部資源的重新組合也是形成競爭優勢的重要途徑。

談到企業內部系統的創新，人們馬上會聯想到技術創新，利用新技術開發新一代的產品，例如，英特爾不懈地對芯片開發技術進行創新，以保持其領先地位。但同時我們應該注意到，這裡的內部系統的創新同樣意味著企業經營管理思想和方法的創新，特別是戰略競爭方法的創新。例如，瑞典背景的世界著名家具零售商 IKEA，他們並沒有像其他同行業者那樣只是側重於如何改善零售服務的質量，家具款式等問題，而是在世界各地建立長期的供應商關係；設計顧客可以自己組裝的實用家具；大規模地開展連鎖經營；並保持自己企業的鮮明個性，從而給家具零售業帶來了新鮮的空氣。

事實上，企業內部系統的創新要求人們有充分的想像力、創造力，甚至還需要人們的直覺。這裡最重要的是能否創新出新的市場「遊戲規則」。通常情況這種新的「遊戲規則」意味著創造該行業各項活動的新的結構，或者改變該行業活動的價值鏈。例如，過去的計算機市場為主要的幾家計算機製造商所控制，如 IBM、康柏等，但英特爾公司通過行業價值鏈的分析，強烈地意識到 CPU 是計算機的心臟，他們成功地提高作為計算機零部件廠的知名度，提高對 CPU 技術的領先地位，進而向前延伸到主板的生產，從而使其徹底改變了其在行業中的地位，成為計算機行業的主宰力量。同樣微軟公司也是深深地意識到軟件將在未來計算機行業中的核心地位，全力投入成為另一個巨人。這些企業的成功創新說明要達到改變行業「遊戲規則」的目的，以下三方面的工作至關重要：

(1) 集中投資建立自己的特殊能力；
(2) 盡量避免競爭對手的主要；
(3) 設立障礙保護自己的優勢。

當然所有以上工作的基礎依然是正確地鑑別自己的資源和能力，特別是那些可以導致競爭優勢的能力，並把那些資源和能力發揚光大。正是企業不斷地創新迅速地改變著各行各業的發展變化，也導致整個世界範圍內的戰略模式的變化。

二、競爭優勢的基本類型

任何競爭優勢都是相對的，仔細觀察商場的競爭我們可以歸總出四種競爭優勢。

(一) 成本和質量方面的競爭優勢

企業的各項成本直接地影響到企業市場的競爭力，因為價格始終是市場競爭最有力的武器，這就是導致當前企業一定要進行規模經營的道理。除了有特別專長的中、小企業，失去了企業規模，尤其是企業的市場規模，企業就不能獲得最有效的經營成本。所以在產品質量幾乎相近的時候，價格戰一觸即發。

同時，如果價格相近，或價格對市場供求影響不大的時候，質量又成為市場成敗

的關鍵。這裡的質量顯然是一個綜合性的概念，它包含著產品的功能、穩定性、服務以及差異化等多項內容。

當然，隨著市場競爭的越發激烈，許多企業總是希望通過市場細分、再細分來避免對手之間直接的價格、質量衝突，因此價格性能比成為企業十分關注的問題。大家都希望追求低價優質的產品以參與競爭，也正因為大家都在向這一目標努力，使這一目標的達成變得異常困難。

歷史經驗表明，價格和質量的競爭，在市場經濟條件下是最基本的競爭手段。但同時我們必須注意到顧客的偏好總是不同的。有時人們對某些因素的考慮會有完全不同的觀點，如時間緊張者或許沒有充裕的時間去仔細衡量性價比，方便對他們來說是最重要的；又如有些顧客會為了心理的滿足而放棄性價比更高的產品。因此，企業必須能更仔細地去區別每一個細分市場，以體現不同細分市場的具體特徵。

(二) 時間和專有知識方面的競爭優勢

哪個企業善於捕捉市場的機遇，率先進入或領先改變原有的競爭模式，哪個企業就可以形成第一行動者的時間優勢。這種競爭優勢包含市場的知名度、市場新規則設立的優先權，人們對新事物的偏愛以及先行動者在行動過程中得到的市場經驗等。

在市場先行的過程中，這些企業可能建立起自己的某些專有知識，包括技術創新的知識和經營管理的知識，它可以表現為專利和訣竅，從而形成專有知識的競爭優勢。施樂公司正是因為買斷了干紙複印的專利技術，幾乎統治了複印機市場達20年之久；可口可樂由於其特殊的配方，近200年來始終保持世界軟飲料市場的領先地位。

但遺憾的是，無論誰擁有先行者或專有知識的優勢，都沒有辦法杜絕別人的模仿，這裡還沒有計算先行者所承擔的風險以及專有知識開發的成本。為了保持優勢，先行者或專有知識的擁有者必須不斷地先行和開發新的技術，這要求企業持續地投入。創新和模仿總是那樣不斷鬥爭著，領先者經常發現模仿的速度總是大大超過原先的估計，而進一步的創新的成本變得越來越高，前進道路困難重重，所以許多人不得不更注重差異化，試圖擺脫緊緊跟隨者。這並不等於說企業不可以在某一領域保持時間和技術上的優勢，只是說絕不能低估別人模仿的能力，因此領先者必須及早地設置阻止跟隨者進入的障礙。

(三) 設置防止別人進入的障礙

考慮到價格、成本優勢，以及時間和專有知識優勢的長期保持所面臨的諸多困難，企業如果能夠設置阻礙別人進入該行業的有效障礙，在一定程度上阻礙或推遲競爭對手的進入，使該市場對於對手來講並不具有吸引力，或者即使進入也很難與之匹敵，那麼這些障礙就成了市場競爭的優勢。這些可能的障礙包括：

1. 經濟規模的障礙

現有行業中的企業可以通過逐年發展起來的龐大的市場規模，向社會提供極具競爭力的、性價比高的產品和服務，從而使新進入者很難在一段時間內達到這種經濟規模。如沒有強大的資金作為后盾，新進入者是很難突破障礙的。

2. 深層的產品差異化的障礙

現有企業通過多年的努力，建立起了產品品牌以及良好的企業形象，從而造成許多無形的、更深層次的產品差異化，給對手的進入造成巨大的障礙。因為要改變人們已經普遍接受的一些觀念和習慣是一件異常困難的事情。因此，我們可以發現：成功的企業越來越注意把企業目標與社會目標相結合，樹立良好的企業形象；同時，不斷地增加市場競爭執行過程中的文化含量，從而加深顧客的印象。

3. 投資量的障礙

某些行業對於新進入者來講，如果初始要求的投資量很大，無疑增加了進入的風險，也會形成進入障礙。這也形成現有企業的一種優勢。

4. 轉移成本的障礙

防止對手的進入，關鍵是如何保持自己的顧客。對顧客來講，儘管他可能有多種選擇，但每一次改變供應渠道依然涉及多種風險和成本。如果某一部件或設備的採購直接影響到客戶經營的成敗，則改變原先的供應商其所承擔的成本是很高的。再加上顧客與原有供應商長期合作所建立的信任和友情，除非新進入者確實能夠提供優質低價，對顧客確有附加價值的產品來抵消顧客的轉移成本，否則這種轉移成本又可以形成現有企業的競爭優勢。

5. 接近銷售渠道的障礙

現有企業由於進入市場早，他們與產品銷售商建立起了良好的合作關係，包括良好的信譽。而許多產品的銷售渠道並不具有很寬餘的選擇，新進入者要從中打開缺口也是十分困難。

6. 其他成本障礙

現有企業可以通過與供應商長期的合作關係來得到更便宜的供貨，可以搶先在最有利的地點去設立自己的工廠和銷售服務點，還可以與行業有關的其他關鍵公眾保持良好的關係。新進入者要跨越這些障礙，得到一個好的經營環境，其成本是很難精確估量的。

7. 政府政策的障礙

現有行業的企業可以通過遊說政府設置許多政策性障礙，來阻止新對手的加入。在國際市場的競爭中，這一現象表現得十分明顯和普遍。

以上七個方面可能的障礙，對於先進入市場者而言，實際上提供了探索進一步確立競爭優勢的可能途徑。

（四）勢力優勢

成本與質量，時間和專有知識以及設置進入障礙給企業帶來的優勢，最終都會被別人慢慢地趕上。人們可以發現企業最終意義上的競爭優勢是實力優勢，即主要依靠企業的資金優勢。因為如果企業有充分的資金優勢就能夠在各項資源，包括人力和技術等方面施以高強度的持續投入，從而甩開競爭對手。

某種意義上講，實力確實是市場的主宰，因為沒有實力即使有再好的想法也不能加以實施。但這並不等於說實力相對較弱的企業就沒有了獲勝的機會，因為：

（1）越來越細分的市場本身孕育著各種潛在的機會；

（2）實力較弱的企業可以通過戰略聯盟更有效地利用夥伴的資源和能力，從而提高綜合實力。

以上四方面的競爭優勢分析，歸納了企業市場競爭過程中最重要的，也是極富實際操作性的競爭優勢。我們必須注意到競爭過程是一個動態的過程，以上四個方面的競爭優勢也是市場競爭層次不斷提高的過程，它們表明了市場競爭必然的內在規律。根據美國戰略管理專家理查德·戴維和羅伯特·甘茲在他們的新作《超級競爭》的觀點，超級市場競爭的狀態可能是某個行業由幾個主要企業所控制，組成全球性的戰略聯盟，發展和創造健康的競爭，以達到某種平衡。

三、競爭優勢的保持

人們會發現，他們花了巨大的努力建立起來的競爭優勢，往往在激烈的市場競爭中慢慢喪失了，從而與企業戰略者們原來的期望相背離。如何保持競爭優勢，實質上是保持企業長期生命力的關鍵。保持競爭優勢的方法首先在於找到競爭優勢喪失的原因，並深入分析這些原因。從大類上面講，基本原因有兩類：

（1）由於時間的推移，企業原有的競爭優勢被對手模仿；

（2）企業成長之后引起的「大企業病」，喪失創業者精神。

因此，必須對症下藥才能找到維持競爭優勢的正確道路。

（一）防止模仿

對手要模仿成功，他必須具備以下四個前提：

（1）能準確地識別別人具有的優勢；

（2）通過這種模仿，可以達到更高的利潤回報從而構成其模仿的動機；

（3）能準確地判斷出構成競爭優勢的那些基本組成因素；

（4）可以進行有效的資源重組來形成優勢。

為了保持競爭優勢，防止模仿始終是企業戰略的核心內容之一。其關鍵內容應針對模仿的四個前提：

首先，適當地隱蔽由於競爭優勢所帶來的超凡表現，從而避免讓人過早地注意或過快地跟蹤。例如，即使有新的產品創新，市場需求旺盛也不急於抬高價格，以使對手較快地發現短期利潤而加以追逐；或者即使有豐富的利潤也不暫時公開，這一原因導致有些公司不願意很快走上市的道路。

其次，降低對手的模仿能力。要使得試圖模仿者感到要達到形成競爭優勢，贏取超額利潤是一件異常困難的工作。這可以包括設置障礙或預設警告來阻止對手輕易模仿。例如領先者可以通過其原有的經濟規模效益和市場控制力，一旦發現有人模仿就大幅度地降低市場價格使對手「看不見」預見的利益從而放棄計劃。這需要企業有充分的能力和實力，再加上膽識，因為這涉及的成本及風險也是巨大的。

另一種降低對手模仿能力的手法是快速搶占市場。通過擴大產品線，製造差異化的產品；迅速提高生產能力，快速鋪滿市場渠道；以及各項專有知識、專利的迅速繁

殖等手段，使原有優勢的企業能占領現有的潛在的各細分市場，從而使試圖模仿者的市場空間大大減小，喪失投資信心。

再次，使形成競爭優勢的原因模糊化。模仿者要實施模仿計劃，他必須分析優勢的原因。競爭者之間表面上的差異是較易發現的，如一家超市市場的管理者，可以自由地去競爭對手的商店以發現其在定價、貨物陳列、商品結構、促銷活動等方面的差別。但他不容易搞清楚這些表面現象背後的，諸如商店採購系統、商店信息系統、商店人力資源管理系統以及那家超級市場的企業文化等影響因素。因此，如能將形成競爭優勢更多地基於組織能力以及企業各項資源和能力相互作用的結果之上，那麼這就將競爭優勢形成的原因模糊化了，也使模仿者的模仿行為面對更多的不確定性，風險也隨之大大增高。

最後，使模仿者的資源重組變得困難。企業要想得到新的資源無非有兩種途徑：第一是購買，第二是製造。因此，原有優勢的企業應考慮如何使形成競爭優勢的資源的流動性減小，或者使對手得到這些資源所要付出的成本巨大。例如，有些資源的地理位置決定了其不可流動性。例如，美國施樂公司曾經擁有 2,000 項有關複印機的專利，它們把專利的價格定得很高，或根本不賣，使想模仿者只能自己製造。但是基於整體組織資源而綜合形成的特殊資源，模仿者必須花很長的時間才能達到。

(二) 保持創業者精神

面對動態的競爭環境和行業技術的日新月異，維持競爭優勢的關鍵在於是否能有敏銳的眼光不斷地關注內、外環境的變換，以及始終保持創業者的精神。

企業戰略的制定和執行要求戰略制定者善於捕捉那些關鍵性的市場機會，並能將已有的企業核心能力以及優勢在新的形勢下或面對新的市場機會時不斷地加以充實和提高。優勢永遠是暫時的，優勢的保持從某種角度來講是需要打破原有優勢才能建立新的優勢。所以，優勢擁有者要有勇氣自己打破優勢，才能不斷保持領先。

在此過程中創業者精神能力能否長期保持是至關重要的。只有保持創業者精神，企業才能有不懈的追求，有新的目標。這其中企業領導扮演著重要的角色，他們的目光、膽識、經驗和勇氣對企業全體而言無疑會產生巨大的影響，企業全體人員只有在富有理想的企業領導的帶領下才能為共同的新目標而努力，從而取得勝利。

第四節　動態競爭與競爭優勢

隨著環境的變化和競爭各方之間內部條件的相對變化，各企業的競爭地位也會發生改變。因此，根據競爭對手戰略的變化，適時改變自己的競爭戰略就成為企業必須做出的選擇。本節主要探討動態環境下企業競爭優勢的構建以及競爭對手的選擇、預測等問題。

一、動態競爭的性質與特點

自古以來，在軍事對抗中，一直強調戰略的互動。但直到20世紀80年代，企業戰

略管理才開始重視動態競爭問題的研究。至今，動態競爭仍是國內外戰略管理學界最重要、討論最熱烈的一個研究方向。20 世紀 90 年代以來，企業管理者普遍感到競爭環境越來越複雜，競爭的對抗性越來越強，競爭內容的變化越來越快，競爭優勢的可保持性越來越低。競爭環境的快速變化，使企業保持競爭優勢的時間大大縮短。現在企業所面臨的競爭與以前相比已發生了很大的變化，其主要影響因素有：科技革命、經濟全球化和競爭多樣化的發展等。

1. 科技革命

新技術的出現和技術的革新，特別是通信技術、信息技術的廣泛應用使企業對跨市場的經營管理更為有效，同時也使得企業對外部競爭環境的反應更敏捷，決策更迅速。新技術和新產品開發，可以降低成本，增加差異，提高進入障礙並從根本上改變競爭規則，因此各個企業都把新技術和新產品的研發作為企業競爭和發展的根本手段和核心競爭力。隨著科學技術水平的不斷提高和企業投入的迅速增加，新技術和新產品開發的速度不斷提高，大大地增加了企業之間競爭的互動和競爭優勢變化的速度。

2. 經濟全球化

經濟的全球化使得各國各地區經濟日益融合，促進了生產要素，特別是資本要素在全球範圍內的全面、自由流動。因此，各國各地區經濟的發展與外部世界經濟的變動相互影響、相互制約，貿易與投資日益一體化。以中國企業為例，在外國企業和資本以直接或者間接方式進入中國市場之時，中國企業在國際市場的開拓和對外投資的能力也在不斷加強，中國企業不斷走向國際市場。全球經濟和市場的一體化程度不斷提高，企業的競爭環境呈現出越來越明顯的動態特點。

由於有網路技術和信息技術的支持，各國為了更好地發展本國經濟，紛紛打開國門，走向世界，隨著各國之間簽訂的雙邊自由貿易合約的增多，跨國經濟的發展也越來越快，各國市場之間的聯繫也越來越緊密。這使得企業的市場不僅要受到國內競爭的壓力，而且還要受到國際市場的壓力。

3. 競爭多樣化的發展

現在企業競爭再也不像原來，僅僅只是單個企業與企業之間的單一形式的競爭，而是形成了一些戰略聯盟或者是戰略集團，並且企業之間的兼併重組也十分常見。目前，國內的許多企業在競爭實力和經營規模上與國外著名的大公司仍有著巨大的差距。為了能在短時期內提升國內企業的競爭能力，許多企業便謀求與國內大公司或國外的一些公司進行合併整合，迅速擴大其規模。

另外戰略聯盟或戰略集團在與競爭對手競爭時，不僅要考慮來自市場方面的外部競爭，而且還必須考慮來自戰略聯盟或戰略集團內部人員的競爭壓力，因此相對而言，競爭變得更為複雜。

電子信息技術和通信、交通行業的高速發展，使各個國家和各個競爭對手之間競爭互動的速度大大提高，同時，也拉近了世界各個國家之間的距離，增加了各個國家之間的交往和瞭解，從而使世界變成一個地球村。而且，這些行業的發展也為國際大企業實施國際化戰略和開拓全球市場提供了有力的手段，它們通過各種媒體影響和改變各個國家消費者的生活方式和消費愛好，使世界各個國家出現了需求趨同化。新的

電子信息技術的廣泛應用，使全球化企業可以在全球範圍內有效地管理自己的企業，協調它們的戰略行動和經營行為，及時對各種競爭和需要做出快速的反應，使企業之間的信息溝通、合作和對競爭的反應以更快的速度和更低的成本進行。

二、動態競爭的概念與特點

（一）動態競爭的概念

邁克爾·希特（Michael A. Hitt）充分分析了企業所面臨的競爭環境的特點，提出了動態競爭的概念，並用動態競爭來描述在新環境下企業的競爭行為。他指出，動態競爭就是企業為應對競爭環境和追求市場優勢而做出的競爭行為，它表示企業的戰略和戰略實施在本質上是動態的。

動態競爭是由行業的行動和其競爭對手的反應行動引起的，即一個企業的競爭行為會引起其競爭對手的反應行為。同樣的，競爭對手的反應會引起先動企業的一系列反應，企業之間的這種競爭是一個動態的過程，也就是企業雙方進行動態博弈的過程。競爭對手之間你來我往，相互反應的過程，也被稱為競爭互動。

（二）動態競爭的特點

動態競爭有幾個顯著的特點：相互依賴性、對抗性和動態性。其中，對抗性體現了競爭企業之間的互動關係和博弈過程，動態性則體現了競爭隨時間和環境的變化而變化的過程。

1. 相互依賴性

競爭的相互依賴性是指公司戰略執行的好壞不可以同競爭對手的行為或反應脫離開。否則，公司就不可能存在戰略性優勢或獲得超額回報。例如，柯達和富士各自為了建立競爭性優勢，捲入了一連串的競爭及反應。富士在美國市場和柯達競爭顯然影響了后者的經營業績。這兩個對手之間競爭持續存在。富士在1999年十分成功，即使在暢銷期間，其膠卷還是不停地降價。柯達也在降價，但是它總是比富士貴10%～25%。柯達失去了6%的市場份額，而富士的份額卻增加了6%。柯達在膠卷市場表現的不盡如人意以及它開發新品的能力不足，導致了1993年上臺的CEO費希爾的辭職。由此可見，由於影響到企業的競爭優勢及經營回報，競爭對抗應該備受重視。

2. 對抗性

對抗性是指企業針對其競爭對手的市場行為，採取針鋒相對的戰略，目的是為了節制競爭對手的發展，體現的是競爭之間的不相容性，而非人們常說的「雙贏」。對抗性是由不對稱競爭引起的，不過歸結到底是由於企業在資源、能力和核心競爭力以及企業所面臨的機會、威脅和所處的環境等方面的差異所引起的。企業的戰略設計，特別是企業業務層的戰略設計，應該充分利用競爭者之間的這種不對稱關係。隨著市場的完善和行業的發展，企業對抗會日趨激烈。企業對抗的強度，不僅受到競爭者數量的影響，還受市場結構和競爭者所採用的戰略影響。

3. 動態性

動態性強調了企業之間的競爭是一個動態的、變化的過程，這與競爭環境的多變

和難以預測是相適應的，它包含有三層意思：

（1）時間概念上的動態性。在動態競爭中，先動企業根據市場環境選擇了某一種競爭行為，從而引發了其競爭對手的后續反應行為。反過來，競爭對手的反應行為又會引發先動者的反應行為，這個過程一直會持續，直到企業間的動態競爭結束。

（2）空間概念上的動態性。如果企業與競爭對手在某一局部市場展開了競爭，這種競爭態勢會自然地蔓延到企業的其他區域市場；另外，若是區域在某一區域市場是那個遭遇了競爭對手的競爭，那麼，企業可能選擇其他的區域市場與競爭對手展開競爭。這些都體現了競爭在空間上的動態性。

（3）競爭形式上的動態性。在動態競爭中，后動者總是可以根據先動者的競爭行為，結合市場競爭環境，修正其對先動企業競爭行為的預測，然後再選擇更有針對性的、對自己更有利的競爭形式，從這個意義上講，企業和競爭對手的競爭形式都會隨著對手的競爭市場行為的改變而改變。

三、動態競爭產生的根源

企業之間之所以會存在動態競爭，是因為企業面臨著來自市場壓力或者是它們發現了提升自己市場地位的機會。但追根溯源，市場同一性和資源相似性是動態競爭產生的兩個根本性原因。

（一）市場同一性

市場同一性體現了兩個企業市場相似的程度。其實，許多企業都是在相同的多個市場上進行著競爭，例如：航空公司、水泥生產企業、化工廠等，而且有很多的啤酒企業就是在相同的區域市場上競爭，搶奪對方的市場。市場的同一性為多點競爭提供了機會。這裡，多點競爭是指企業在幾種產品或幾個市場上同時與競爭對手展開競爭（Gimeno 和 Woo，1999）。有研究表明，市場同一性和跨市場競爭都是偶然出現的。但在跨市場競爭出現后，他便成了企業的一種競爭戰略選擇（Korn 和 Baum，1999）。這種有意識的跨市場競爭可以促進企業減少生產線和避免進入某些特定市場，從而減少競爭的對抗程度（Javachandran，Gimeno 和 Varadarajan，1999）。

研究表明，在跨市場競爭中，企業的競爭行為大致有三種：第一，衝擊。它是指直接進攻某一特定市場，迫使競爭對手撤退。第二，佯攻。企業刻意地進攻一個對其自身不重要但對於競爭對手卻很重要的市場，其目的是為了使競爭對手將更多的資源轉移到那塊市場上去，以減少競爭對手在其他市場上的威脅。第三，「棄車保帥」。企業經過精心設計，主動放棄其市場中無足輕重的一塊市場，以轉移競爭對手的注意力，從而使企業在其他重點市場上更具有競爭力（McGrath，Chen 和 MacMillan，1998）。

（二）資源相似性

資源相似性體現的是兩個企業資源一致的程度（Grimm 和 Smith）。它對企業的競爭動機有著重要影響。事實上，企業之間的資源越不平衡，它們對彼此競爭行為的反應就會越遲鈍，市場競爭的對抗性就越小。由於企業資源的社會複雜性和因果模糊性，所以競爭企業的戰略資源是很難界定的，而且即使是對企業自身的資源（包括企業的

能力和核心競爭力）也很難進行準確的識別。這些使得競爭企業對競爭行為的反應遲鈍。例如可口可樂和百事可樂公司，它們就使瓶裝飲料行業中的其他規模較小且資源不豐富的小企業難以與之形成有效的競爭。

由於行業中的激烈競爭，許多公司都沒有足夠的資源參與其中，這種情況迫使許多公司之間相互形成聯盟，參與市場競爭。因而戰略聯盟形成的一個重要原因就是聯盟成員可以相互分享其資源。

四、動態環境與持續競爭優勢的構建

競爭優勢可持續的關鍵在於是否存在隔離機制，以及對競爭優勢來源進行模仿的成本高低。一些國家的市場已經完全開放，國外競爭者已進入了大部分主要市場，競爭十分激烈，產品遭到模仿的可能性在增加。然而，還有一些市場雖然存在較強的競爭，模仿的可能性也在增加，但它們尚處於阻礙競爭的保護狀態，這種市場被看成是長週期市場或保護市場；另一類市場的產品被模仿的速度適中，被看成是標準週期市場，有時也稱寡頭壟斷市場；最後一類市場，市場環境時時變化，企業競爭十分激烈，這種市場稱為短週期市場。在不同的週期市場上，模仿成本不同，競爭優勢可持續的時間也不同。

（一）長週期市場

長週期市場是指資源處於嚴格保護狀態，競爭的壓力並不會過多地影響到戰略競爭優勢。在經濟學上，把這種狀態稱為壟斷。如果企業的產品設計很出色且有許多獨一無二的性能，它就可以稱霸市場。IBM公司生產的大型機就屬於這種情況。即使在一些技術發展得非常快的行業，這個道理也是成立的。從微軟的例子中就可以看出，它所生產的複雜軟件系統難以被模仿，決定了它在市場中的統治地位。當然，IBM和微軟所處的環境也時時刻刻在變化。微軟就遇到太陽微系統的強力挑戰，司法部還指責它的反競爭行為。相應的，其他企業就受到了反壟斷的保護。

在美國，儘管政府採取政策限制壟斷，但在一些地區卻有一些複雜而微妙的變化。早期的沃爾瑪就是個例子。該公司在美國西南一些州的農村地區建立了壟斷地位。在此過程中，沃爾瑪建立起了高效的物流配送體系，並獲得了超額回報。同樣，企業可以通過卓越的產品設計長期控制市場，IBM和微軟就是例證。這些企業的主要優勢來源於特殊的核心競爭力，因為它們的資源及能力難以被模仿。由於長週期市場是個受保護的市場，從長期考慮，廠商可以最大幅度地漲價。相對而言，在標準週期市場上，價格變動則很小，接近於零。

（二）標準週期市場

標準週期市場是指企業的資源地位只受到適當的保護，而激烈的競爭將對企業的核心競爭力的來源產生影響，但企業仍可通過不斷改善它的能力來保持其競爭優勢。標準週期市場和產業組織經濟學關係密切。波特關於競爭戰略的「五力」模型就是產業組織經濟學的典型研究手段。有些企業的戰略及組織結構是針對大容量的主流市場的，它們關心的是協調及市場控制，比如汽車和家電企業。即使一些公司能讓產品在

全世界暢銷數十年，它們也會遇到很強勁的競爭壓力。像可口可樂這樣的公司，通過不停地追加資本投資以及認真的學習，是有可能在全世界長時期處於領先地位的。但是，當前在許多市場上可口可樂感受到了非常強勁的競爭壓力，尤其是百事，它採取戰略性競爭行為比可口可樂更迅速。相比較而言，在受保護的市場中，公司在創新上只肯花很少的錢。儘管由於競爭激烈，競爭對手要進入標準週期市場難度很大，但如果一個經營比較成功的公司的戰略被其他公司所模仿，它就會感受到更大的競爭壓力。

（三）短週期市場

短週期市場是指可持續競爭優勢幾乎不能獲得的市場，公司試圖擾亂市場來獲得暫時的競爭優勢。在長週期市場甚至是標準週期市場上，力圖保持可持續競爭優勢都是可能的。但是，要想在短週期市場中保持持久性競爭優勢幾乎是不可能的。在短週期市場中，競爭優勢可能讓公司產生惰性。企業一有惰性就會暴露在其他競爭者之前。儘管通用汽車擁有規模經濟，其中包括巨額的廣告預算、高效的物流體系、攻無不克的研發及其他的大量資源，但是在歐洲和日本競爭對手的攻勢下，它還是喪失了許多優勢。

短週期市場變化最多、經營最難，每隔一段時間市場平均價格就要下調，有些公司可以通過一系列小的創新抓住先機。這些年，IT行業是個典型的短週期市場，行業變化迅速。IT行業的競爭性行為及競爭性反應所採取的戰略包括四個步驟：

（1）識別一個可以打破現有格局的機會；

（2）建立暫時的競爭優勢，這種短期競爭優勢可能會因對手的強有力的反應而蕩然無存；

（3）通過有效的競爭性行為在競爭中把握先機；

（4）通過不斷地推出新產品，進入新市場以保持公司的活力。

企業要在短週期市場上立於不敗之地就必須保持戰略靈活性，必須通過更快地提供新產品，開拓更寬的產品線，進行產品升級來回應技術的變化和市場的機會。

本章小結

本章介紹了業務戰略的概念和內容，在此基礎上提出了業務戰略的制定方法。並從產品線的廣度與特色，目標市場的細分方式與選擇，垂直整合程度的決策，相對規模與規模經濟和競爭優勢這五方面來構思企業的業務戰略。

基於波特的競爭戰略思想，我們分別探討了成本領先戰略、差異化戰略、集中化戰略三種戰略的特點、實現路徑以及風險等問題。

競爭優勢是指在特定的產品與市場領域中，企業通過其資源配置的模式與經營範圍的決策，在市場上所形成的與其競爭對手不同的競爭地位。從企業資源和能力著手，我們探討了競爭優勢的形成、基本類型和競爭優勢的保持問題。

競爭環境的快速變化，使企業保持競爭優勢的時間大大縮短。最后主要探討動態環境下企業競爭優勢的構建以及競爭對手的選擇、預測等問題。

案例

格蘭仕的成本領先戰略

提起微波爐人們自然會想到「格蘭仕」；反之，一提到「格蘭仕」，人們也會立即想到微波爐。「格蘭仕」在中國人的腦海中，早已成為了微波爐的代名詞。「格蘭仕」在中國微波爐市場上的壟斷集中度之高，令所有的經濟、管理理論工作者和企業管理者們咋舌。從1998年開始，其國內市場佔有率已超過60%。進入2000年，格蘭仕更是聲稱要將其市場份額提高到70%以上。在中國國內所有產品市場上，「格蘭仕」是唯一一個純粹靠市場力量、靠競爭手段而在一種產品市場上成為壟斷寡頭的非國有企業。在當今中國所有家電產品（電視、冰箱、空調、VCD機、家用電腦等）市場群雄並起、混戰逐鹿的情況下，為什麼微波爐市場會出現如此局面？「格蘭仕」憑藉什麼幾近「一統天下」，成為市場的壟斷寡頭者？除了時機、外部環境因素之外，最關鍵的應屬「格蘭仕」低成本競爭戰略的成功實施。

一、成長歷程

廣東格蘭仕企業（集團）公司的前身是成立於1979年、位於廣東順德的「桂州羽絨製品廠」，原來主要從事羽絨、棉毛及其製品的生產加工，1991年產值為1.35億元，利稅762.13萬元。1992年企業提出調整產業、產品結構：改變企業以紡織工業為主體的經營格局，將企業轉變為以家電產品為龍頭的「多元一體化複合型企業」，並更名為「廣東格蘭仕企業（集團）公司」經過反覆研究、比較分析，他們決定集中力量投資生產微波爐。

而當時微波爐在國內尚屬高檔家電產品，普通人家極為鮮見，市場上的產品基本上全部是從國外進口的。1992年10月，企業投資300萬美元從日本引進「松下」具有20世紀90年代國際水平的微波爐生產流水線及生產技術，1993年開始試生產，當年生產10,000臺並投放市場，價格為3,000元/臺左右。1994年「格蘭仕」將價格降到2,500元/臺左右，當年產銷量為25萬臺，市場佔有率達25%，銷售收入4.5億元，利稅3,304萬元。1995年又將價格降到2,000元/臺左右，銷量突破40萬臺。1996年「格蘭仕」在全國率先將部分型號微波價格降價至1,000元以下，全年產銷量突破70萬臺，市場佔有率接近40%。1997年又將部分產品價格再降40%，市場佔有率達到47.1%。1998年和1999年兩次變相降價——即增加微波爐產品的附加值，提高贈品數量，實施「買一贈多」（根據產品型號不同分別附贈七、九、十一件相關產品）的價格策略，當年市場佔有率大幅度提高到61%和67.1%，產銷量分別達到350萬臺和600萬臺，1999年銷售收入為29億元。進入2000年，格蘭仕更是宣布再次將市場最暢銷的產品品種——750瓦「五朵金花」降價40%，使部分品種微波爐價格降至創紀錄的300~400元/臺，其目標產銷量為1,200萬臺，占全球產量的三分之一，國內市場佔有率提高到70%以上，銷售收達到45億元。

俞堯昌認為格蘭仕能有今天的成就，全靠老梁總（梁慶德）的「道行」深。一開始，格蘭仕沒有微波爐的變壓器生產線，日本的變壓器賣20美元，美國的賣30美元，

格蘭仕和美國公司談，讓美國公司出技術和設備，格蘭仕以每個變壓器 8 美元的價格向美國供貨，日本人感受到壓力，格蘭仕又如法炮制和日本人談，拿來了日本的全套生產線，雖然格蘭仕產品價格低，但是對不變資本的利用率遠遠高過國外生產廠。比如說，國外工人一天工作 8 小時，一週干 5 天，一年還有好幾個假期。而格蘭仕是一天二十四小時三班倒，兩天就能幹完國外的廠一週的活兒，剩下多餘的生產力全是為自己干。

到 1995 年，格蘭仕微波爐銷售量已經達到 25 萬臺，市場佔有率 25.1%。格蘭仕上升得如此迅速，主要原因在於它的主要競爭對手蜆華本身的衰落，從而讓格蘭仕有機可乘。蜆華一直是中國市場的第一，但被美國惠而浦收購以後，就江河日下，主要原因在於收購後的整頓工作進展遲緩、矛盾重重。一項市場推進方案，必須先傳到香港分部，再傳到美國惠而浦總部去審批，一拖就是兩三個月。對手的失誤就是自己的機會，格蘭仕主動出擊，把蜆華掃落在地。俞堯昌從蜆華的衰落中得到了啟示，「惠而浦吃掉了蜆華，惠而浦本身是一個知名的國際品牌，蜆華又一直是微波爐行業的老大，為什麼強強聯合反而不行了呢，我問了很多問題，后來總結出一條就是經營水平問題，品牌必須是靠經營水平支撐的，經營水平不行，再好的品牌都是空中樓閣。」

1998 年，格蘭仕微波爐產銷量達 450 萬臺，成為全球最大規模製造商。這一次，得益於格蘭仕抓住了一個千載難逢的機會，1997 年金融風暴后，歐盟對韓國生產的微波爐進行反傾銷，格蘭仕微波爐一下子進去，搶了 20% 的市場份額。從這件事中，格蘭仕又總結出了教訓：必須控制品牌的輸入。現在格蘭仕微波爐外銷打自己品牌的不到 40%，格蘭仕空調打自己品牌的比例更少，不到 5%。趙為民認為，「外銷必須要嚴控品牌占用，提高產品佔有，讓渡品牌佔有，這是因為外銷的產品都是國內便宜國外貴，格蘭仕微波爐在全球市場的佔有率已經高達 40%~50%，在一個小國家甚至達到 78%，一旦競爭對手告你反傾銷，你就完了，如果我們與國外廠家合作，打他們的牌子，他們肯定不會告我們反傾銷了。」

二、競爭優勢

縱觀「格蘭仕」的成長過程可以發現，它在微波爐市場獲得成功，實際競爭優勢的法寶就是實施總成本領先的競爭戰略，為實施總成本領先的競爭戰略，「格蘭仕」一直拼命擴大生產規模，以攤薄各種成本，追求規模經濟，並在企業整個經營價值鏈中，採取各種策略來降低微波爐的單位成本，從而樹立其在行業、市場中的「成本—價格」優勢，通過不斷降價來排擠競爭對手，搶占市場份額，使企業的市場銷售量、市場佔有率不斷提高。下面，我們從幾個方面來看一下「格蘭仕」是如何實施其成本領先戰略的。

在行銷宣傳上，他們一直避免採用高投入的廣告形式（如：電視形象廣告等），而是採用投入少、實效大的廣告形式，如：承包專欄廣告等，並以「製造新聞」的方式使各種媒體主動爭相報導企業，客觀上為企業做免費宣傳。這避免了家電行業中常見的不惜一切投入巨量資金大做廣告宣傳的高額成本行為，自然降低了成本費用。

在生產運作領域，首先，「格蘭仕」不斷擴大生產規模，追求生產的「規模經濟效應」，以攤薄各種成本（如：研發費用、管理費用）。比如「格蘭仕」2000 年在研發方

面的投入為2億元，分攤到1,200萬臺產品上，每臺只分攤到不足20元，而對於那些產量在100萬臺以下的企業來講，2億元研發費用分攤派下來就是每臺200元以上。這樣一來，對於那些規模小的競爭企業來講，將面臨或者忍受高成本劣勢，或者選擇技術落後的劣勢的兩難選擇，從而在競爭中不可避免地處於劣勢。同時，在原材料採購供應環節，格蘭仕依靠其在行業內近乎壟斷的規模優勢，在與供應商的關係中，始終掌握著討價還價的主動權，使其得以不斷壓低採購價格。這些都使產品的生產成本得以降低。

最後，由於具有了成本優勢，格蘭仕產品定價上，運用「量—本—利」分析技術確定其產品價格及歷次降價幅度。據稱，格蘭仕的做法是：競爭對手做60萬臺的量保本時，格蘭仕就做100萬的量保本；競爭對手做100萬的量保本時，格蘭仕就做150萬的量保本。如1997年當格蘭仕的產銷量目標是250萬臺時，它們保本點定為200萬臺，並以此來制定價格，而此時其競爭對手的產量均為150萬臺以下。1998年，當其目標產銷量為400萬臺時，便將其保本點定在300萬臺，並制定相應的價格水平。而此時，產量超過200萬臺的競爭對手只有一到兩家外國企業。格蘭仕就是大規模產銷實現低成本優勢，再轉化為市場上的低價格優勢，以此來排擠競爭對手，一步一步走向微波爐市場成功壟斷者的。

思考題

1. 業務戰略的制定方法是什麼？
2. 三種基本戰略分別有何特點？
3. 企業獲取競爭優勢的途徑有幾種？

第八章　企業戰略管理工具

「沒有戰略的企業就像一艘沒有舵的船一樣隨波逐流，又像個流浪漢一樣無家可歸。」

所謂戰略管理，是指對企業戰略進行制定、實施和評價，以便組織通過跨功能決策而達到其目標的一種藝術與科學。由於戰略制定、戰略實施和戰略評價要求不斷地對內部條件和外部環境的各種變化進行趨勢分析和預測，形成一個動態和連續的戰略管理過程，因此，可使企業更主動地對未來做出反應。

本章介紹了戰略制定過程三個階段中的一些管理工具。其中，在信息輸入階段有EFE 矩陣、IFE 矩陣；在匹配階段有 SWOT 矩陣、BCG 矩陣和 SPACE 矩陣；在決策階段有 QSPM 分析、KT 決策法。

另外，在企業的戰略環境、戰略分析中包括有企業外部環境分析和企業內部條件分析兩部分。本章也列舉了這兩部分的戰略管理工具，包括企業外部環境分析中的管理工具：一般環境的 PEST 分析，行業環境的波特模型、基本競爭戰略和三角模型。企業內部條件分析中的管理工具：價值鏈分析、企業核心能力識別工具、企業核心能力的培育方法、國際化進入戰略模型等 15 種工具。

第一節　企業外部環境分析工具

一、PEST 分析

【來源背景】

從廣義上來說，我們把外部環境定義為企業範圍之外，而有能力影響企業的一切因素。企業的外部環境是一種不斷變化的環境，例如消費者品位的改變、政府變更、新法律的頒布、市場結構變化、新技術革命帶來的生產過程的變化等，不勝枚舉。企業應付和處理這些環境變化的能力是企業成功的關鍵所在，是企業能否生存的根本問題。

其中，政治（Political）、經濟（Economic）、社會和文化（Social and cultural）與技術（Technological）是關鍵的因素。我們根據上述四個單詞的英文字頭，稱之為 PEST 分析法（如圖 8－1）。

【內容】

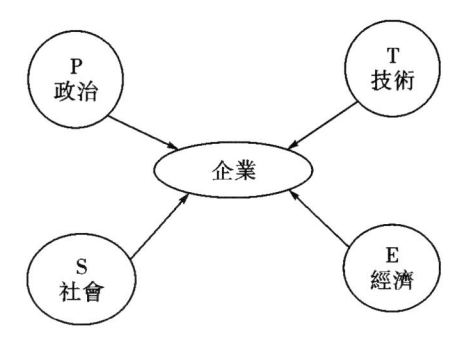

圖 8-1　PEST 分析

1. 政治和法律影響因素

各種法律和政府因素可能會制約企業的行動，並可能會影響企業的合同和威脅程度。地方和外國政府是企業的主要監管者、補貼者、雇主和客戶。有些企業，例如你所在的單位，可能在很大程度上依賴政府的合同和補貼，這就意味著，對這些企業來說，政治環境分析可能是企業外部審查最重要的環節。

2. 經濟影響

企業能否盈利在很大程度上受所在國家經濟狀況和經濟實力的影響。總體宏觀經濟環境決定了企業發展的機會程度。經濟不景氣影響你所在企業產品或服務的需求，而優越的經濟條件會給企業提供擴展的機會。在分析你所在企業的外部環境過程中，需要評價一些經濟指標，其中包括利率、匯率、經濟增長速度和通貨膨脹水平。

3. 社會和文化影響

社會、文化、人口和地理位置因素左右著人們的生活、工作和消費的方式，對幾乎所有的企業產生直接的影響。新的趨勢形成了不同類別的消費群體，從而導致各種各樣的產品、服務以及企業戰略的需求。在這方面有一個很好的例子，消費者的環保意識日益增長，為此一些企業在生產過程中避免使用氯氟碳氣體和採用可循環再造的包裝材料。對20世紀90年代以后幾十年以及未來必須要進行預測，以確定企業的主要機會和威脅（例如消費者的教育程度提高了，更多婦女參與工作和人口老化問題）。例如，隨著55歲以上的人增多帶來的老齡化問題，意味著對那些從事經融服務、旅遊和保健行業的企業帶來機會，因為類似的服務與老人有更密切的關係。

4. 技術影響

技術影響顯而易見，且通常未可預料。近年來技術革新變化和新發現（如生產操作機器人化、激光技術、太空通訊、計算機工程等）給企業帶來了機會和威脅，對此，企業主管人員必須清楚並分析其影響。有些發明可能會導致新行業的誕生，同時又會使某些行業不復存在。因而，技術影響可能是創造性，也可能是破壞性的。由於技術變革速度加快，產品的平均壽命週期也在縮短，企業必須要預見到這些新技術帶來的變化。這些變化不僅會影響到製造部門，而且還會波及其他職能部門，例如，人事管

理（招聘和培訓人員專門操作新技術和如何處理冗員）和財務管理（如何為新設備融資）。

【總結與分析】

如果說企業是一座建築，那麼建築之外的就是企業所處的環境。

戰略環境的分析是以企業為出發點，對企業所處的行業和相關行業中的利益相關者進行分析（波特模型），並且從更加廣泛的角度對相關的政治、經濟、社會和技術因素進行分析（PEST 分析），最終幫助企業形成基於價值鏈和「生態環」的整體外部環境的分析結果，使企業能夠清晰地瞭解自己和所處的環境狀況。

二、行業環境的波特模型

【來源背景】

波特模型是戰略模型或框架的名稱。該模型是有美國哈佛商學院著名的戰略管理學家邁克爾·波特（Michael Porter）創造的，他在《競爭戰略》這本書裡描述了這個模型。波特模型說明了 5 種行業力量是如何影響一個行業的，波特模型是一個普遍應用的模型，可用來對公司的競爭環境進行集中分析。

邁克爾·波特教授認為：企業最關心的是其所在行業的競爭強度，而競爭強度又取決於 5 種基本的競爭力量，包括：行業中現有企業間的競爭力量、潛在的加入者、替代品的威脅、買方的砍價能力和賣方的砍價能力。正是這 5 種力量的狀況及綜合強度影響並決定了企業在行業中最終獲利的潛力。

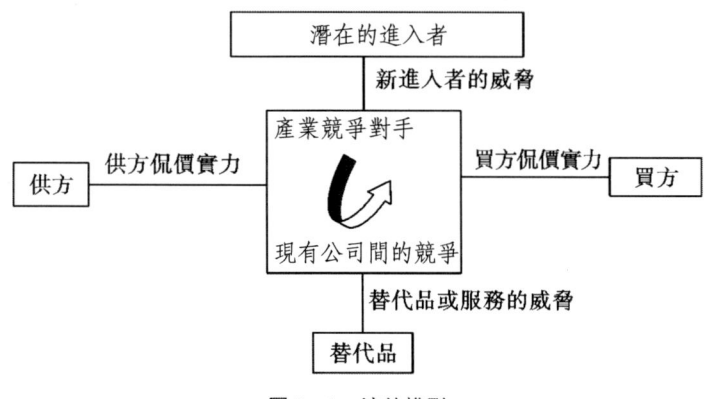

【內容】

圖 8-2　波特模型

5 種競爭作用力——現有競爭對手的競爭、進入威脅、替代威脅、買方砍價能力和供方砍價能力——反應出的事實是：一個產業的競爭大大超越了現有參與者的範圍。顧客、供應商、替代品、潛在的進入者均為該產業的競爭對手，並且依具體情況或多或少地顯露其重要性。這種廣義的競爭可稱為「拓展競爭」。

這5種作用力共同決定產業競爭的強度以及產業利潤率，最強的一種或幾種作用力占據著統治地位並且從戰略形成的觀點來看起著關鍵性作用。例如，假設一個公司不受潛在的進入者威脅並處於很強的市場地位，如果它面臨一個先進的、低成本的替代品，該公司仍將只能獲得低收益。即便沒有替代品出現也不存在進入者威脅，現有競爭者們的激烈競爭也將限制潛在收益。競爭強度的一個極端情況就是經濟學家們所謂的完全競爭產業。對於這種產業，眾多的公司生產的產品十分相似，出入產業是自由的，現有的競爭者對供方及買方均無砍價能力，競爭不受任何鉗制。

【總結與分析】

現有競爭對手的競爭——現有競爭對手以人們熟悉的方式爭奪地位，戰術應用通常是價格競爭、廣告戰、產品引進、增加顧客服務及保修業務。發生這種爭奪或者因為一個或幾個競爭者感到有壓力，或者遺忘他們看到了改善自身處境的機會。在大多數產業中，一個企業的競爭行動對其競爭對手會產生顯著影響，因而，可能激起競爭對手們對該行動進行報復或設法對付。

進入威脅——加入一個產業的新對手 引進新的業務能力，帶有獲取市場份額的慾望，同時也常常帶來可觀的資源。結果，價格可能被壓低或導致該行業的成本上升，利潤率下降。有一些公司從其他市場通過兼併擴張進入某產業，他們通常用自己的資源對該產業造成衝擊。

替代產品壓力——從廣義上看，一個產品的所有公司都與生產替代品的產業競爭。替代品設置了產業中公司可謀取利潤的定價上限，從而限制了一個產業的潛在收益。替代品所提供的價格—性能選擇機會越有吸引力，該產業的利潤「上蓋」就壓得越緊。

買方砍價實力——買方的產業競爭手段是壓低價格、要求較高的產品質量或索取更多的服務項目，並且從競爭者彼此對立的狀態中獲利，所有這些都是以產業利潤作為代價的。產業的主要買方集團每一位成員的上述能力的強弱取決於眾多市場情況的特性，同時取決於這種購買對於買主整個業務的相對重要性。

供方砍價實力——供應商們可能通過提價或降低所銷售產品或服務的質量的威脅來向某個產業中的企業施加壓力。供方壓力可以迫使一個產業因無法使價格跟上成本的增長而失去利潤。例如，化工公司通過提價導致噴霧劑罐裝公司的利潤受到傷害這是因為罐裝公司面臨買方自己解決制罐的問題二形成的強大競爭壓力，使其提價自由受限。

【實例】

作為一家地理位置相當偏僻的公司，東阿阿膠公司在過去的幾年中一直在飛速地增長。下面以東阿阿膠公司來說明「波特模型」的5種產業競爭力量在研究企業基本面中的作用。

（1）公司在產業中的地位也就是公司與現有競爭對手的競爭，東阿阿膠公司在阿膠產業內的優勢顯然是有目共睹的。在阿膠市場上，東阿阿膠公司的市場佔有率約為70%，尤其是，東阿地區的優秀的天然水質非常適宜於阿膠產品的炮製，其上千年的

阿膠製作歷史使這一地區的阿膠產品已經形成了源遠流長的聲譽。東阿阿膠幾乎就是優質阿膠的代名詞。因此，在與現有競爭對手的競爭中，東阿阿膠公司顯然已經取得明顯的競爭優勢。

（2）考慮到有很多行業是因為存在新的進入者而使得整個行業競爭格局發生急遽的變化——華潤攜巨資介入啤酒行業就是一個典型——潛在進入者的威脅對企業競爭優勢的形成也有重要影響。潛在進入者的威脅在相當程度上是取決於行業的進入壁壘，阿膠產業的進入壁壘初看並不高，其實行業外的企業真正要介入並不容易。其一是東阿阿膠的製作工藝是經歷了上千年的發展而日趨成熟的。其二是東阿阿膠公司已經在市場上樹立起了領先的品牌優勢，對於保健品而言，消費者的信賴對品牌的發展幾乎具有決定性的意義。但是，在保健品領域真正建立起品牌並不容易。消費者可能有跟著廣告走的傾向，但是這並不意味著廣告投入可以建立起消費者的信任感。任何希望新進入阿膠產業的企業都必須考慮自己在與東阿阿膠公司進行品牌競爭時有幾分勝算把握。

（3）從替代產品的威脅來看，有可能替代阿膠的產品不外乎是三種，其一是化學合成類補血藥物，其二是生物醫藥類補血藥物，其三是其他中藥類補血藥物。但是，化學合成類補血藥物的長期效果尚待市場檢驗，而生物醫藥類補血藥物受技術條件的制約，短期內不可能對東阿阿膠公司的產品造成很大的影響。尤其是，在安全性問題上，化學合成類補血產品以及生物類補血產品很難與歷史悠久的阿膠產品相比。天然藥物得到全世界的空前重視也說明了醫學界對於藥物安全性的高度重視。從各種中藥類補血藥物的療效上看，阿膠的獨特療效已經歷史考驗，為其他中藥類產品替代的可能性幾乎不存在。

（4）東阿阿膠公司在與供應商的討價還價過程中處於非常有利的地位，驢皮是生產阿膠最重要的原材料，而東阿阿膠公司壟斷了國內大部分優質驢皮的採購，其完善的採購渠道即可以確保在採購環節上東阿阿膠公司與競爭者相比處於有利地位，同時，由於驢皮的供給方相對分散而需求卻相對集中於東阿阿膠公司等數家廠商，東阿阿膠公司可以通過供應商之間的競爭提高自身控制成本的能力。

（5）從東阿阿膠公司與消費者的砍價能力來看，由於缺乏強有力的競爭對手，東阿阿膠公司可以憑藉自己在阿膠產業中的壟斷地位主導阿膠的產品價格，而且，隨著人類保健意識的增強和對天然藥物需求的增加，阿膠客戶生態鏈將更加穩固，這一趨勢將使得東阿阿膠公司在面向消費者的競爭中處於主動地位。

基於波特五要素模型的分析表明：無論是從現有的產業地位還是從進入威脅、替代威脅、買方砍價能力、供方砍價能力等角度，東阿阿膠都已經建立起明顯的競爭優勢，形成了自己良好的企業核心能力。

三、基本競爭戰略

【來源背景】

在市場競爭中獲得成功的重要保證是企業競爭優勢。企業的優勢在市場競爭中集中體現在兩個方面：其一是成本優勢，即在生產同一檔次的經營活動中能體現出成本

領先的優勢；其二是產品優勢，即在不斷提高生產同一檔次產品的經營活動中能體現出產品差異的優勢。

20世紀80年代初期，美國哈佛商學院著名的戰略管理學家邁克爾‧波特根據企業的兩個基本優勢，提出企業可以採用三種基本競爭戰略（如圖8-3所示）。基本競爭戰略為指導企業競爭行為提供了基本方法，指明了獲得優勢的具體途徑，具有良好的操作性。

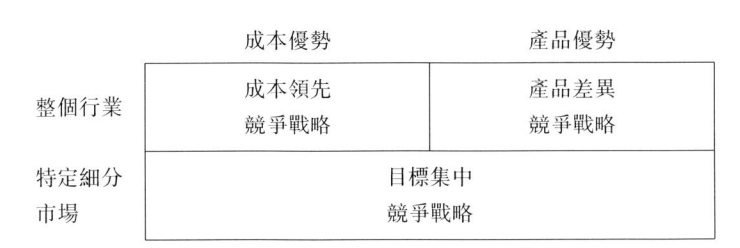

【內容】

	成本優勢	產品優勢
整個行業	成本領先競爭戰略	產品差異競爭戰略
特定細分市場	目標集中競爭戰略	

圖8-3 三種基本競爭戰略

1. 成本領先戰略

企業成本領先戰略的核心內容是在較長時間內保持企業產品的成本處於同行業中的領先地位，並以此獲得比競爭對手更高的市場佔有率，同時使企業的營利處於同行業平均水平之上。實施該戰略要求企業積極地建立起有效的規模生產設施，全力降低生產成本和管理費用，以及最大限度地減少研發、服務、廣告等方面的費用。總之，貫穿這個戰略的主題是使成本低於競爭對手。

2. 差異化戰略

企業產品差異戰略的核心內容是在較長時間內，企業提供與眾不同的產品和服務，滿足顧客的特殊需求，形成高於競爭對手的優勢。這一競爭戰略要求積極提供獨特的產品特性、技術特長、品牌形象以及優質服務來強化產品的特點，增加產品額外的價值。

差異化的集中體現是品牌。品牌由產品一系列無形的屬性組成，包括產品額外的價值、包裝、價格、歷史、名聲以及廣告的方式。近年來，社會消費趨向個性化和精神化，對商品的品牌意識更加強烈，品牌競爭成了市場競爭的焦點。

產品差異化有三個層次：

（1）產品的功能。

差異化的核心層次是產品的功能。顧客購買產品，首先是對該產品功能的需求，如產品的使用功能、功率、速度、效率、質量與可靠性、適用性等。如果產品的功能有較大的優勢，競爭對手就難以與之抗衡。

（2）產品的形體。

產品的形體即外觀質量，主要表現在產品的外形設計、款式、色彩等方面。顧客接觸產品，是從其外觀質量再到內在質量的。形體方面有特色的消費類產品，往往能刺激顧客的消費慾望，使其對產品的良好評價產生先發效應。

(3) 產品服務。

產品服務包括送貨上門、安裝、調試、保證維修和其他一些促銷手段。這個層次的差異化是企業產品的延伸。企業向顧客提供產品必須通過這一層次的活動，才能使產品發揮其功能，受到消費者歡迎。

3. 目標集中戰略

企業的目標集中戰略的核心內容是經營的目標集中在一個特定的細分市場上，為特定的購買者提供特定的產品和服務。由於企業的規模較小，資源有限，一旦確定了特定的目標市場后，仍通過成本領先戰略或差異化戰略，形成具有企業特色的目標集中戰略。這一戰略的前提是公司能夠以更高的效率、更好的效果為某一狹窄的戰略對象群服務，從而超過在更廣闊範圍內的競爭對手。

【總結與分析】

按照邁克爾·波特的觀點，企業要在競爭取勝，總是要選擇一種競爭戰略，進行重點突破，並取得競爭優勢。如果企業不採取任何競爭戰略或同時採取兩種以上的戰略，會使企業處於「夾在中間」的狀態，利潤率低下，最終導致企業競爭失敗。

企業進行競爭戰略選擇的依據有：

1. 企業自身實力

若企業規模較小而且生產、行銷等方面的能力較弱，則採用目標集中戰略。若企業生產能力較弱，則採用成本領先競爭戰略。若企業生產能力較強，而行銷能力較弱，則採用差異化競爭戰略。企業生產能力和行銷能力都較強，則可以在生產上採用成本領先戰略，而在行銷上採用差異化競爭戰略。

2. 產品的不同時期

若企業生產的產品處於投入期和成長期，為了搶佔市場和防止競爭對手的進入，則企業宜採用成本領先戰略，以刺激市場需求。若企業生產的產品處於成熟期和衰退期，顧客的需求呈現多樣化和複雜化，則企業宜採用差異化競爭戰略。

3. 產品的不同類型

若企業的產品屬工業品，在質量等級相等的條件下，市場價格是企業競爭的重要因素，則企業宜採用成本領先競爭戰略。若企業的產品屬消費品，根據市場顧客消費群體的細分，企業宜採用差異化戰略。若對消費品進一步細分，則又可分為日常消費品和耐用消費品兩類，企業可以根據這兩類的不同特點分別採用成本領先和差異化領先戰略。

【實例】

運用目標集中的競爭戰略，ILLINOIS TOOL WORKS 公司主攻扣件這一特殊市場，在這個市場中，公司可以為買主的特殊需求設計產品，雖然有許多客戶對這些服務並無興趣，但也確有一些客戶對此感興趣；FORK HOWARD PAPER 公司的主攻戰場是工業紙張這一狹窄範圍，避開了廣告戰以及對新產品引入十分敏感的消費品領域；POR-

TER PAINT 公司主攻的是職業油漆工市場而不是那些「自己動手用戶」市場，其戰略是圍繞著為職業油漆工服務而建立的，採用的手段是提供免費配製服務以及對一加侖以上的需要量快速送貨到工地等措施，同時在工廠倉庫設計了免費咖啡間，為職業油漆工提供休息場所。

採用目標集中戰略取得低成本優勢的一個典型實例，是 MARTIN – BROWER——美國第三大食品分銷公司。該公司削減了其客戶，只剩下八家主要的快餐連鎖店。該公司的整個戰略基於滿足這些客戶的特殊需要，只保留這些客戶所需的狹窄的產品系列，訂單的接收過程與這些客戶的購買週期銜接，根據客戶的地理位置設置自己的倉庫，並且嚴格記錄交易數據並使之計算機化。儘管 MARTIN – BROWER 在對整個市場的服務活動中不能算作一家低成本的批發公司，但它在其特殊的細分市場中取得了低成本優勢。MARTIN – BROWER 公司得到的報償是迅速的發展以及高於平均水平的利潤率。

四、三角模型

【來源背景】

邁克爾·波特的企業競爭理論在國內學界和企業界影響深遠。但是，隨著技術的變革和各行業競爭情況的變化，特別是企業經營環境的不確定性增加，波特競爭戰略表現出一定的不足。在邏輯上，當我們在一個更加寬闊的視野內考察時，可以發現，波特理論的中心是「產品」——顧客是因為低價格，或是某種獨特之處，才選擇這種產品的。

在實踐上，如果你仔細觀察當今成功企業的戰略，就能夠發現有些是波特理論所不能解釋的。波特的理論分析是基於已經比較成熟的行業進行的，而在技術、產品，客戶、企業競爭關係變化越來越快的經濟環境中，出現了很多新的競爭現象。很多人對波特的理論進行了補充，其中麻省理工學院的阿諾德·哈克斯的「競爭戰略的三角模型」頗具價值。

【內容】

阿諾德·哈克斯和他的團隊調查了上百家的公司，提出了競爭戰略的三角模型，代表企業戰略選擇的三個方向：最佳產品、客戶解決方案和系統鎖定（如圖 8 - 4 所示）。

1. 最佳產品

最佳產品戰略的思路還是基於傳統的低成本和產品差異化的策略。企業通過簡化生產過程、擴大銷售量來獲得成本領先地位，或者是通過技術創新、品牌或特殊服務來強化產品的某一方面的特性，以此來增加客戶價值。

2. 客戶解決方案

客戶解決方案戰略的出發點是，通過一系列產品和服務的組合，最大限度地滿足客戶的需求。這種戰略的重點是鎖定目標顧客，提供最完善的服務；實施手段是學習和定制化。學習具有雙重效應：企業通過學習可以更好地增強顧客的滿意度；客戶不

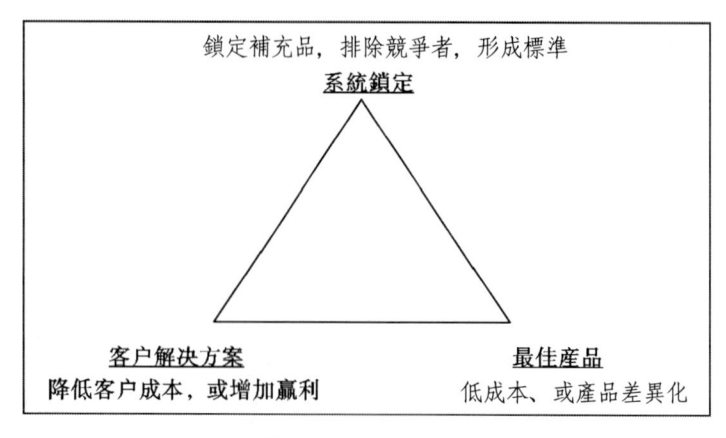

```
                    鎖定補充品，排除競爭者，形成標準
                           系統鎖定
                              △
          客戶解決方案                        最佳產品
          降低客戶成本，或增加贏利              低成本、或產品差異化
```

圖 8-4　三角模型

斷地學習增加了轉換成本，提高了忠誠度。實施這種戰略往往意味著和供應商、競爭對手和客戶的合作和聯盟，大家一起來為客戶提供最好的方案。

3. 系統鎖定

系統鎖定戰略的視角突破了產品和客戶的範圍，考慮了整個系統創造價值的所有要素。尤其要強調的是，這些要素中除了競爭對手、供應商、客戶、替代品之外，還要包括生產補充品的企業。典型的例子有：手機廠家和電信營運商、計算機硬件和軟件、HiFi 音響設備和 CD 唱片等等。實施系統鎖定戰略的要義在於，如何聯合補充品廠商一道鎖定客戶，並把競爭對手擋在門外，最終達到控制行業標準的最高境界。

【總結與分析】

我們並不能對這幾種策略簡單地下結論，這三種戰略哪個好，哪個不好。每種策略的執行者都是既有贏家，又有失敗者。尤其是系統鎖定戰略，最後的成功者可能就只有一個。所以說，戰略的選擇最終還是要視具體環境而定的。

【實例】

1. 最佳產品定位

西南航空公司是一個依靠最佳產品戰略取得巨大成功的企業。它不斷地降低成本，有時甚至是取消一些服務項目，通過一系列刪繁就簡的措施，達到了低成本的戰略目標。比如，它的航班不提供飲料、食品、顧客訂票和留座等服務；班機全部採用波音737，而不是各種各樣的客機，這就大大降低了維護和培訓的費用。西南航空公司也採取了差異化的戰略，如強調城市之間的往返航班，而不是一般航空公司採用複雜的調度和轉機系統。

在追求最佳產品戰略定位的過程之中，新進入的企業往往具有后發優勢，因為它們可以對行業的模式重新定義，而老企業現有的運作系統、流程往往增加了革新的成本。許多后起的企業，像努克、西南航空、戴爾等，往往可以更清晰地定義細分市場。

它們不但滲透進入一個成熟的行業，還取得了成本上的領導地位。所有這些企業都有一個模式：相對於現有企業，它們提供的產品和服務的範圍更狹窄，它們去掉產品的部分特點，在價值鏈上，去掉一些環節，外包一些環節，在余下的環節實施低成本或產品差異的策略。

2. 客戶解決方案定位

客戶解決方案定位反應了戰略定位的重心從產品向客戶轉移，它強調給客戶帶來的價值，以及客戶的學習效應。

全球五百強企業之一的電子數據系統公司（Electronic Data Systems，EDS）是實行客戶解決方案戰略的很好的例子。它的定位就是，為客戶提供最好的服務，滿足客戶所有的信息管理方面的需求，為每一位顧客提供價位合理的量身定做的解決方案。作為客戶解決方案的供應商，EDS 的績效評價指標是：多大程度上提升了客戶的能力，幫助客戶節省了多少經費？為了實現這些目標，EDS 把它的服務擴展到那些原來由客戶自己來完成的活動，通過對 IT 技術的專注和運作經驗的累積，它們能不斷地降低成本、提高服務質量。

3. 系統鎖定定位

處於系統鎖定戰略定位的公司建立了行業的標準，它們是生產廠商大規模投資的受益者。微軟和英特爾是最典型的例子。80% 到 90% 的 PC 軟件商都是基於微軟的操作系統（比如 Windows98）和英特爾的芯片（比如奔騰），它們之間的聯盟被稱為 Win－Tel。作為一個客戶，如果你想使用大部分的應用軟件，你就得購買微軟的產品。作為一家應用軟件廠商，如果你想讓 90% 的顧客能夠使用你的軟件，就得把你的軟件設計和微軟的操作系統相匹配。

微軟和英特爾的成功不是因為最好的產品質量和產品的差異化，也不是因為提供客戶解決方案，而是因為它們的系統鎖定的地位。很早以前，蘋果電腦就以良好的操作系統而著稱，摩托羅拉生產的芯片速度也相當快。然而，微軟和英特爾還是牢牢地控制了整個行業。

第二節　企業內部條件分析工具

一、價值鏈分析

【來源背景】

第一個提出企業價值鏈思想的是美國學者米切爾・波特（Michael Porter）。它描述了顧客價值是如何通過一系列可以生成最終產品或服務的活動而形成的。企業創造的價值產生於一系列的活動之中（如設計、採購、生產、銷售和服務等等），這些活動的有機聯繫就形成了企業的價值鏈。

價值鏈（Value Chain）分析是進行內部分析的一個非常有效的分析工具，它可以

非常有效地揭示出企業的競爭優勢和弱勢。價值鏈分析將企業在向顧客提供產品過程中的一系列活動分為在戰略上相互聯繫的活動，從而有效地瞭解企業成本發生變化和引起這些變化的相關原因。

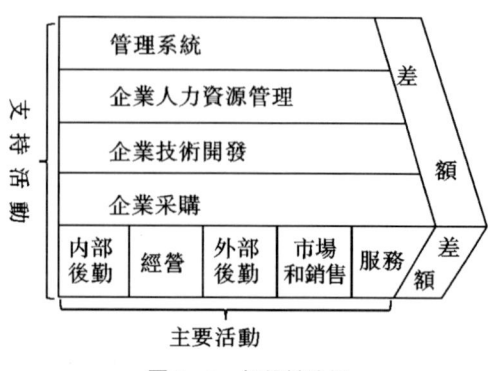

【內容】

```
           ┌─────────────────────────┐╲
           │      管理系統           │ ╲  差
     支    ├─────────────────────────┤  ╲
     持    │   企業人力資源管理      │   ╲ 額
     活    ├─────────────────────────┤    ╲
     動    │    企業技術開發         │    ╱
           ├─────────────────────────┤   ╱
           │     企業采購            │  ╱  差
           ├────┬────┬────┬────┬─────┤ ╱
           │內部│經營│外部│市場│服務 │╱   額
           │後勤│    │後勤│和銷│     │
           │    │    │    │售  │     │
           └────┴────┴────┴────┴─────┘
                    主要活動
```

圖 8-5　價值鏈分析

價值鏈分析是以主要活動和次要活動的形式，將一個企業分解成若干個基本的活動，從而有效地將產品傳遞到顧客手中以獲取利潤。

其中主要活動包括如下幾個方面：內部后勤包括接受、儲存、處理和分配加工產品的材料，從而將之納入加工的系統之中的活動；經營包括轉換、生產、裝配和包裝等一系列的相關活動；外部后勤包括儲存、運輸產品等相關活動；市場和銷售包括產品、服務、推廣和確保實用性等相關活動；服務指諸如產品維修、技術指導等方面的顧客服務活動。其中內部后勤和營運屬於生產範疇的相互關聯活動，而外部后勤、市場經營和銷售及售後服務屬於市場範疇的相互關聯活動。

支持活動是為主要活動提供服務的活動，是企業活動中除去主要活動以外的次要活動。支持活動有時能夠成為企業競爭優勢的主要來源。在支持活動中，採購是指為主要活動訂購進行加工的原材料；技術開發指為導入和輸出過程提供更先進的技術支持；人力資源管理指招聘、培訓、激勵和獎勵，從而為主要活動提供支持；管理系統包括計劃、控制以保證主要活動的有效進行。

在企業中，主要活動與支持活動關係密切，如內部后勤和經營等上遊價值活動和企業的基本設施等支持活動密切相關。

【總結與分析】

價值鏈分析可以識別企業產品或服務發展的通路，是如何從原材料獲取，進而加工，然后儲存再經過銷售而到顧客手中的。價值鏈分析可以用來識別哪一個階段是最有價值階段，從而加以發揮以獲取競爭優勢。價值鏈分析最重要的一點就是如何將各個活動有效地聯繫在一起，以更大程度地爭取競爭優勢。

【實例】

英國 Kwik Save 超級市場是英國最大的四個超級市場之一。其競爭戰略就是依靠低成本營運來提供低價格的產品，因此，其所有營運系統的設計也是以此目標為基礎的。請看下面的價值鏈分析圖（圖 8-6）：

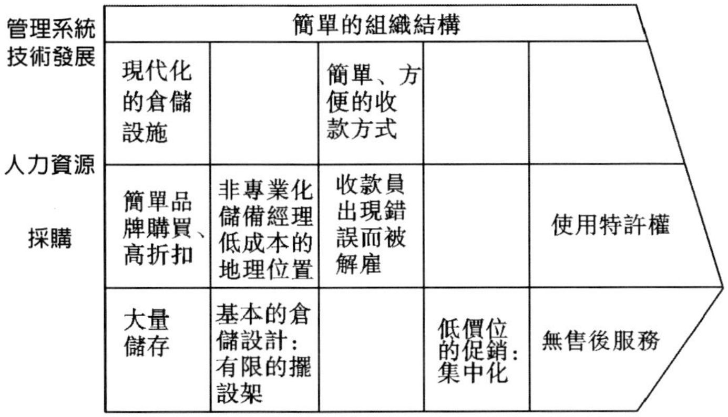

管理系統	簡單的組織結構			
技術發展	現代化的倉儲設施	簡單、方便的收款方式		
人力資源				
採購	簡單品牌購買、高折扣	非專業化儲備經理低成本的地理位置	收款員出現錯誤而被解僱	使用特許權
	大量儲存	基本的倉儲設計：有限的擺設架		低價位的促銷：集中化	無售後服務

圖 8-6　Kwik Save 的價值鏈分析

其總部的組織結構非常簡單，只有為數不多的員工。現代化的倉儲設施用於儲備為數不多的有限品牌的產品。由於只訂購有限品牌的產品，企業能夠進行超大量的購買而從廠家獲得很可觀的折扣。其倉儲的設計非常簡單而實用並可以進行大量倉儲。由於採取低價格策略，產品的定價過程非常簡單，因此，大大地節省了時間和成本。Kwik Save 要求每一位收款員能夠熟練地記住產品的價格以提高收款效率。如果收款員不能準確回憶出產品的價格就有被解僱的危險。倉儲經理被要求保持一種簡單的非技術性的營運辦法來處理其品牌產品。全部的市場推廣都採取了低價格和給予大折扣的方式。為了控制成本，Kwik Save 沒有設立售後服務這一項，這反而使顧客更加認定其產品品質的可靠性。

二、企業核心能力識別工具

【來源背景】

產品優勢、市場優勢與企業核心能力（Core Competence）構築了企業戰略優勢的支柱。隨著市場經濟的發展，特別是在信息時代和知識時代的商業背景下，企業核心能力已經成為企業競爭的決定性力量。

美國戰略學家漢爾得與哈默認為：「企業是一個知識的集體，企業通過累積過程獲得新知識，並使之融入企業的正式和非正式的行為規範中，從而成為左右企業未來累積的主導力量及核心能力。」核心能力並不是企業內部人、財、物的簡單疊加，而是能夠使企業在市場中保持和獲得競爭優勢的，別人不易模仿的企業自身能力。企業間的競爭最終將體現在核心能力上。

【內容】

	與競爭對手相似的 或比較容易地的模仿的	比競爭對手好 或不容易被模仿的
資源	必要資源	獨一無二的資源
能力	基本能力	核心能力

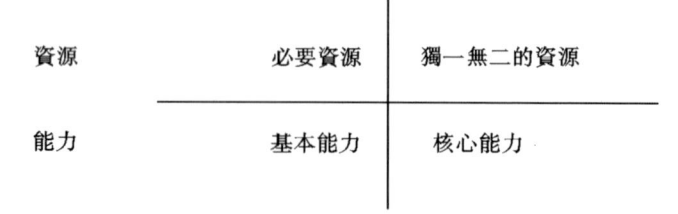

圖 8-7　核心能力識別工具

　　企業核心能力理論基礎的主要理論基礎是：與企業外部條件相比，企業內部條件對於企業的市場競爭優勢具有決定性作用；企業內部資源、能力的累積，是企業獲得超額收益和保持企業競爭優勢的關鍵。

　　企業的內部能力指企業協調資源並將其應用於生產、發展與競爭作用的能力。這些能力存在於企業日常工作中。在這些能力中，有些能力是一般能力，有的能力是核心能力。

　　核心能力識別工具，這是可以幫助我們認識到企業自身所蘊含的核心能力，方法很簡單，企業的內部資源中，「與競爭對手相似的或比較容易模仿的」就屬於一般的必要資源；「比競爭對手好的或不容易被模仿的」就屬於企業獨一無二的資源。在企業的能力中與「競爭對手相似的或容易被模仿的」就是一般的基本能力，而「比競爭對手好的或不容易被模仿的」能力就是企業的核心能力了。

　　企業在識別核心能力時，需要區別資源和能力這兩個概念。如果企業具有非常獨特的價值資源，但是企業卻沒有將這一資源有效發揮，那麼，企業所擁有的這一資源就無法為企業創造出競爭優勢。另外，一個企業只要擁有了競爭者所不具有的競爭能力，那麼，該企業並不一定要具有獨特而有價值的資源就能建立起獨特的競爭能力。

【總結與分析】

　　除了上述方法之外，還有進一步識別核心能力的方法，那就是進行比較分析。下面推薦三種比較方法：

　　1. 歷史性對比（Historial）

　　通過將企業的資源和表現與企業過去的經歷進行對比來看企業是否發生變化。這種對比的目的就是看一下企業的表現是否比過去有所提高。

　　2. 同行業標準對比（Industry Normals）

　　將自己企業的資源和能力與同行業中的其他企業進行對比，來看自己的企業與行業內的企業的差別。

3. 最優對比（Benchmarking）

將自己的企業與行業中最好的企業進行對比，從而發現自己的企業與行業中最好的企業之間的差距。

【實例】

所有的小商店都需要一些基本的能力，如採購、儲存和展示等。而超級市場通過它們在廣告、低成本的進貨、超級市場內部的高效管理等核心能力來尋找為顧客提供低價位的戰略，這給超級市場提供了超越小商店的競爭優勢。這種競爭優勢的基礎——超級市場的核心能力是小商店無法模仿的，因為小商店在這方面的資源劣勢使它們無法進行模仿。因此，小商店只有通過提供更方便的服務，如：個人推銷、送貨上門、24小時服務作為其核心能力來參與同超級市場的競爭。小商店在服務方面所提供的方便是超級市場所無法模仿的，因為這種模仿意味著成本大規模的提高。因此，超級市場也好，小商店也好，它們之間的競爭都是充分展現自己獨一無二的核心能力來實現的。

三、企業核心能力的培育方法

【來源背景】

今天，培育並提升企業核心能力，逐漸為國內外許多著名企業所重視。培育核心能力是一個過程，能夠把企業的許多創新構成一個新的有機整體。如今核心能力受到企業重視，是因為企業核心能力已經成為企業競爭的基本戰略。往常企業總是講市場戰略、產品戰略、技術戰略等，這些職能戰略是企業外在和顯性化的戰略，在邁向知識經濟的新時代，任何企業單是依靠某一項或某幾項職能，最多只能獲取暫時的優勢。

唯有培育核心能力才是使企業立於不敗之地的根本戰略。例如，精確的數據存儲和分析是菲利浦公司在光學器材生產方面的核心能力；結構緊湊和方便操作是索尼公司在微型工藝機生產上的特殊控制力；微軟公司的成功在於不斷開發更新更強操作平臺的能力；英特爾不斷推出新的CPU的能力絕非其他公司可以比擬。因此，具有活的動態性質的核心能力是企業追求長期戰略目標，是企業持續競爭優勢的源泉。

【內容】

培育企業核心能力的方法有：

1. 演化法

這種方法是企業高層管理者選定一個目標，由全體員工在各自的工作崗位上一起努力，設法在合理期限內完成目標的核心能力。

演化法幾乎等同於進行一次大規模的變革，其影響將遍及整個企業。演化法可能設計、整合好幾十個行動方案，如果整合成功，勢必改革效果驚人，否則徒勞無功。

2. 孕育法

孕育法指企業成立一個專門小組，針對企業選定的目標全力開發，負責在2～3年內培育一種核心能力。培育法的優點在於企業提供特別設計的環境，工作小組可以專

心和安心地進行研究開發。一旦工作小組有了不錯的成績，經營者就可以考慮將這一成果轉移到企業的其他部門去。

3. 併購法

這是通過併購達到預先確定的目標，然后獲得其核心能力的方法。

許多企業不願花很長的時間投入可觀的資源，等待演化法與孕育法開花結果，而紛紛採取更為方便的方法——併購。事實上，最近幾年來，和其他兩種方法相比，通過併購建立核心能力更容易招致失敗。為了提高成功率，經營者必須瞭解，它們想要尋求的能力種類如何影響併購策略，同時要留意將來會影響結果的結構性因素。

【總結與分析】

是否能找到合適的具有特定能力的企業，當然是併購策略的決定性因素，而究竟是該選擇演化法或孕育法，更是一個難題，但經營者必須從這兩種策略中選一個，不能同時採用。選擇演化法的企業，也許難以建立卓越的能力，但由於組織成員曾經全體奮鬥過，所以能力一旦成功塑造，所有人都將繼續全力以赴。反觀孕育法，建立核心能力的成功率也許高得多，但將此技能移至組織其他成員共同參與可能比較困難。

企業過去的歷史與能力的本質，將影響經營者的取捨決策，例如，過去推動重大改革方案獲得成功的企業，可能會傾向於採用演化法。反之，過去曾經採用孕育法來建立過所謂秘密設計小組的企業，則傾向於採用孕育法來建立核心能力。前線執行能力的執行比較適合用演化法，因此其成功的關鍵在於大多數前線員工是否全力投入，反之，洞察預見能力的建立可能比較適合使用孕育法，可以利用孕育小組人數少和不受正式程序限制的優點。

【實例】

美國的布朗路特工程顧問公司採用孕育法建立了新的核心能力，在市場上大有收穫。

該公司創造了一個能夠讓新能力孕育、茁壯成長的環境，不僅全身心呵護這塊園地，而且提供一些必要的資源。然而這並不是四周圍築防火牆式的封閉環境，而是包蓋著一層只進不出的單向薄膜。具體地說，只要工作小組的負責人看中，經營者允許孕育小組以各種手段從現有部門尋找所需要的人。

與演化法一樣，採用孕育法的企業也依賴企業外部人士。布朗路特工程顧問公司為針對組織既有的惰性引進外部管理顧問。在核心能力培養上，布朗路特公司針對特定的新事業機會，去建立具體的核心能力。「孕育者」是公司內注重經營績效的部門主管，而不是一些專家或精神領袖。該公司還採用了簡單易懂的績效考核辦法，向外界做標杆對比，以評估自己的能力優勢，同時強調核心能力在面對新環境的挑戰時所做的貢獻。

終於，在后勤支援與緊急應變管理方面，布朗路特公司成為全球的領導者。

第三節　戰略信息輸入工具

一、EFE 矩陣

【來源背景】

EFE 矩陣——外部因素評價矩陣，將影響企業發展的關鍵外部因素信息輸入戰略分析評價體系，可幫助企業綜合評價經濟、社會、文化、人口、環境、政治、法律、技術及競爭等方面的信息。

EFE 矩陣對關鍵外部因素進行分析評價，是通過對企業的外部環境給企業帶來的機會和威脅進行打分的方法來進行的。

【內容】

按照以下步驟建立 EFE 矩陣：

（1）列出在外部分析過程中確認的外部因素。因素總數在 10～20 個之間。因素包括影響企業和其所在產業的各種機會與威脅。首先列舉機會，然後列舉威脅。要盡量具體，可以採用百分比、比率和對比數字。

（2）賦予每個因素以權重，其數值由 0.0（不重要）到 1.0（非常重要）。權重標誌著該因素對於企業在產業中取得成功的影響的相對大小性。機會往往比威脅得到更高的權重，但當威脅因素特別嚴重時也可得到高權重。確定恰當權重的方法包括對成功的競爭者和不成功的競爭者進行比較，以及通過集體討論而達成共識。所有因素的權重總和必須等於 1。

（3）按照企業現行戰略對各關鍵因素的有效反應程度為各關鍵因素進行評分，範圍為 1～4 分，「4」分代表反應很好，「3」代表反應超過平均水平，「2」代表反應為平均水平，而「1」則代表反應很差。評分反應了企業戰略的有效性，因此，它是以公司為基準的，而步驟 2 中的權重則是以產業為基準的。

（4）用每個因素的權重乘以它的評分，即得到每個因素的加權分數。

（5）將所有因素的加權分數相加，以得到企業的總加權分數。無論 EFE 矩陣包含多少因素，總加權分數的範圍都是從最低的 1.0 到最高的 4.0，平均分為 2.5。如果總加權分數為 4.0，則反應企業有效利用了產業中的機會，並將外部威脅的潛在不利影響降至最小；如果總加權分數為 1.0，則說明沒能利用外部資源或迴避風險。

【總結與分析】

一個企業所能得到的總加權分，最高為 4.0，最低為 1.0，平均總加權分數為 2.5。需要注意的是，透澈理解 EFE 矩陣中所採用的因素，比實際的權重和評分更加重要。

【實例】

CCSN 是國內首家為商業企業的供應鏈優化管理提供電子商務解決方案的第三方電

子數據交換平臺，是基於 INTERNET 技術、EDI 數據交換和 CA 安全認證技術為核心的功能強大的應用平臺，致力於幫助國內外零售商、分銷商、生產商實現供應鏈再造和生產業務流程的優化，從而提高生產效率，降低購銷成本，增加企業的市場競爭力。

就市場狀況來看，國外商業巨頭大肆入侵國內，商業企業特別是大型超市高層管理者對供應鏈電子化管理的需求更加迫切，再就是大型超市內部自動化管理，MIS/ERP 系統本身較為健全，與其對應的供應商企業內部的計算機聯網也日益普及，對 CCSN 來說是個絕佳的市場機會。國內許多網路公司仍未走出 WEB 的怪圈，CCSN 的產品和技術充分考慮到中國商業企業的現狀，處於絕對領先的優勢。

表 8-1 是 CCSN 外部因素評價（EFE）矩陣：

表 8-1　　　　　　　CCSN 外部因素評價（EFE）矩陣

關鍵外部因素	權重	評分	加權分數
機會			
1. 政府大力推進企業信息化改造	0.05	2	0.10
2. 中國加入 WTO 後，零售業面臨全球競爭	0.10	3	0.30
3. 零售超市的信息化水平提高，POS 機和 MIS 系統被廣泛運用	0.05	3	0.15
4. 企業高層管理者對商業自動化意識的增強，以及對信息化管理的迫切需求	0.10	4	0.40
5. 供應鏈管理成為新聞媒體報導的熱點	0.05	1	0.05
6. 以往的競爭對手紛紛出局	0.05	2	0.10
7. CCSN 電子數據交換技術逐漸被市場認可	0.15	4	0.60
8. 京城一家零售超市已在 CCSN 數據交換平臺上試行，另外兩家較大型的零售超市與 CCSN 有實質性合作意向	0.15	4	0.60
9. 零售超市這個業態的市場增長速度極快	0.10	3	0.30
威脅			
1. 國際競爭對手的湧現	0.05	2	0.10
2. 以往國內競爭對手的倒閉，對市場和客戶造成一種打擊，並增加了客戶對電子化服務公司的不信任感	0.08	2	0.16
3. 國內商業企業規模相對較小，資金實力較弱	0.03	3	0.09
4. 國內商業企業將 CCSN 交換技術等同於 .COM（商業性質的國際通用域名），或與以往國內競爭對手類似，由此產生懷疑	0.04	3	0.12
總計	1.00		3.07

結論：平均總加權分數為 2.5，CCSN 總加權分數為 3.07，高於平均水平，說明 CCSN 在利用外部機會和規避外部威脅或風險方面有較強的控制能力。

二、IFE 矩陣

【來源背景】

IFE 矩陣——內部因素評價矩陣，將企業關鍵的內部因素信息輸入戰略分析評價體系，以確定企業的優勢和弱點。內部分析需要收集和吸收有關企業的管理、行銷、財務會計、生產作業、研究和開發及計算機信息系統等運行方面的信息。

對企業內部因素的評價，可以通過內部因素評價矩陣來進行。

【內容】

可以按照以下步驟建立 IFE 矩陣：

（1）列出在內部分析過程中確定的關鍵因素。採用 10～20 個內部因素，包括優勢和弱點兩方面。首先列出優勢，然后列出弱點。要盡可能具體，可以採用百分比、比率和比較數字。

（2）給每個因素以權重，其數值範圍由 0.0（不重要）到 1.0（非常重要）。權重標志著各因素對於企業在產業中成敗影響的相對大小。無論關鍵因素是內部優勢還是弱點，對企業績效有較大影響的因素就應當得到較高的權重。所有權重之和等於 1.0。

（3）為各因素進行評分。1 分代表重要弱點；2 分代表次要弱點；3 分代表次要優勢；4 分代表重要優勢。評分以公司為基準，而權重則以產業為基準。

（4）用每個因素的權重乘以它的評分，即得到每個因素的加權分數。

（5）將所有因素的加權分數相加，得到企業的總加權分數。

【總結與分析】

無論 IFE 矩陣包含多少因素，總加權分數的範圍都是從最低的 1.0 到最高的 4.0，平均分為 2.5。總加權分數大大低於 2.5 的企業的內部狀況處於弱勢，而分數大大高於 2.5 的企業的內部狀況則處於強勢。同外部因素評價矩陣一樣，IFE 矩陣應包含 10～20 個關鍵因素。因素數不影響總加權分數的範圍，因為權重總和永遠等於 1。

【實例】

CCSN 是由原國家國內貿易部商業網點開發中心發起，由中商科聯網路信息技術有限公司管理，於 2000 年 4 月正式成立的。CCSN 是國內第一家專門為商業流通領域的企業提供全方位供應鏈管理（SCM）的第三方電子數據交換（EDI）接入營運服務商。從其背景來講，CCSN 獲得了來自政府和聯合國工業發展組織（UNIDO）的大力支持。從其技術來講，CCSN 的核心技術是電子數據交換技術（EDI），這一技術是引進國外成熟的先進技術，並結合國內商業領域信息化現狀和商業企業需求，自主開發，得到聯合國工業發展組織（UNIDO）專家的一致好評，並在國家科技部軟科學專題備案。從營利模式來看，CCSN 的營利模式源自電信收費模式，即 CCSN 建立第三方電子數據交換平臺，通過為商業企業客戶（初期主要為零售超市及其供應商）提供營運服務，收取穩定而持久的平臺月租費（類似於電話月租費）和信息服務費（類似於話費）。從 CCSN 項目的市場前景來看，電子數據交換（EDI）就像是龐大的信息工程的基石，是不可逾越的，通過電子數據交換才能實現真正意義上的供應鏈優化管理。而國內商業企業面臨著國外強敵的競爭壓力，企業管理者信息意識逐漸加強，無疑給 CCSN 帶來了有利機會。就 CCSN 項目本身而言，市場潛力巨大，前景廣闊。從市場和客戶的反饋來看，經過一年半的市場培育和鋪墊，北京幾家大型超市對 CCSN 技術和服務產品有了深入的瞭解，已開始有意向做進一步的嘗試和合作。

表 8-2 是 CCSN 內部因素評價（IFE）矩陣：

表 8-2　　　　　　　CCSN 內部因素評價（IFE）矩陣

關鍵內部因素	權重	評分	加權分數
內部優勢			
1. 背景優勢：得到中國政府部門的大力支持，以及聯合國工業發展組織的直接參與	0.05	3	0.15
2. 項目優勢：列入國家科技部的國家軟科學研究專題，是國家經貿委商業自動化推廣應用項目	0.05	3	0.15
3. 技術優勢：與其他的競爭者在技術上有顯著的差異性	0.20	4	0.80
4. 人才優勢：擁有國際商業流通領域標準 EDI 單證應用的專家，參加過重大科技攻關項目金關工程的專家，擁有豐富的商業和實戰經驗和商場管理經驗的專家	0.10	4	0.40
5. 信息採集、管理和分析的優勢，通過數據庫管理，強化信息系統的控制能力	0.05	3	0.15
內部劣勢			
1. 資金短缺，財務壓力大	0.20	1	0.20
2. 企業文化欠缺，員工士氣低落	0.10	1	0.10
3. 產品開發週期過長	0.10	1	0.10
4. 市場開發遲緩，市場份額低	0.15	1	0.15
總計	1.00		2.20

結論：CCSN 的主要優勢集中在技術和人才方面，而主要弱勢集中在資金、企業文化、市場開發能力和產品開發週期上。總加權分數為 2.20，表明 CCSN 的總體內部優勢明顯低於平均水平，劣勢顯著。

第四節　戰略匹配工具

一、SWOT 矩陣

具體內容請參見第三章第三節。

二、BCG 矩陣

【來源背景】

製作公司層戰略最流行的方法之一是 BCG 矩陣——也叫公司業務組合矩陣。該方法是由波士頓諮詢集團（Boston Consulting Group，BCG）於 20 世紀 70 年代初期開發的。矩陣是一種有用的理論，它提供了一種框架，幫助人們理解性質各異的業務。BCG 矩陣是一種有用的理論，它提供了一種框架，幫助人們理解性質各異的業務，以及確定戰略資源分配的優先次序。

【內容】

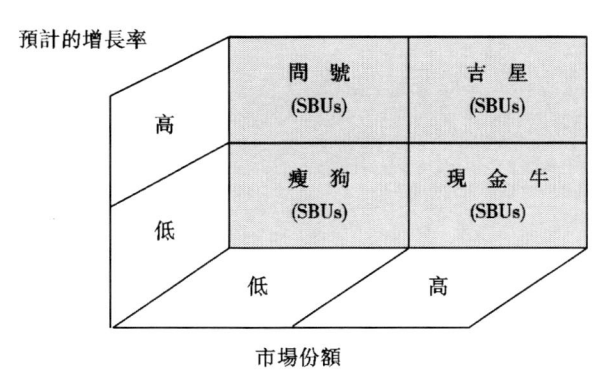

图 8-8 BCG 矩陣

該法將組織的每一個戰略事業單位（SBUs）標在一種二維的矩陣圖上（如圖 8-8），從而顯示出哪個 SBUs 提供高額的潛在收益，以及哪個 SBUs 是組織資源的漏門。其中，橫軸代表市場份額，縱軸表示預計的市場增長。說得更明確一些，高市場份額意味著該項業務是所在行業的領導者，高市場增長定義為銷售額至少達到 10% 的年增長率（扣除通貨膨脹因素），BCG 矩陣區分出 4 種業務組合。

1. 現金牛（低增長，高市場份額）

這是屬於低速成長、高佔有率的產品。由於競爭已經趨於穩定，因此，它可以產生大量的現金，以供廠商發展新產品，可說是廠商的「金庫」，但其未來的增長前景是有限的。

2. 吉星（高增長，高市場份額）

這是屬於高速成長、高佔有率的產品。由於成長快速，通常廠商不但不能從中獲取大量的現金，反而還需要投入資金，以擴大市場，強化流通與推廣，使自己能夠更上一層樓，並在未來獲取更多、更長遠的利益。

3. 問號（高增長，低市場份額）

這是屬於高速成長、低佔有率的產品。處在這個領域中的是一些投機性產品，帶有較大的風險。管理當局應該仔細考慮，是否要花費更多的資金來提高市場佔有率，以開創更美好的明天，或是縮小經營規模，甚至完全退出市場。

4. 瘦狗（低增長、低市場份額）

這個領域中的產品既不能產生大量現金，也不需要投入大量現金，這些產品沒有希望改進廠商的績效。

【總結與分析】

對於每一類業務組合，管理部門應當採取什麼策略？

研究表明，犧牲短期利潤以獲取市場份額的組織，將產生最高的長期利潤。因此，管理部門應當從現金牛身上擠出盡可能多的「奶」來，把現金牛業務的新投資限制在

最為必要的水平上，而利用現金牛產生的大量現金投資於吉星業務，對吉星業務的大量投資將獲得高額紅利。當然，當吉星業務的市場飽和及增長率下降時，它們最終會成長為現金牛。最難做出決定的是關於問號業務的決策，其中一些應當出售，另一些有可能轉成吉星業務。但是問號業務是有風險的，管理部門應當限制問號業務的數量。對於瘦狗業務，不存在戰略問題——應當出售這些業務或者瞅準機會清理變現，很少有值得保留或追加投資的。出售瘦狗業務所得的現金可以用來收購或資助某些問號業務。

例如：BCG 矩陣有可能建議某出版公司的管理層出售其商務書籍業務，因為它是一只瘦狗，從大學教材業務這樣的現金牛上擠出「奶」來，投資於像《體育周刊》這樣的吉星業務，或是投資於網上書店這樣的問號業務。

三、SPACE 矩陣

【來源背景】

戰略地位和行動評估矩陣——SPACE 矩陣的用途在於確定企業的戰略地位和它每一項業務的戰略地位。在這一矩陣分析中加入了大量的要素，目的在於使制定企業戰略決策的人從多方面確定企業的具體戰略，並選擇最為合適的行動方案。這種方法幫助企業確定它所處的行業的吸引力和企業在市場上的競爭能力。

【內容】

如圖 8-9，SPACE 矩陣的四象限圖表明進取、保守、防禦和競爭四種戰略中哪一種最合適於特定企業。SPACE 矩陣的軸線代表了兩個內在因素（財務優勢 FS 和競爭優勢 CA）及兩個外部因素（環境穩定性 ES 和產業優勢 IS）。這四個因素對於確定企業的總體戰略地位是最為重要的。

在這一矩陣中，財務實力和競爭優勢是企業戰略地位的兩個主要確定因素，而行業實力和環境穩定性因素代表了整個行業的戰略地位。這四個因素按 +6 至 -6 的刻度標在矩陣上。這些要素按下列四個方面評估：

1. 環境穩定要素（ES）
- 技術變化
- 通貨膨脹率
- 需求變化
- 競爭產品的價格範圍
- 打進市場的障礙
- 競爭壓力
- 需求的價格彈性
2. 行業實力要素（IS）
- 發展潛力
- 利潤潛力

图 8-9 SPACE 矩阵

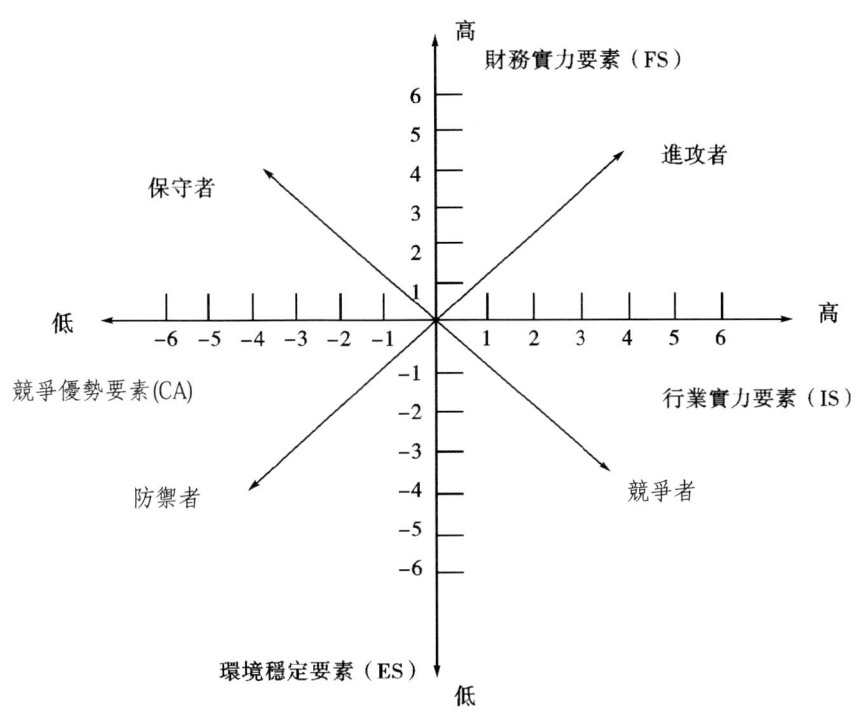

- 財務穩定性
- 技術
- 資源利用率
- 資本密集性
- 打進市場難易程度
- 生產率和生產能力的利用程度

3. 競爭優勢要素（CA）

- 市場份額
- 產品質量
- 產品生命週期
- 產品更換週期
- 顧客對產品的忠心程度
- 競爭對手的生產能力利用程度
- 技術
- 縱向聯合

4. 財務實力要素（FS）

- 投資報酬
- 財務槓桿

- 償債能力
- 資本需要量與可供性
- 現金流量
- 退出市場的難易程度
- 經營風險

【總結與分析】

根據企業類型不同，SPACE 矩陣軸線可以代表多種不同的變量。通過 SPACE 分析，可得出企業的各種戰略態勢的例子。

當公司的向量處於 SPACE 矩陣的進取象限時，企業便可以利用自己的內部優勢和外部機會，克服內部弱點和規避外部威脅。在這種情況下，企業可以採用如下的戰略及它們的組合：市場滲透、市場開發、產品開發、后向或前向的一體化、橫向一體化、集中多元經營、橫向多元經營等。

向量出現在 SPACE 矩陣的保守象限時，意味著企業應固守基本競爭優勢不要過分冒險。保守型戰略通常包括市場滲透、市場開發、產品開發或集中多元經營。

向量出現在 SPACE 矩陣的左下角防禦象限時，意味著企業應集中精力克服內部弱點並規避外部威脅。防禦型戰略包括緊縮、剝離、轉向、結業清算和集中多元經營。

向量落在 SPACE 矩陣的右下角，即競爭象限，表明企業應採取積極的競爭戰略，如后向、前向及橫向一體化、市場滲透、市場開發、產品開發及組建合資企業等。

第五節　戰略決策工具

一、QSPM 分析

【來源背景】

戰略決策是針對企業的戰略問題所進行的涉及企業未來生存和發展的決策，戰略分析和直覺判斷是戰略分析的基礎。

定量戰略計劃矩陣（quantitative strategy planning matrix，簡稱 QSPM），是在戰略匹配階段提供的備選戰略方案的基礎上，為企業提供一種幫助進行決策的技術。

【內容】

QSPM 頂部一行包括了從 SWOT 矩陣、SPACE 矩陣、BCG 矩陣中得出的備選戰略，作為企業的可行戰略。企業高層管理人員應用良好的直覺判斷能力，對眾多的備選戰略進行篩選，然后決定進入 QSPM 的戰略。

然后，按照內部和外部關鍵因素中的機會、威脅、優勢、弱點，分別按一定的權重予以打分，最后得出各個備選戰略的吸引力總分，為決策提出量化的參考值。

在 QSPM 中，決策的要素是：關鍵因素、備選戰略、權重、吸引力評分、吸引力

總分和吸引力總分之和。

【總結與分析】

運用 QSPM 的優點是可以相繼地或同時地考察一組戰略。同時，在這個矩陣中，可以把決策過程中有關的各種因素結合在一起考慮，使決策者的思路更加清晰。

QSPM 的局限性表現在它離不開決策者的直覺判斷和經驗性假設。而這些主觀思維方面的產物的準確性會有很大差異，從而必然會對決策的質量產生影響。為了提高戰略決策的準確性，企業決策層、管理層和員工都應參與決策的討論，並相互保持良好的溝通。QSPM 的質量也取決於信息輸入階段、匹配階段所進行的各項工作的質量。

【實例】

還是以 CCSN 為例：

從上表分析來看，CCSN 應重點開發國有超市，其次是民營超市，外資零售超市由於其在本土就有強大的信息支持機構，加之他們對產品、技術、服務等方面的要求苛刻，按 CCSN 現有的人力、物力和財力是難以滿足他們的需求的，故應暫時放棄這一市場，重點從國有和民營超市入手，他們才是 CCSN 有價值的客戶。

表 8-3

關鍵因素	權重	備選戰略				
		開發北京市場		開發外地市場		兩個市場同步開發	
		AS	TAS	AS	TAS	AS	TAS
機會							
1. 商業自動化被列入「十五」綱要中	0.05	—	—	—	—	—	—
2. 北京的信息化發展很快	0.05	4	0.20	2	0.10	3	0.30
3. 北京匯集了眾多大型零售超市	0.10	4	0.40	1	0.10	2	0.20
4. 國內零售企業面臨強大的競爭壓力	0.10	4	0.40	2	0.20	3	0.30
5. 商業企業信息化水平日益提高，POS/MS 系統被普遍使用	0.10	4	0.40	2	0.20	3	0.30
6. 商業企業管理者的信息化意識逐漸增強，有信息化改造的需求	0.2	4	0.80	2	0.40	3	0.60
7. 原有競爭對手倒閉退出市場	0.15	4	0.60	1	0.15	2	0.30
8. 零售超市業增長迅猛	0.10	3	0.30	1	0.10	2	0.20
威脅							
1. 國際和國內競爭對手的出現	0.10	3	0.30	1	0.10	2	0.20
2. 原有競爭對手的倒閉，可能對市場產生負面影響，使人們對高科技企業和產品不信任	0.05	3	0.15	1	0.05	2	0.10

表8-3(續)

關鍵因素	權重	備選戰略					
		開發北京市場		開發外地市場		兩個市場同步開發	
		AS	TAS	AS	TAS	AS	TAS
優勢							
1. CCSN在北京地區的市場認知度提高	0.10	4	0.40	1	0.10	2	0.20
2. 北京地區三家零售超市已與CCSN進行項目的前期合作	0.15	4	0.60	2	0.30	3	0.45
3. CCSN項目在UNIDO專家的評審中獲得好評，同時在國家科技部軟科學專題備案	0.05	—	—	—	—	—	—
4. CCSN產品的價格相較於競爭對手有顯著的優勢	0.15	2	0.30	4	0.60	3	0.45
5. 複雜的商業動作，將對競爭對手產生一定的進入壁壘	0.10	—	—	—	—	—	—
6. 使用CCSN服務產品的轉手	0.10	4	0.40	2	0.50	3	0.30
劣勢							
1. 現金流量短缺	0.15	3	0.45	2	0.30	1	0.15
2. 市場開發緩慢，市場份額低	0.10	2	0.20	3	0.30	4	0.40
3. 產品開發週期長	0.05	—	—	—	—	—	—
4. 管理成本高	0.05	4	0.20	2	0.10	1	0.05
總計	1.00		6.10		3.30		4.50

二、KT決策法

【來源背景】

KT決策法是由美國學者兼企業家特利高發明的，KT取自他名字的英文字母。KT法的基本含義是「合理的思考程序」，是問題思考決策法，適用於企業決策。

KT決策法提出以後受到了企業界的重視，對非營利部門具有同樣的意義。因此，企業界紛紛運用KT法來解決問題和提高決策效率。美國銷售額前500位的大企業中已有350多家導入了KT法，日本國內利潤前100位的企業中的40%也已經導入，另外，KT決策法在歐洲各國的普及率也很高。

【內容】

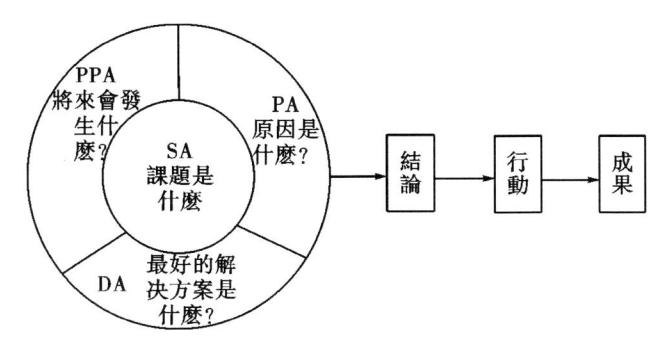

圖 8-10　KT 決策法

利用 KT 法進行決策是按照「合理的思考程序」的四個步驟來實施的，下面按這四個步驟來分別闡述 KT 法的實施過程和方法：

1. 狀況分析——SA

狀況分析是掌握課題並將課題明確化。課題是決策的第一要素，沒有課題也就不需要決策。很多決策問題並不是十分明確的，人們對其理解也不是相同的，實際上很多企業在決策之前就搞錯了課題，出現這一現象的主要原因是沒有掌握足夠的和準確的信息。

SA 主要回答這幾個問題：
- 為了什麼而提出課題，明確課題解決的目的。
- 不盲目地傾向某種思想，考慮應當掌握哪些事實，並分清曖昧和清楚的事實。
- 在掌握事實的前提下決定課題，而不是相反。
- 對設定的課題決定優先順序，以便很快開始行動。

2. 問題分析——PA

分析問題是為了掌握原因，一般而言，有三種情況需要掌握原因：一是出現問題時；二是想採取對策時；三是為防止未來出現風險時。PA 的關鍵是要將結果性的現象與原因性的現象分開，不要混同。PA 的實施程序如下：
- 差異的限定化——為什麼和要探求什麼原因？事物的結果與基準比較有什麼差異？
- 差異現象的細分化——按照什麼、何時、何地、何種程度將發生的結果細分化。
- 掌握原因的事實——對發生的和未發生的情況進行比較，探索兩者的不同及原因。
- 實證——理論的和實驗的立證，確認原因。

3. 決定分析——DA

決策分析是根據課題以及探明的原因制定更適當的方案，方案是解決課題的途徑，因此，好的方案應當帶來好的效果，換言之，方案的業績怎樣是決策分析的著眼點。為了探求好的方案，必須在決策分析中體現創新精神，並盡可能窮盡可行方案。DA 的實施程序如下：
- 設定目的——明確為什麼而選擇方案。

- 設定目標——目標是目的要達到的具體水平，設定具體的完成標準。
- 創造方案——根據目的、目標要求創造方案，並經常地返回目標去考慮。
- 比較選擇——按照目標比較各備選方案，從中選擇最佳方案。
- 預防風險——具體預測所選方案的風險並改善方案，當不能防止重大風險時應重新回到創造方案。

4. 潛在問題分析——PPA

很多問題的解決可能帶來相關問題的產生，企業決策中的大多數問題之間是有相關關係的，好的決策不僅要解決目前的問題還要考慮潛在的問題。即使目前的方案是最好的，但由於實施有很長的過程，這期間可能會出現事先沒有考慮到的因素變化，潛在問題分析就是為了充分防止和及時解決這些問題，完成決策全過程的管理。PPA的實施程序如下：

- 達成目標的明確化——想要達成什麼？明確風險分析的目的。
- 掌握風險——掌握阻礙目標完成的因素，特別應注意環境和周邊的變化。
- 準備預防對策——追究使風險發生的原因，為防止風險而準備，將風險預防與機會利用結合起來考慮。
- 準備緊急應對對策——考慮並準備當風險發生後不打算放棄目標的措施。

【總結與分析】

（1）KT法只是一種決策工具，要將它與組織的其他機能有機結合起來才能產生效果。

（2）KT法作為一種思考程序，重在不斷應用，必須將KT法植根於企業組織中，使管理者熟悉並掌握。要做到這一點，有必要進行專門的KT法培訓和研修，培訓各級管理者和員工。

（3）要正確看待KT法的效果，KT法不會產生奇跡，但它能促進管理意識的革新，提高組織活力。KT法所引進的「合理的思考程序」將成為看不見的企業知識資源，將成為企業的共同語言和共同方法，對管理效率的提高有積極作用。

（4）應當考慮如何將KT法制度化的問題。

（5）KT法是針對管理人員而制定的思考程序，目的是促進管理層實現意識革新，但是，怎樣才能達到具體的革新目標，應當結合企業的特點探索不同的手段。對KT法的靈活運用很大程度上決定著最終的實施結果。

第六節　國際化進入戰略模型

【來源背景】

目前，國際環境有4個特點，即全球信息化、全球經濟一體化、國際上企業聯合與兼併。知識經濟在世界範圍內日漸崛起。全球經濟一體化促進了跨國企業的發展，

世界各個國家、企業、管理者之間的距離越來越短,並互相依賴相互制約。由於競爭的需要,國際上的大企業相互聯合、兼併已成為一個必然的趨勢。

企業進入國外市場並參與國際競爭時,常常會運用如下幾項通用的基本戰略:國際化戰略,多國本土化戰略、全球化戰略和跨國經營戰略(如圖8－11)。

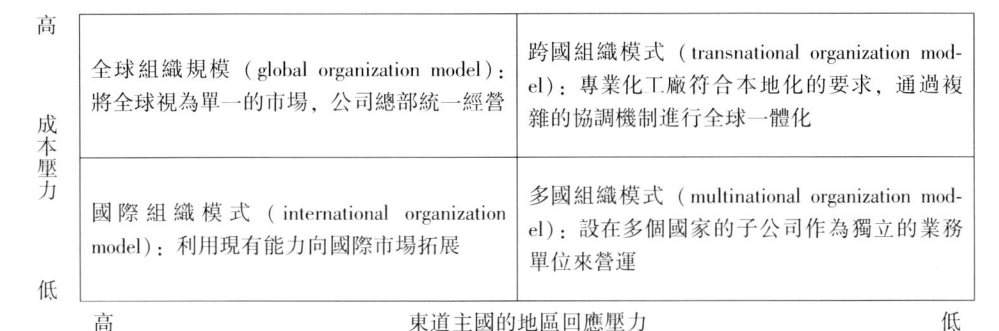

【內容】

高	全球組織規模(global organization model):將全球視為單一的市場,公司總部統一經營	跨國組織模式(transnational organization model):專業化工廠符合本地化的要求,通過複雜的協調機制進行全球一體化
成本壓力		
低	國際組織模式(international organization model):利用現有能力向國際市場拓展	多國組織模式(multinational organization model):設在多個國家的子公司作為獨立的業務單位來營運
	高　　　　　東道主國的地區回應壓力　　　　　低	

圖8－11　國際化戰略進入模型

根據成本壓力的高低和東道主國的地區回應壓力的高低,利用「國際化戰略進入模型」可以把國際化戰略進入方式分為四種:國際化戰略、多國本土化戰略、全球化戰略和跨國經營戰略。

1. 國際化戰略

國際化戰略,是指轉移價值和產品到國外市場以創造價值。這種做法的基礎在於國外市場中,當地的競爭者並不具有這樣的技能和產品。大部分的跨國企業都努力轉移在自己國家所生產出來的差異化產品到新的海外市場中去創造價值,並傾向於將產品開發功能集中在自己的國家。大部分的國際化企業只有在有限的範圍內對所提供的產品及行銷策略進行當地顧客化,公司總部仍保持著對行銷和產品策略的緊密控制權。

例如,寶潔公司就在其所有美國以外的主要市場中設有生產設備,包括英、德、日等國,然而,這些設備只製造在美國的母公司所發展出來的差異化的產品,而且常以美國母公司所發出的行銷信息來進行行銷。在歷史上,寶潔公司對市場當地回應程度相當有限,這是導致寶潔發生問題的原因之一。

2. 多國本土化戰略

和跨國企業不同的是,多國企業將技能和產品轉移到境外市場的時候,積極將他們所提供的產品和行銷策略顧客化。他們更加關注顧客的需求,以使得自己的產品更加符合不同國家的不同狀況。同時,他們也傾向於在每一個與他們做生意的重要國家的市場中建立整套的價值創造活動,包括生產、行銷及研發。

多國戰略的顯著優點就是能夠根據不同地區的顧客來進行顧客化生產,以最大限度地滿足顧客。該戰略的缺點也很明顯,企業很難將自身的特異能力轉移到國外去,成本較高。

3. 全球化戰略

使用全球化戰略的企業往往更傾向於對成本的把握，這是全球化戰略的宗旨是努力做到在所有國家之間的競爭保持策略上的一致性決定的。追求全球化戰略的企業，其生產、行銷和研發等活動都集中於一些較有利的地區。全球化企業比較傾向於不將他們所提供的產品和行銷策略顧客化。這是因為顧客化會因少量的生產營運和功能的重複而提高成本。

4. 跨國經營戰略

追求跨國經營戰略的企業總是試圖同時達到低成本和差異化優勢，同時做到這兩點，似乎是一個矛盾而又具有挑戰性的事情。該戰略的另一個缺點就是常常因為組織的問題而執行困難。但是，也有企業在這方面做得很成功。

例如，歐洲的 IKEA 公司為了降低成本方面的壓力，投資了一些規模較大的零件組件工廠，並將這些工廠設在比較有利的位置以滿足規模生產的目的。同時 IKEA 公司還在許多主要的全球市場中設立零件集中化製造與組裝工廠，並在這些地方投入自己的工作人員，依照不同地區需要，隨時改進自己的產品，以盡可能地使自己的產品差異化來降低不同地區的顧客回應壓力。

【總結與分析】

（1）如果一家企業的核心能力能夠使自己在國外市場上形成競爭優勢，而且在國外的市場上降低成本的壓力較小，那麼國際化戰略的效果就非常明顯。

（2）多國本土戰略對於追求多國競爭占統治地位的行業是合適的。由於不同國家在政治、經濟、文化和競爭等方面的環境各不相同甚至存在巨大差異，多國本土化戰略能夠提供不同方式的戰略，以適應不同國家的市場環境，必要時還可以進行行為上的調整。因此，多國戰略更注重戰略與東道主國環境的匹配。

（3）對於一個全球化、競爭性的行業來說，全球化的戰略是一個比較理想的選擇。全球化戰略能夠加強其在不同國家間的統一性與協調性，也可以建立起自身資源的戰略優勢以獲得低成本的效果，因此，一旦國家間的差異小到可以實施一個全球化的時候，企業就應當毫不猶豫地實施該戰略。

（4）跨國經營戰略的實施充滿了艱辛。企業通常是在當地巨大的回應壓力和成本壓力的情況下才會小心翼翼地使用該戰略。但是，如果得到了當地回應，則必然面臨成本方面的提高，這兩者難以兼顧。

第九章　戰略的實施

第一節　戰略實施的基本模式

一、戰略實施內涵

(一) 戰略實施的定義

戰略實施是指企業全體員工根據企業制定的戰略，利用企業一切可利用的資源，自覺而努力去實現企業目標的過程。

(二) 戰略實施與戰略制定的區別和聯繫

戰略制定和戰略實施有很大不同：戰略制定是行動之前對企業發展方向和發展策略的選擇，而戰略實施是如何將選定的戰略實現的行為過程。戰略制定更加注重分析和選擇，而戰略實施更考驗領導和領導能力，企業的協調能力和企業整體的執行力。

但是，並不是選擇了正確的戰略，就會朝著期望的戰略目標前行。沒有良好的戰略，企業執行能力再好，也只能南轅北轍，可同時好的戰略不能得到良好的實施，企業也會面臨失敗。圖9-1說明了戰略制定與戰略實施之間的關係。只有戰略制定適合於企業的內外部環境，同時具有有效的戰略實施作保證，企業才可能獲得成功。如果企業制定了正確的戰略，然而企業的戰略實施不能有效地執行這個正確的戰略，企業會陷入無盡的麻煩之中：企業各級管理者會處於無休止的部門衝突、人員矛盾、戰略理解等各方面的問題之中難以自拔，因為他們不能有效地理解戰略，並在戰略的統一指揮和領導之下去實施各個部門的工作、相互協調配合，這樣企業的人力、物力和財力都在無止境的內耗中浪費了。然而如果企業有極強的戰略貫徹和執行能力，可是企業制定的戰略本身不正確或者不完善，帶給企業同樣的是無盡的資源消耗和不好的結局。一旦企業面臨這種狀況，唯一的辦法就是修正不完善的戰略或者放棄錯誤的戰略，讓企業及時避免陷入無盡的麻煩之中。當然，如果一個企業的戰略不正確，同時企業也沒有很好的戰略實施能力，毋庸置疑，等待企業的將是失敗的命運。

戰略制定

	合適	不合適
戰略實施 有效	成功	挽救或及時放棄
戰略實施 無效	麻煩	失敗

圖 9-1　戰略制定與戰略實施的關係

二、戰略實施中應注意問題

企業在經營戰略的實施過程中，常常會遇到公司在進行戰略制定和選擇中是正確的，但在戰略實施中卻經常出現嚴重的偏差和失誤的問題，具體表現如下：

(1) 戰略實施的時間總是超過原來的計劃；
(2) 各種活動之間的協調不力；
(3) 企業內外的日常事務總是分散戰略管理者的注意力，干擾戰略的實施；
(4) 職工和管理者的能力不足；
(5) 超出管理者控制之外的各種環境因素發生不利變化；
(6) 職能部門領導的領導方式不當；
(7) 低層人員的培訓和管理不當；
(8) 關鍵活動和任務的缺乏明確的說明。

為了有效地解決企業戰略執行中的這些問題，使企業的戰略能得到良好的執行，防止出現偏差。企業應該主要從以下幾個方面的解決戰略實施中的問題：

1. 制定嚴格的績效考評制度和監督機制

許多企業雖然有量化而且是可操作、可實現的年度計劃指標，也有先進的內部員工管理信息化系統，但計劃出抬後還是流於形式，同時員工工作的主動性差，責任心不強，遇事相互推諉，大量工作不能按計劃落實和完成，許多工作被擱淺或被延誤，這實際是管理的漏洞。一個企業沒有制度是可怕的，有了制度但沒有強有力而公平的執行，沒有很好的監督機制，即使有正確的戰略，也不可能很好地實施而達到企業的目標。

2. 職工和管理者的能力與戰略的要求相匹配

正確的戰略還需要有能力的戰略實施者來加以貫徹和實施，不論是戰略的領導者、各級管理者和員工，他們都在戰略實施中扮演著重要的角色。然而在很多企業執行戰略的過程中，戰略執行人員的能力常常不能很好地理解和執行戰略，他們的能力與戰略的要求不相匹配，最後導致戰略執行中發生偏差。

3. 組織結構與企業戰略的匹配

錢德勒曾經提出戰略決定結構，結構跟隨戰略，但是在戰略的實施中，許多企業的組織結構常常不能實現與企業的戰略目標和策略匹配，差異化戰略的企業常常由於組織機構過於龐大，信息溝通困難，決策緩慢，不能很好地適應市場的變化，導致產

品難以與對手區別開來，使戰略在實施中出現變形，難以有效貫徹實施。

　　4. 在實施的過程應根據企業的各種環境的變化而做出適當調整

　　企業根據內外部環境制定了正確的戰略，然而環境是不斷發展變化的，因而企業在執行戰略的過程中還應不斷關注環境的變換，做到戰略在執行中仍然能夠隨著環境而變化，提高戰略實施的適應性。

三、戰略實施的基本原則

　　從前面應注意的問題可以發現，企業在經營戰略的實施過程中，常常會遇到各種各樣的問題，因此，在戰略實施中需要遵守一些基本原則，作為企業實施經營戰略的基本依據。

　　1. 適度合理性的原則

　　在企業經營戰略的制定過程中，由於受到信息、決策時限以及認識能力等因素的限制，戰略分析的過程可能不是很完善，對未來的預測也不可能很準確，所以制定的企業經營戰略不一定是最優的。而且在戰略實施的過程中由於企業外部環境及內部條件的變化較大，情況比較複雜，因此只要在主要的戰略目標上基本達到了戰略預定的目標，就應當認為這一戰略的制定及實施是成功的。在客觀生活中不可能完全按照原先制定的戰略計劃行事，因此戰略的實施過程不是一個簡單機械的執行過程，而是需要執行人員大膽創造，大量革新的過程，戰略實施過程也是對戰略的創造過程。在戰略實施中，戰略的某些內容或特徵有可能改變，但只要不妨礙總體目標及戰略的實現，就是合理的。

　　2. 統一領導、統一指揮的原則

　　企業的高層領導人員對企業經營戰略的瞭解應當是最深刻的，他們通常會較多參與企業戰略的制定過程。一般來講，他們要比企業中下層管理人員以及一般員工掌握的信息要多，對企業戰略的各個方面的要求以及相互聯繫的關係瞭解得更全面，對戰略意圖體會最深，因此戰略的實施應當在高層領導人員的統一領導，統一指揮下進行。只有這樣，其資源的分配、組織機構的調整、企業文化的建設、信息的溝通及控制、激勵制度的建立等各方面才能相互協調、平衡，才能使企業為實現戰略目標而卓有成效地運行。

　　同時，統一指揮的原則可以使企業的每個部門只接受一個上級的命令，在戰略實施發生問題時，能在小範圍、低層次解決問題，不必放到更大範圍，更高層次去解決，這樣做所付出的代價最小。

　　3. 權變原則

　　環境的變化是影響企業戰略制定和實施的重要因素。在戰略實施中，如果企業內外環境發生重大的變化，以至原定的戰略不可行，顯然這時需要把原定的戰略進行重大的調整，這就是戰略實施的權變問題。其關鍵就是在於如何掌握環境變化的程度，如果當環境發生並不重要的變化時就修改了原定的戰略，這樣容易造成人心浮動，帶來消極后果，最終只會導致一事無成。但如果環境確實已經發生了很大的變化，仍然堅持實施既定的戰略，將最終導致企業破產。因此關鍵在於如何衡量企業環境的變化。

權變的觀念應當貫穿於戰略實施的全過程。從戰略的制定到戰略的實施，企業應該不斷關注環境的變化，及時檢測企業關鍵因素的變化，並對它做出靈敏度分析。一旦這些控制變量的變化超過一定的範圍時，原定的戰略就應當調整，並準備相應的替代方案，即企業應該對可能發生的變化及其可能對企業造成的后果以及應變的替代方案等，都要有足夠的瞭解和充分的準備，以便企業能夠及時地適應變化。

四、戰略實施的基本模式

戰略實施並不是一成不變的統一方式，不同的企業實施戰略的方式可能不一樣，但是戰略實施通常可以歸納為下面五種模式，見表9-1。

表9-1　　　　　　　　　　戰略實施的基本模式

模型	主要解決的問題	總經理的角色
指揮型	應如何制定和貫徹最佳戰略？	理性行為者
變革型	戰略已考慮成熟，現在該如何創造性實施？	設計者
合作型	如何能使高層管理人員從一開始就對戰略承擔自己的責任？	協調者
文化型	如何使整個企業都保證戰略的實施？	指導者
增長型	如何激勵管理人員去執行完善的戰略？	評判者

（一）指揮型

指揮型模式的特點是企業總經理要考慮如何制定和貫徹一個最佳戰略的問題。在實踐中，戰略計劃部門向總經理提交企業經營戰略的報告，總經理進行決策，確定了戰略之後，向高層管理人員宣布企業戰略，然后要求下層管理人員執行。這種模式的運用需要具備下列必要條件：

（1）總經理要有較高的權威，靠其權威通過發布各種指令來推動戰略實施。

（2）該模式只能在戰略比較容易實施的條件下運用。這就要求戰略制定者與戰略執行者的目標比較一致，戰略對企業現行運作系統不會構成威脅。在這裡，企業組織結構一般都是高度集權制的體制，企業環境穩定，能夠集中大量的信息，多種經營程度較低，企業處於強有力的競爭地位，資源較為寬鬆。

（3）該模式要求企業能夠準確而有效地收集信息並能及時匯總到總經理的手中，因此，它對信息條件要求較高。這種模式不適應高速變化的環境。

（4）該模式要有較為客觀的規劃人員。因為在權力分散的企業中，各事業部常常因為強調自身的利益而影響了企業總體戰略的合理性。因此，企業需要配備一定數量的有全局的眼光的規劃人員來協調各事業部的計劃，使其更加符合企業的總體要求。

這一模式具有較為正式的集中指導的傾向，戰略實施靠的是最佳戰略和權威的日常指導。該模式中戰略較易實施，企業已掌握了準確的信息並做了大量分析，有較客觀的高素質規劃人員的情況下，能使戰略得到較好貫徹。該模式的缺點是把決策者與執行者分開，容易產生執行者缺乏動力和創新精神的問題。

（二）變革型

　　變革型模式的特點是企業經理主要考慮的是如何實施企業戰略。在戰略實施中，總經理通常會根據實際情況對企業進行一系列的變革，如建立新的組織機構，新的信息系統，變更人事，甚至是兼併或合併經營範圍，採用激勵手段和控制系統以促進戰略的實施，以進一步增強戰略成功的機會。

　　變革型模式是從指揮型轉變來的。它十分重視運用組織結構、激勵手段和控制系統來促進戰略實施。在原有的分析工具的基礎上增加了三種組織行為科學的方法：

　　（1）利用組織機構和參謀人員明確地傳遞企業優先考慮的事物信息，把注意力集中在所需要的領域。

　　（2）建立規劃系統、效益評價以及激勵等手段，以便支持實施戰略的行政管理系統。

　　（3）運用文化調節的方法促進整個系統發生變化，提高員工工作的積極性。

　　該模式的缺點是，如過分強調組織體系和結構，有可能失去戰略的靈活性。因此該模式較適合環境確定性較大的企業。

（三）合作型

　　合作型模式的特點是注重發揮集體的智慧，企業總經理要和企業其他高層管理人員一起對企業戰略問題進行充分的討論，形成較為一致的意見，制定出戰略，再進一步落實和貫徹戰略，使高層管理者都能夠在戰略制定及實施的過程中做出各自的貢獻。

　　合作型的模式克服了指揮型模式即變革模式存在的兩大局限性，使總經理接近一線管理人員，獲得比較準確的信息。同時，由於戰略的制定是建立在集體考慮的基礎上的，從而提高了戰略實施成功的可能性。

　　該模式的缺點是由於戰略是不同觀點、不同目的的參與者相互協商折中的產物，有可能會使戰略的經濟合理性有所降低，同時仍然存在著謀略者與執行者的區別，仍未能充分調動全體管理人員的智慧和積極性。這種模式比較適合複雜而又缺少穩定性環境的企業。

（四）文化型

　　文化型模式的特點是考慮的是如何動員全體員工都參與戰略實施活動，即企業總經理運用企業文化的手段，不斷向企業全體成員灌輸戰略思想，建立共同的價值觀和行為準則，使所有成員在共同的文化基礎上參與戰略的實施活動。

　　由於這種模式打破了戰略制定者與執行者的界限，力圖使每一個員工都參與制定實施企業戰略，把合作型的參與成分擴大到了企業的較低層次，使整個企業人員都支持企業的目標和戰略。在這模式中總經理起到指導者的作用，通過灌輸一種適當的企業文化，使戰略得以實施。

　　這種模式的局限性在於：企業的職工必須有較高的素質；企業採用這一模式要耗費較多的人力和時間；強烈的企業文化可能會掩蓋企業中的某些問題。

(五) 增長型

增長型模式的特點是企業經理要考慮如何激勵下層管理人員制定、實施戰略的積極性及主動性，從而為企業效益的增長而奮鬥。即高層戰略管理者要認真對待下層管理人員提出的一切有利企業發展的方案，只要方案基本可行，符合企業戰略發展方向，在與管理人員探討瞭解決方案中的具體問題的措施以後，應及時批准這些方案，以鼓勵員工的首創精神。

在這一模式中，企業的戰略是從基層單位自下而上地產生。它的關鍵是激勵下層管理人員創造性地制定與實施完善的戰略，使企業的能量得以發揮，並使企業實力得到增長。因此採用這一模式對總經理的要求很高，他要能正確評判下層的各種建議，淘汰不適當的方案。

上述五種戰略實施模式在制定和實施戰略上的側重點不同，指揮型和合作型更側重於戰略的制定，而把戰略實施作為事後行為；而文化型及增長型則更多地考慮戰略實施問題。實際上，在企業中上述五種模式往往是交叉或交錯使用的。

第二節　戰略實施的領導者

一、企業戰略實施中領導者的管理任務

(一) 戰略領導者

戰略領導者是指具有戰略管理思想，善於戰略思維，具有戰略能力，掌握戰略實施藝術，從事研究和制定戰略決策，指導企業開拓未來的企業高層決策群體。

(二) 戰略領導者應該具備的素質

1. 道德與社會責任感

一個企業戰略管理者的道德與社會責任感是指他們對社會道德和社會責任的重視程度。因為企業的任何一個戰略決策都會不可避免的牽涉到他人或社會集團的利益，因此企業領導者的道德和社會責任感對這些戰略決策的后果會產生十分重要的影響。企業的戰略會影響以下團體的利益：政府、消費者、投資者、供應商、內部員工和社區居民，但企業戰略常常不能同時滿足各個團體的利益，企業領導人對各個集團利益的重視程度也不同，這就決定了不同的領導人對不同的戰略會持不同的看法。此時，總的原則是，企業領導人應該綜合平衡各方面的利益。

2. 長遠的眼光

戰略領導者不僅要著眼於企業的「今天」，更應該將目光緊緊盯著明天，按企業未來的發展要求來做出戰略決策。領導者這種遠見卓識取決於領導者廣博的知識和豐富的經驗，來自於對未來經濟發展的正確判斷，取自於企業全體員工的智慧。當領導者對未來有了科學的判斷之後，還應該迅速轉化到行動中去，即採取「領先一步」的做法來及早獲取競爭優勢。同時，作為一個領導者，應該時刻關注競爭格局，經常分析

競爭對手的狀況，逐項將自己與競爭對手比較，只有瞭解了對手，才能談得上「揚長避短」。許多企業的產品之所以能夠勝人一籌，原因就在於能在研究別人的產品時突破一點，結果大獲全勝。人們經常說的「知己知彼，百戰百勝」「手上拿一個，眼睛盯一個，腦中想一個」，講的就是這個道理。

3. 隨機應變的能力

它可以定義為接受、適應和利用變化的能力。在現在和未來的世界中，恐怕唯一不變的東西就是變化。因此，戰略領導者必須能夠迅速理解並接受變化，願意主動積極地根據這些變化來調整自己的思想和企業戰略，以及善於利用變化來調整自己的思想和企業戰略，善於利用變化來轉化不利因素為有利因素，以達到發展企業的目的，最終獲得成功。

4. 開拓進取的品格

一個企業要想發展壯大，戰略領導者一定要拿出「敢」字當頭的精神，敢於在市場上，敢於在未知領域中，敢於在與競爭對手的較量中，保持一種積極開拓、頑強不服輸的氣概。

5. 豐富的想像力

想像是從已知世界向未知世界的拓展，是對現有事物的夢想之後的創造。具有豐富想像力的領導者可以幫助企業創造和利用更多的機會，可以協助企業進行自我改進和自我完善，並能幫助企業適應千變萬化的環境。

(三) 戰略領導者的任務

戰略領導者在戰略實施中經常扮演不同的角色，可能是企業家、激勵者、監控人、文化倡導者、危機處理者等，不同的角色說明戰略領導者需要處理不同的職責和任務。綜合戰略實施領導者的任務，可以概括為以下幾個方面：

1. 胸懷全局，掌握環境變化趨勢

作為一個領導者，最重要就是要掌握整個環境的發展趨勢，根據環境的發展變化，進行相應的定位和思維，為企業戰略決策的準確性、適應性打下堅實的基礎。戰略領導者必須要胸懷全局，以全局為重點，而不是以局部利益為重點。

2. 高瞻遠矚，指引戰略方向

一個領導者之所以讓人堅定地跟隨，主要是他們認為這個領導者的目標方向是對的，如果員工認為領導者的方向錯誤，就不會死心塌地地追隨，而是去參加別的團體。所以領導者必須為企業員工制定正確的戰略發展方向。

3. 制定組織結構，內部分工

指定方向之後，需要把內部打造好。怎麼分工，事業部怎麼劃分，片區怎麼安排，總部怎麼運作做這些都是戰略實施領導者的工作。明確的部門設置和職能分工，可以減少企業內耗，有效地實施戰略領導者的戰略意圖。

4. 制定權責體系，分派人員

「權」代表權利，「責」代表責任，領導人要為工作找人，要找對人，將最合適的人才安排在最合適的工作崗位上，讓企業職責清晰，人盡其才，戰略實施才能具有堅

實的基礎，才能實現企業每個崗位的產出最大化。

5. 建立共識，平衡各方利益

作為戰略領導人，必須平衡戰略夥伴等各方的利益。如政府的利益、股東的利益、員工的利益、銀行的利益、競爭者、供應商、客戶的利益，如果各方的利益沒有辦法平衡，就難以建立共識，戰略執行中的問題就會很難處理，戰略的實施也難以推進。

6. 居安思危，發動企業變革

一個企業家最可貴的精神就是敢於否定自己，敢於否定過去，或者敢於破壞現狀，所以否定自己，否定過去和破壞現狀，就是革新的本錢。沒有辦法做出變革，整個企業將會陷入癱瘓的狀態。所以企業的戰略實施領導者，面對成績永遠如履薄冰，面對未來永遠戰戰兢兢，其實這就是強調企業的危機感。

7. 注重形象，爭取外部資源

隨著信息手段越來越先進，如果領導者的形象不好，別人會很容易知道，企業也很難爭取外界的資源。所以，當到了一定階段，領導必須在道德、人格方面有一定公眾的認可，那樣比較容易爭取外部的資源。

8. 身先士卒，建立團隊精神

戰略領導者要以身作則，建立一個有共同目標的團隊。這是去建立組織的執行文化，不管是企業、政府還是軍隊，都需要組織的領導者在必要的時候身先士卒，全身心投入到組織的日常營運中。領導不僅僅是一個只注重高瞻遠矚的角色，卓越的戰略家也需要切身融入企業的日常運作，建立企業的執行文化，成為企業的先行者和領路人。

二、企業戰略實施者與企業戰略類型的關係

在企業戰略管理中，正確的戰略思考邏輯能形成正確的企業戰略。但是，良好的戰略如果沒有相應的戰略領導來實施，戰略很可能偏離其原有的方向。然而，戰略實施的領導的風格也是各異的，如何實現領導風格與戰略類型的匹配也是戰略實施的重要內容。關於戰略實施領導者的分類眾多，本書將戰略實施領導者分為開拓型、守成型、變革型和善後型來討論與戰略實施領導者與企業戰略的關係。

(一) 開拓型領導與企業戰略

開拓型的領導是創新者。他們能開拓和領導新的企業機構誕生，在企業的初創和發展階段，常常扮演重要角色；他們往往首創前所未有的產品或服務，這些產品或服務或者是全新的，或者就是還未充分開發的。

這些具有開拓創新氣質的戰略實施領導者通常關注企業的發展和創新，喜歡變化，具有戰略領導的魄力，他們的特質與差異化戰略的創新精神和企業發展戰略的思路相一致，因此，他們適合採用發展戰略的企業，帶領企業不斷擴張。同時經營層的差異化戰略由於創新是第一位的，這類領導也是合適的人選。

(二) 守成型領導與企業戰略

守成型領導者與官僚主義或墨守成規完全是兩碼事。他們是有條不紊的耕耘者，

他們使公司從初創步向成年。其領導作風的特點是穩定，並且對企業的發展方向有清楚的認識，按照企業既定的方向堅定地貫徹實施企業戰略，這類領導對於企業的內部運作，制度的執行具有很強的管理能力。守成型領導通常會建立一整套的制度，用來評估、監控企業總的成本狀況，接受瞭解到的現實情況，並採取措施使企業的生產成本具有競爭力。保持有力的相對總成本地位，以確保持續的、長期的成本上的優勢。

從守成型領導的特質可以發現他們是低成本戰略最好的執行者，低成本戰略需要一套完整的成本控制體系和執行控制體系，守成型戰略實施領導者在這方面是最好的執行者。

(三) 變革型領導與企業戰略

變革型領導往往能從崩潰的邊緣把企業挽救回來。改革型領導者通常有很好的選擇能力，能將注意力聚焦在該「捨棄什麼」「補充什麼」上，他們能夠抓住企業的主要症狀並迅速做出診斷。他們不斷探究下列問題的答案：企業提供的產品與服務狀況與市場狀況是否健全？競爭地位是否正在惡化？本企業產品的競爭力如何？怎樣才能使產品長期生存下去。接著，他們往往會分析成敗的原因，進一步決定是應該收回資金還是放棄一些業務，或是進行組織結構的重組等等。

變革型的領導特質與企業的收縮防守戰略相一致。實施收縮防守戰略的企業通常處於不利的行業競爭格局，企業必須變革，可能是轉向、放棄或者清算，這都需要戰略實施領導者們看清現狀，並去實施這些改變，而應對這種局勢正是變革型戰略實施者所擅長的。

(四) 善后型領導與企業戰略

當企業的發展已經面臨氣數將盡、無力回天的時候，企業面臨的是具體實施企業的關閉、合併或清算，同時顧及所有受影響各方利益，這時善后型領導者就是重要的決策者。他們能夠反覆深入地與各方利益相關者進行溝通，直言有關事項，承擔起領導者的個人責任，帶領員工渡過轉折。

此外，善后型領導者的作用還包括：安撫遺留下來的人員；保護最優秀的員工，把他們安排到其他工廠或行業中去；在不引起人員恐慌、不造成其他寶貴資產損害的情況下收拾殘局。對於實施清算戰略的企業來說，善后型領導者是最好的選擇。

第三節　戰略實施的組織結構

企業組織結構是影響企業戰略實施的重要因素。錢德勒曾經提出戰略決定結構，結構跟隨戰略的基本原則，一個好的企業戰略需要通過與其相適應的組織結構去完成，才能夠起作用。有效組織結構對戰略實施的作用表現在：

(1) 有效的組織結構規定了各層次管理者使用企業資源的權利。
(2) 有效的組織結構規定了企業內部各單位、各崗位之間的分工合作。
(3) 有效的組織結構規定了企業內部各單位、各成員之間的聯繫和溝通渠道。

同樣，實踐證明一個不適宜的組織結構必將對企業戰略產生巨大的損害作用，它會使良好的戰略設計變得無濟於事。因此，企業組織結構是隨著戰略而定的，它必須按照戰略目標的變化而及時調整。在戰略運作中，採取何種組織結構，主要取決於企業決策者和執行者對組織戰略結構含義的理解，取決於企業自身的條件和戰略類型，也取決於對組織適應戰略的發展標準的認識和關鍵性任務的選擇。

一、組織結構與戰略的匹配

不同戰略需要有不同的組織結構與其相匹配，由於戰略的分類具有多種類型和不同的層次，因此本節從戰略的總體層和業務層出發，介紹幾種與典型的戰略類型相匹配的組織結構。

(一) 低成本戰略的組織結構

低成本戰略的核心是要在行業競爭者中追求產品的單位成本最低。實現這種戰略的途徑主要是利用學習效應和規模效應，通過獲取高的市場佔有率獲得規模經濟優勢，從而贏得競爭的勝利。

實施低成本戰略的企業要想通過規模經濟和學習效應降低產品的成本，專業化的分工、程式化的工作流程和工作內容，集中化的協調管理是必不可少的條件。這種專業化、程式化和集中化的特點通常需要職能制的組織結構與企業戰略相匹配。各職能部門具有專業化的分工，如生產部門通過流水線等工作流程簡化每個工作環節的複雜性，降低工作難度，提高學習效應。直線職能是低成本戰略的一種常用組織結構方式，這種方式通常採用集權的方式來實現各種生產流程和事務的集中統一協調。低成本戰略的組織結構見圖9－2。

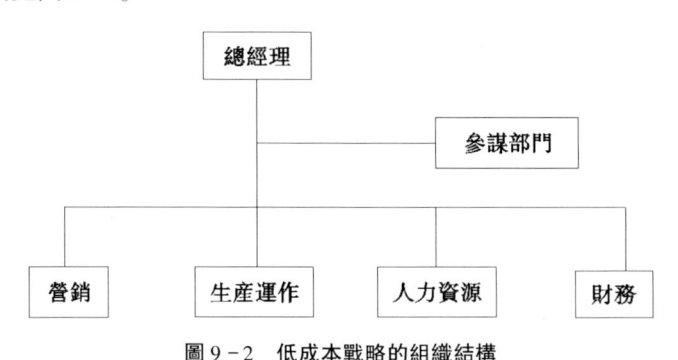

圖9－2　低成本戰略的組織結構

低成本戰略組織結構的特點是：組織的重點放在生產職能上，非常重視生產工藝和設備的開發研究，對產品開發不太看重；每個崗位職責都有嚴格要求，由直線職能部門集中統一管理和協調，參謀部門有對直線職能部門建議的權利。

(二) 差異化戰略的組織結構

差異化戰略的核心是自己的產品（服務、品牌、形象）與眾不同。因此要求企業對市場需求高度敏感，及時發現機會，開發新產品，同時通過廣告等形式建立獨特形

象來贏得顧客的認同，再以高於其他競爭對手的產品價格贏得企業的利潤。

要實現差異化戰略，企業必須強調創新，尤其是產品的創新。同時由於產品的市場價格高於競爭對手，強大的行銷能力也是實現戰略的關鍵。因此，行銷能力和產品的研發、創新能力是差異化戰略的中心。差異化戰略要求與其相匹配的組織結構應該是靈活和有機的，產品行銷與研發之間的信息交流應該是及時而充分的，這樣才能保證企業產品能不斷適應市場的變化。與低成本的程式化結構不同，差異化戰略的組織結構中的很多規章制度沒有硬性規定，以企業的靈活性和創新性而變，其結構見圖9－3。

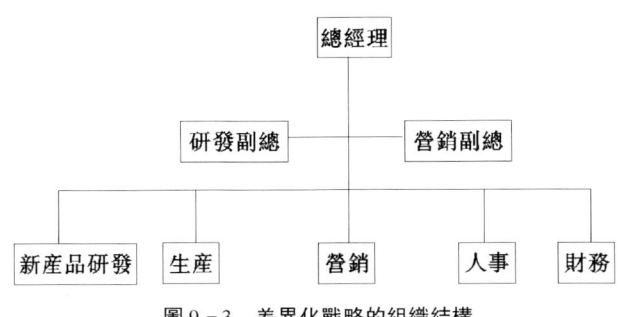

圖9－3　差異化戰略的組織結構

差異化戰略組織結構的特點：
（1）行銷是產生新產品創意的主要部門；
（2）強調產品開發；
（3）分權，但在研發和行銷部門之間集權以保持聯繫；
（4）較少程式化，鼓勵創新和快速反應；
（5）機構是有機的，崗位職責不很嚴格；
（6）與低成本戰略在權利分配和職責方面有較大差別。

（三）集中化戰略的組織結構

集中化戰略的特點主要是綜合前兩種戰略的特點，集中力量在特定市場實行低成本或差異化戰略，分別叫作成本集中戰略或差異集中戰略。這種戰略要求企業的組織結構靈活多樣，依企業的規模和市場範圍而定。小企業機構宜簡單，應考慮簡單的直線結構，大企業宜採用集權型的職能制。

成本集中戰略企業的組織結構特點包括：必須嚴格控制生產的成本，需要有高程式化的成本控制規範；所有設計成本的審批權力都應該高度集中，實行集權管理。

差異集中戰略企業的組織結構特點是：重視研發和市場行銷，小批量、靈活性的生產和市場行銷是企業戰略實施的關鍵，因此低程式化和低集權化是該組織結構的重要特徵。

（四）相關多樣化戰略的組織結構

相關多樣化戰略是企業總體戰略的一種常見類型。企業總體戰略主要是指企業逐漸由單一業務或主導型業務逐漸走向多樣化經營，根據多樣化的程度不同可以分為低

等程度多元化、相關多元化和不相關多元化。相對於單一業務企業來說，多元化企業主要表現為業務單位較多，相互之間可能相關也可能獨立，差異較大，業務非常複雜，管理難度較大，針對這種戰略通常採用高度授權的事業部制戰略。本節主要介紹相關多元化和不相關多元化的組織結構。

相關多樣化戰略的特點主要是各戰略業務單元之間在產品、技術和分銷渠道等業務之間相關性較強或連接緊密。這種戰略的事業部結構通常分為三部分：總部、戰略業務單位和分部。戰略業務單位將具有相關性的分部連接在一起，與總部進行溝通，每個戰略業務單位是獨立的利潤中心，獨立核算自負盈虧。總部的各職能單位對戰略業務單位只起顧問作用，並不直接參與戰略業務單位的經營管理。相關多元化的組織結構見圖9-4。

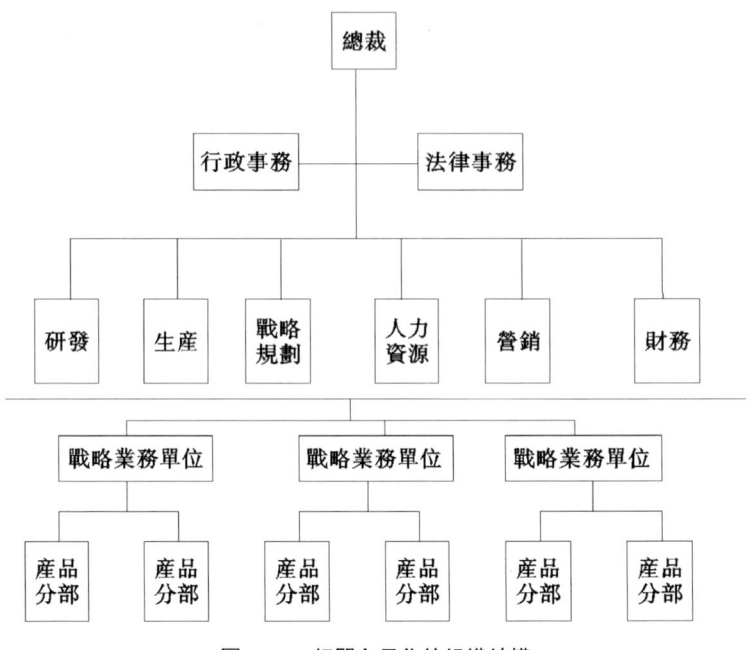

圖9-4 相關多元化的組織結構

這種結構有一個問題需要注意：由於總部與各分部之間是由戰略業務單元進行連接，因而總部全面、準確而及時地掌握業務變化信息的能力會有所削弱，因此，企業需要制定恰當的信息溝通制度，以便及時瞭解業務部門的變化，保證戰略的正確實施。

(五) 不相關多元化戰略的組織結構

不相關多元化戰略的各業務之間沒有關聯性，因而企業更加強調各業務之間的競爭，通過競爭優勝劣汰。因此，不相關多元化更適合採用競爭型的組織結構，見圖9-5。

不相關多元化戰略的組織結構中，總部保持中立性，除了對業務部門進行必要的經營審計和對主要管理者建立規範嚴密的考核管理制度外，對其經營管理採取不干預

政策，總部考核的主要目標是業務部門的投資報酬率。

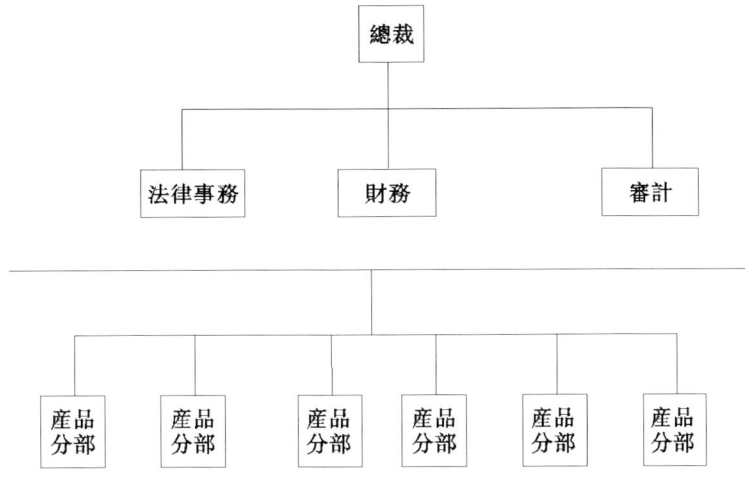

圖 9-5　不相關多元化的組織結構

不相關多元化戰略組織結構的主要特徵如下：
（1）公司總部的結構較簡單；
（2）財務和審計是總部的主要職能；
（3）戰略控制由分部執行，但資金由總部控制，各分部的財務評價是相互獨立的；
（4）各分部之間為獲得總部的資源而相互競爭；
（5）法律事務主要在公司併購和變賣資產等活動中扮演重要職能。

二、企業組織結構的戰略創新

經濟的發展，技術的更新，社會環境的變化，組織內外部環境在不斷發生著的變化，這要求企業組織結構在適應戰略實施的前提下，也必須進行創新。組織結構創新的形式主要有以下幾種。

（一）組織柔性化

組織柔性化的特點是具有垂直的等級體系、敞開的信息系統以及市場機制取代行政機制的組織。其核心內容是通過電腦化信息系統技術，在企業內外建立廣泛的聯繫，同時應用市場機制來糅合一些主要職能，以求實現更為廣泛的戰略目標。

組織柔性化還要求組織結構小型化、簡單化。主要表現為：

（1）如果組織結構過於複雜龐大，則不符合人的本性。組織的小型化，更能使人感到工作與本人關係的密切，使個人的作用與貢獻發揮得更完備。

（2）組織小型化，便於領導下放權力，且不容易引起混亂局面，既有利於調動下屬的積極性又便於控制。

組織柔性化可以使組織成員的活動方式由刻板正規化向靈活多變轉變。在過去的組織中，人與人之間等級分明，人的活動受到嚴格的控制；而在新組織中，組織成員

的任務不作嚴格的規定與說明，工作程序不作明文規定，而是通過開放機制及社會心理機制來調動人的積極性。人與人之間的等級差異也較少，權力由集中走向分散，溝通顯得更為重要。

(二) 混合型組織結構

現代組織結構的明顯趨勢是一方面下放權力，另一方面將戰略計劃和決策機制集中於公司總部，從而形成了高度集權與高度分權相結合的混合型組織結構。這種結構，常常以模擬分散制和超事業部制結合的形式為代表。要實現集權與分權的良好結合，組織結構必須符合三個標準：

(1) 組織穩定，富有效率；
(2) 不斷創新的企業家精神；
(3) 有適當的方式來對付重大的威脅，以增強企業對外在環境的靈活應變性。

(三) 網路型組織結構

隨著科學技術的發展，企業的組織結構也在向著網路型組織轉化，它包括兩層組織：管理控制中心和柔性的立體網路。管理控制中心集中了戰略管理、人力資源管理和財務管理等功能；柔性的立體網路，以合同管理為基礎，根據需要組成業務班子，合同是機構聯繫的紐帶。

網路型組織具有以下特點：

(1) 整個組織分為技術與非技術兩大部門。技術部門有研發、生產、行銷、高技術等；而非技術部門包括戰略、人力資源和財務等方面。
(2) 網路中技術、資金、信息三流程分離。
(3) 網路中的控制是間接的控制，且保持單向的責權利，一個中心只有一個經理。通過合同管理，避免了多頭領導。
(4) 具有更大的靈活性，結點是根據市場、項目的要求而結成，具有動態的特徵，使高效率得以保證。
(5) 有利於經營、協調和合作，便於調動每一位管理者的積極性，而且有高附加值的保證。

第四節　戰略實施的評估與控制

企業戰略的實施結果並不一定與預定的戰略目標相一致，產生這種偏差的原因很多，主要有三個方面：

(1) 制定企業戰略的內外環境發生了新的變化。如果在外部環境中出現了新的機會或意想不到的情況，企業內部資源條件發生了意想不到的變化，從而使原定企業戰略與新的環境條件不相配合。

(2) 企業戰略本身有重大的缺陷或者比較籠統，在實施過程中難以貫徹，企業需要修正、補充和完善。

（3）在戰略實施的過程中，受企業內部某些主客觀因素變化的影響，偏離了戰略計劃的預期目標。

因此，企業需要建立戰略控制系統對戰略的實施情況進行評估和控制，其主要內容包括：經常檢查企業戰略的根據或基礎是否發生改變，是否需要進行戰略修正；經常比較戰略實施的預期和實際進度或結果；及時採取糾正行動或應急措施。

一、戰略實施評估與戰略控制

戰略實施評估和戰略實施控制是兩個既有聯繫又有區別的概念：評估是前提，只有通過評估才能實現控制；評價是手段而不是目的，發現問題實現控制和改進才是目的。戰略控制著重於戰略實施的過程，戰略評價著重於戰略實施的結果，是對戰略實施過程結果進行評價。

戰略控制主要是指在企業經營戰略的實施過程中，檢查企業為達到目標所進行的各項活動的進展情況，評價實施企業戰略后的企業績效，把它與既定的戰略目標與績效標準相比較，發現戰略差距，分析產生偏差的原因，糾正偏差，使企業戰略的實施更好地與企業當前所處的內外環境和企業目標協調一致，最終使企業戰略得以實現。

（一）戰略實施評估

對企業戰略實施的評估需要從兩個方面進行分析，首先企業戰略的基礎是否發生了變化，是否需要在實施中進行戰略修訂，其次戰略實施是否達到了計劃的標準。

評估的步驟主要包括：

1. 審查企業戰略的根據

戰略的制定是在分析企業內外部環境的基礎上完成的，外部環境給企業帶來的是機會或者威脅，而內部環境則可以衡量企業的優勢和劣勢，這些都是戰略是否正確和適用的基礎。一旦這些環境發生變化，戰略的正確性就成為戰略執行中最大的問題，因此，戰略評估一個重要的內容就是重新審視戰略的基礎是否發生改變。其內容主要包括：

（1）企業內部的長處是否仍然是長處？
（2）企業是否有了新的內部長處？如果有，那麼是哪一些？
（3）企業內部的弱點是否仍然是弱點？
（4）企業是否有了新的弱點？如果有，那麼是哪一些？
（5）企業的外部機會是否仍然是機會？
（6）企業是否面臨新的機會？如果有，那麼是什麼？
（7）企業的外部威脅是否仍然是威脅？
（8）企業的外部威脅是否增加了，如果是，它們是什麼？

2. 建立戰略實施評價表

針對企業戰略基礎的評價，可以制定如表 9-2 的戰略實施評價表，除非企業的內外部環境因素沒有任何變化，戰略實施進展滿意，否則企業都應採取相應的糾正行動。

表9-2　　　　　　　　　　戰略實施評價表

企業的內部戰略因素 是否有重大變化	企業的外部戰略因素 是否有重大變化	企業在實現既定目標方 面的進展是否令人滿意	結　　果
否	否	否	採取糾正行動
有	有	是	採取糾正行動
有	有	否	採取糾正行動
有	否	是	採取糾正行動
有	否	否	採取糾正行動
否	有	是	採取糾正行動
否	有	否	採取糾正行動
否	否	是	繼續原來的行動

3. 評價戰略實施的表現

（1）建立評價標準

定性評價標準通常包括下列內容：戰略內部各部分內容是否具有統一性；戰略與環境能否保持平衡性、適應性；戰略執行中是否注重評估其風險性；戰略在時間上能否保持相對穩定性；戰略與資源條件能否保持匹配性；戰略的可行性和可操作性如何。

定量評價標準主要有：產品質量、新產品開發數量、市場佔有率、產量產值、實現利潤、成本費用、主營業務收入、經濟效益、勞動生產率、投資報酬率、資金利潤率、銷售利潤率等。

（2）評估實際業績

在戰略標準確定以後我們就可以利用這些標準評價當前企業戰略實施的情況，是否存在偏差，偏差的大小等，企業可以對當前的狀況有清楚的認識，便於及時採取控制和糾正措施。

（二）戰略控制

1. 戰略控制的基本任務

戰略控制的任務主要是確保戰略本身的適用性、可行性和可接受性，防止戰略實施中出現短期行為，同時防止企業的戰略目標被下屬因為各種原因改變，影響企業的戰略發展方向。

2. 戰略控制的特點

戰略控制的主要特點是：戰略控制面向整個企業系統；高層管理者是戰略控制的主體，管理者在戰略控制中起著重要的指導和推動作用。

戰略控制具有開放性，戰略控制以企業的總體目標為依據，具有不確定、不具體的特點，但是同時戰略控制還要保持戰略的相對穩定性，同時注意戰略的靈活性和適應性。

特別值得注意的是戰略控制主要解決企業的效能問題而不是效率問題，控制是為

了實現戰略目標，有一個良好的結果。當然，沒有好的過程控制也不會有好的戰略結果。

3. 戰略控制的原則

（1）確保目標原則。戰略控制以企業戰略目標為指導，控制的目標就是為實現戰略目標而調整。

（2）適度控制原則。控制事實上是對戰略實施過程的一種干預，這種干預過多同樣也有一定的副作用，如影響員工的工作激情和戰略實施工作的順利進行。因此控制應該注意「度」的控制，控制過少，容易出現偏差；控制過多，企業束縛過多，影響企業的運作。

（3）優先控制原則。戰略控制中對一些影響戰略實施的關鍵因素需要進行優先的關注和控制，防止發生重大事故對企業戰略的實施產生重大影響。

（4）例外控制原則。管理之中常常發生難以預料的事件，因為不是所有的因素都是可控的，因此在戰略控制中對例外事件應該根據發生的例外事件及時採取相應的措施進行控制和修正。

（5）激勵性原則。控制是為了取得好的戰略實施績效，因此控制應該和企業績效的提升和員工個人績效的提升關聯起來，提高員工對戰略控制效果的認識，使員工認識到戰略控制的作用，加深對戰略控制的理解和支持。

（6）信息反饋原則。戰略實施部門和員工作為戰略實施的參與部門，通常都對企業目標實施的發展過程非常關心，因此，為了提高各部門對戰略實施的積極性，戰略控制部門應積極地將戰略控制的結果反饋各相關部門。

4. 戰略控制的主要內容

對企業經營戰略的實施進行控制的主要內容有：

（1）設定績效標準。根據企業戰略目標，結合企業內部人力、物力、財力及信息等具體條件，確定企業績效標準，作為戰略控制的參照系。

（2）績效監控與偏差評估。通過一定的測量方式、手段和方法，監測企業的實際績效，並將企業的實際績效與標準績效對比，進行偏差分析與評估。

（3）設計並採取糾正偏差的措施，以順應變化著的條件，保證企業戰略的圓滿實施。

（4）監控外部環境的關鍵因素。外部環境的關鍵因素是企業戰略賴以存在的基礎，這些外部環境的關鍵因素的變化意味著戰略前提條件的變動，必須給予充分的注意。

二、戰略控制方法的分類

由於分類方式和角度的不同，戰略控制方法分類的方式多種多樣。本書主要從控制的時間和控制的內容進行分類。

（一）按控制的時間來分類

按控制的時間來分類，企業的戰略控制可以分為如下三類：

1. 事前控制

戰略在實施之前，必須制定正確而有效的戰略計劃，這些戰略計劃涉及企業的發

展以及重大的經營活動,因此這些計劃必須通過企業領導人的批准同意才能開始實施,所批准的內容往往也就成為考核經營活動績效的控制標準。這種標準多用於戰略實施中重大問題的控制,如任命重要的人員、重大合同的簽訂、購置重要設備等。由於事前控制是在戰略行動成果尚未實現之前,通過預測發現戰略行動的結果可能會偏離既定的標準。因此,管理者必須對有可能影響戰略實施的因素進行分析與研究。

2. 事後控制

事後控制方式發生在企業的經營活動之後,是把戰略活動的結果與控制標準相比較,發現是否出現了偏差。這種控制方式工作的重點是要明確戰略控制的程序和標準,在戰略計劃部分實施之後,將實施結果與原計劃標準相比較,由企業職能部門及各事業部定期將戰略實施結果向高層領導匯報,由領導者決定是否有必要採取糾正措施。

事後控制的方法的具體操作主要有聯繫行為和目標導向等形式。

3. 隨時控制

隨時控制即過程控制,企業高層領導者要控制企業戰略實施中的關鍵性的過程或全過程,隨時採取控制措施,糾正實施中產生的偏差,引導企業沿著戰略的方向進行經營,這種控制方式主要是對關鍵性的戰略措施進行隨時控制。

(二) 按控制的內容來分類

按控制的內容分,企業的戰略控制可以分為如下五種:

1. 財務控制

財務控制方式覆蓋面廣,是用途極廣的、非常重要的控制方式,包括預算控制和比率控制。

2. 生產控制

生產控制即對企業產品品種、數量、質量、成本、交貨期及服務等方面的控制,可以分為產前控制、過程控制及產後控制等。

3. 銷售規模控制

銷售規模太小會影響經濟效益,太大會占用較多的資金,同時也影響經濟效益,為此要對銷售規模進行控制。

4. 質量控制

質量控制包括對企業工作質量和產品質量的控制。工作質量不僅包括生產工作的質量,也包括領導工作、設計工作、信息工作等一系列非生產工作的質量,因此,質量控制的範圍包括生產過程和非生產過程的一切控制過程。

質量控制是動態的,著眼於事前和未來的質量控制,其難點在於全員質量意識的形成。

5. 成本控制

通過成本控制使各項費用降低到最低水平,達到提高經濟效益的目的。成本控制不僅包括對生產、銷售、設計、儲備等有形費用的控制,而且還包括對會議、領導、時間等無形費用的控制。在成本控制中,需要建立各種費用的開支範圍、開支標準並嚴格執行,要事先進行成本預算等工作。

成本控制的難點在於企業中大多數部門和單位是非獨立核算的，因此缺乏成本意識。

三、戰略管理績效評價——平衡計分卡

(一) 平衡計分卡的概念

平衡計分卡是由哈佛商學院教授羅伯特·卡普蘭（Robert Kaplan）和復興方案公司總裁戴維·諾頓（David Norton）在對美國 12 家優秀企業進行為期一年研究后創建的一套企業業績評價體系，后來在實踐中擴展為一種戰略管理工具。

1992 年，卡普蘭和諾頓在《哈佛商業評論》上發表了關於平衡計分卡的第一篇文章《平衡計分卡：業績衡量與驅動的新方法》。從此以後，人們不再從一家企業的財務指標來衡量它的業績的好壞，而是從包括財務、客戶、內部業務流程以及學習與發展四個方面來考察企業。1996 年，關於平衡計分卡的第一本專著《平衡計分卡：化戰略為行動》出版，標志著這一理論的成熟，將平衡計分卡由一個業績衡量工具轉變為戰略實施工具。

平衡計分卡以公司戰略為導向，尋找能夠驅動戰略成功的關鍵成功因素（CSF），並建立與關鍵成功因素具有密切聯繫的關鍵績效指標體系（KPI），通過對關鍵績效指標的跟蹤監測，衡量戰略實施過程的狀態並採取必要的修正，以實現戰略的成功實施及績效的持續增長。圖 9-6 是平衡計分卡框架圖。

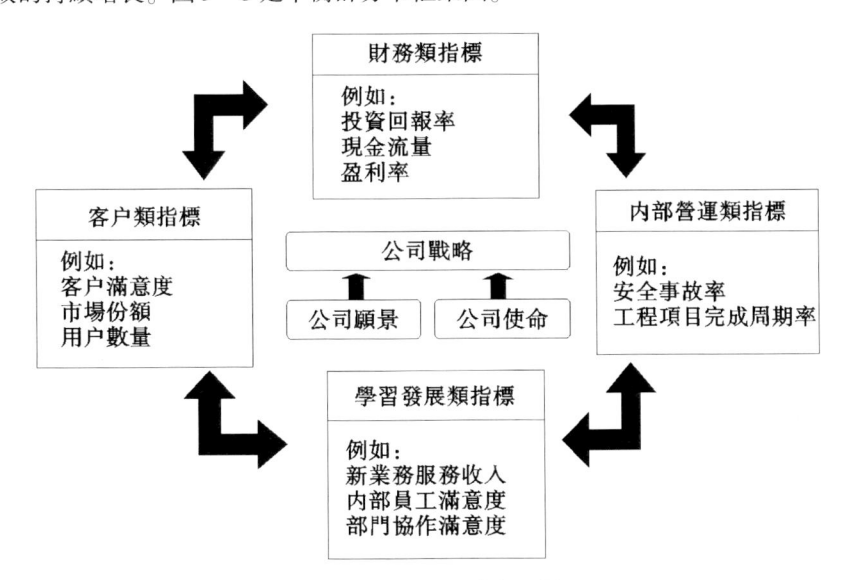

圖 9-6 平衡計分卡框架圖

(二) 平衡積分卡的內容

按照平衡計分卡的邏輯，其描述戰略、實施戰略的順序應該依次為：戰略圖、平衡計分卡、戰略中心型組織。

戰略圖用來描述公司的戰略。它將戰略分成四個角度：財務、客戶、內部業務流程以及學習和成長，並體現著四個角度戰略要素之間的邏輯關係，是戰略成功的關鍵成功因素（CSF）。學習和成長是為了不斷改善內部的業務流程，改善內部的業務流程是為了滿足客戶的目標，滿足客戶的目標是為了更好地實現公司的財務目標。

　　平衡計分卡用來分解和衡量公司的戰略，將公司的戰略轉化成具體的衡量指標（KPI），戰略實施中為這些相應的指標設定目標值，設定相應的責任人，配置相應的資源，並制定相應的行動計劃作為完成目標的支持。

　　戰略中心型組織是為了管理戰略和平衡計分卡。保證平衡計分卡用於企業的日常管理流程，實現戰略的評估和績效的考核。在一個戰略中心型的組織裡，企業利用平衡計分卡作為基礎的工具，設計相應的模板，定期對平衡計分卡的完成情況進行跟蹤回顧，對戰略的完成情況進行評估，並且將評估的結果與浮動薪酬掛勾。

（三）平衡計分卡的作用

　　（1）平衡計分卡為戰略績效管理和企業戰略管理提供強有力的支持。平衡計分卡分析設立四方面的關鍵成功因素，通過建立各級業務單元乃至各崗位的關鍵績效指標，與企業戰略目標緊密相連，形成有機統一的企業戰略保障體系和績效評價體系，可以促進各崗位工作的有序和效率，明顯節約企業管理者的時間，提高企業管理的整體效率和業績。

　　（2）平衡計分卡改進了傳統績效評價的不足，能提高企業激勵作用。傳統的績效評價方法要麼單獨通過財務指標評價，其覆蓋面、適用部門和崗位過窄；要麼是定性的、分散的工作任務設立和評價，難以保障公平性、系統性以及戰略目標的實現。平衡計分卡通過四方面指標的系統分解和評價，更加體現出管理的系統性和評價的公平性，明顯改進了傳統績效評價的不足。

　　（3）平衡計分卡有利於促進企業凝聚力和員工參與管理的熱情。平衡計分卡通過指標的分解讓員工參與管理指標的設立，讓員工瞭解企業戰略，讓員工認識到自身工作對企業戰略及整體業績的作用，有利於促進團隊合作和企業凝聚力，增強員工參與管理的熱情，有利於戰略的更好執行。

（四）平衡計分卡的制定和實施

　　1. 逐級制定戰略圖與平衡計分卡

　　首先制定出公司的戰略圖和平衡計分卡，然後根據上一級的平衡計分卡制定出下一級組織的戰略圖和平衡計分卡，直至制定出崗位和個人的平衡計分卡。實現組織績效和個人績效的對接，也就保證了每一個人、每一級組織的工作都是為實現公司戰略目標服務。

　　2. 實施中培育戰略中心型組織

　　戰略中心型組織是開普蘭提出的一個概念。不難理解，就是以戰略為中心的組織。通過制定公司的平衡計分卡，將公司的使命願景戰略轉化成具體的經營行為，然後層層分解，將公司的戰略落實到每一級組織，每一位員工；通過平衡計分卡的實施實現組織的變革，實現橫向的協同，包括與外部供應商和經銷商的協同；實現縱向的一致，

聚焦組織資源；通過平衡計分卡的層層分解，使戰略成為每一個人的工作，並且與浮動薪酬掛鈎，使每一個人享有與戰略相關的激勵；通過平衡計分卡的制定，配置相應的資源，實現戰略與預算的對接；通過設計跟蹤回顧系統和相應的會議制度，使公司的管理會議圍繞著企業的戰略進行，使管理層有更多的時間來討論戰略，並且對戰略進行即時的調整；公司要將平衡計分卡的實施作為一個變革項目來進行，公司高管層要對這個變革項目提供鼎力的支持以保證項目的成功，從而增強企業的領導力和執行力。

3. 在實施中注意四方面的相互保障促進

「學習及創新」是長期、基礎和過程型關鍵成功因素，其保障促進「內部營運」；「內部營運」是改進企業業績的重點，相對為半基礎、間接和過程型關鍵成功因素，其保障促進「滿足客戶需求」；「滿足客戶需求」是速效、直接和過程型關鍵成功因素，其保障促進「財務績效」；「財務績效」是企業結果型關鍵成功因素，是企業經營管理最直觀最重要的績效指標。

本章小結

本章的內容主要是：針對戰略實施具備的資源和配套措施，如何對戰略實施的過程和結果進行控制。本章第一節介紹了戰略實施的基本概念和模式；第二節主要探討了戰略實施與領導者之間的關係；第三節主要分析戰略與企業的組織結構之間的關係，組織結構怎樣反應並實施戰略；第四節從對戰略實施的過程和結果分析評價的角度，指出了應對戰略實施的過程進行控制，以防止戰略實施出現偏差。

案例

美國西南航空成功實施低成本戰略

面對一個發育較為成熟、但普遍保持較高利潤的市場，你會選擇什麼樣的方式進入？也許，降低成本、採取低價競爭是你的第一反應。但是如果這個行業固定成本達到60%左右，你選擇的細分市場平均成本又高於行業平均成本，你又如何用低價取勝？

美國西南航空公司（簡稱西南航）就是這樣一家在固定成本極高的行業中成功實施低成本競爭策略的優秀公司。它從20世紀70年代在大航空公司夾縫中謀求生存的小航空公司一躍發展成為美國的第四大航空公司，持續三十餘年保持遠高於行業平均水平的高利潤和遠低於行業平均值的低成本。更值得敬佩的是，無論在機票價格戰或經濟衰退的年份，還是在遇到石油危機、海灣戰爭、「9‧11」事件抑或其他意想不到的災難之時，其優秀的表現都一如既往。

一、不一樣的定位成就不一樣的業績

20世紀70年代，美國的航空業已經比較成熟，利潤較高的長途航線基本被瓜分完畢，新進入者很難找到立足的縫隙；短途航線則因單位成本高、利潤薄而無人去做。在這種情況下，成立不久的西南航審時度勢，選擇了把汽車作為競爭對手的短途運輸

市場，這一別出心裁的想法實現了與現有航空大佬們的差異化競爭，從而開闢了一個新的巨大的市場。「我們的對手是公路交通，我們要與行駛在公路上的福特車、克萊斯勒車、豐田車、尼桑車展開價格戰。我們要把高速公路上的客流搬到天上來。」西南航戰略實施的「操刀者」赫伯‧凱萊赫這樣解釋道。

事實上，為了避免和實力強大的老牌航空公司形成正面衝突，西南航刻意迴避大機場，不飛遠程，而且採取穩扎穩打的策略。開始時只營運其總部所在地得州州內的3條航線，選擇在各城市的次要機場之間提供廉價的點對點空運服務。

航空公司原有的高額固定成本行業特性和「與汽車競爭」的低價競爭定位無疑促使西南航致力於對成本的控制。面對這一巨大的挑戰，西南航取得了非凡的成績。統計數據表明，西南航每座位英里（1英里=1.609,344千米，下同）的營運成本比聯合航空公司低32%，比美國航空公司低39%；美國航空業每英里的航運成本平均為15美分，而西南航的航運成本不到10美分；在洛杉磯到舊金山航線上其他航空公司的票價為186美元，西南航的票價卻僅為59美元。

這樣的成績使西南航成為戰略大師邁克爾‧波特演講稿上的常用案例，其低成本之路也成為眾多航空公司和其他商業公司效仿的模板。然而，步其后塵的有成功者，也有失敗者。對於失敗者而言，有一個很重要的原因，那就是沒有注意到西南航成功的成本控制是一項複雜的系統工程，而且需要持之以恒，絕非一招一式、一勞永逸的「克隆」就能取得的。

二、營運細節構築成本控制系統工程

對於航空公司來說，短途航線意味著更多的成本。因為「飛機只有在天上飛的時候才能掙錢」，與長途飛行相比，短途飛行意味著在地面上花費的時間更多，飛機生產效率和勞動力生產效率無疑會隨之降低。這一點類似固定成本原理——在固定成本一樣的條件下，小批量生產的單位成本要比大批量的高。所以說，選擇短途支線營運的西南航必須在營運的各個細節中，圍繞低成本這一戰略定位，想方設法化解所有比傳統航空公司更大的成本壓力。

細節之一，關於飛機。西南航只擁有一種機型——波音737，公司的客機一律不搞豪華鋪張的內裝修，機艙內既沒有電視也沒有耳機。單一機型的做法能最大限度地提高飛機的利用率，因為每個飛行員都可以機動地駕駛所有飛機。此外，這樣做也簡化了管理，降低了培訓、維修、保養的成本。同時，西南航將飛機大修、保養等非主業業務外包，保持地勤人員少而精。比如，西南航的飛機降落以後，一般只有4個地勤人員提供飛機檢修、加油、物資補給和清潔等工作，人手不夠時駕駛員也會幫助地勤工作。

細節之二，關於轉場。在堅持只提供中等城市間的點對點航線的同時，西南航盡可能選用起降費、停機費較低廉的非樞紐機場。這樣做不僅直接降低某些費用，而且也保證了飛機快速離港和飛機上限量供應等低成本措施的可行性。為了減少飛機在機場的停留時間，增加在空中飛行的時間也就是掙錢的時間，西南航做出了一系列規定以保證飛機的高離港率：沒有托運行李的服務；機艙內沒有指定的座位，先到先坐，促使旅客盡快登機；建立自動驗票系統，加快驗票速度；時間緊張時，駕駛員幫助地

勤，乘務員幫助檢票；不提供集中的訂票服務；等等。這些特色使得西南航70%的飛機滯留機場的時間只有15分鐘，而其他航空公司的客機需要一兩個小時。對於短途航運而言，這節約下的一兩個小時就意味著多飛了一個來回。

　　細節之三，關於客戶服務。選擇低價格服務的顧客一般比較節儉，所以西南航意識到，自己的客戶乘坐飛機最重要的需求就是能實惠地從某地快速抵達另一地。於是，公司在保證旅客最主要滿意度的基礎上，盡一切可能地將服務項目化繁為簡，降低服務成本。比如，飛機上不提供正餐服務，只提供花生與飲料。一般航空公司的空姐都是詢問「您需要來點兒什麼，果汁、茶、咖啡還是礦泉水」，而西南航的空姐則是問「您渴嗎？」只有當乘客回答「渴」時才會提供普通的水。

　　資料來源：中國稅網（htpp：//www.ctaxnews.com.cn/）。

思考題

1. 企業戰略制定與實施有什麼關係？
2. 企業戰略與組織結構有什麼關係？
3. 企業戰略控制應從那些方面入手？
4. 企業領導者在戰略實施中扮演怎樣的角色？
5. 戰略實施有模式有哪些？

第十章 企業戰略管理實踐案例精選

第一節 企業戰略管理實踐典範

一、通用電氣：戰略計劃的制定與演變

通用電氣公司是美國最大的電器公司。該公司擁有職工近 40 萬人，製造、銷售和維修的產品約 13 萬種，其中包括飛機引擎、核子反應堆、醫療器械、塑料和家用電器等，業務範圍遍及 144 個國家和地區。1978 年，公司的銷售額達 200 億美元，利潤超過 10 億美元，其中 40% 來自國際市場。

（一）戰略計劃的由來

由於通用電氣公司的規模越來越大，產品的種類越來越多樣化，公司在經營管理上面臨著以下幾個關鍵問題：第一，是冒一定的風險使利潤迅速增長，還是使利潤持續不斷地低速增長？第二，是建立一個分權式的組織機構以保持組織上的靈活性，還是建立一個集權式的組織機構以加強對整個公司的控制？第三，如何對付環境、技術和國際等方面的新挑戰？經過研究，公司選擇了利潤高速增長的經營戰略，這意味著即使在經濟下降時期，也要使利潤持續不斷地增長。為了做到這一點，該公司在業務上保持了多種經營方式，以抵消經濟危機對某些業務的影響。為此又需要一個分權的組織機構，以促使下屬各單位不斷地改進經營管理以使利潤增長。但是，怎樣管理這樣一個機構，並對付來自環境、政治、經濟、技術和國際上的各種挑戰呢？通用電氣公司的答案是制定戰略性計劃。

在 20 世紀 60 年代，通用電氣公司有一個高度分權的利潤中心結構。這種結構共分四層，最下層是事業部，共有 175 個，每個事業部都有一個利潤中心。這些事業部由 45 個部管轄，45 個部又由 10 個大組管轄，這 10 個大組形成最高管理層，它們向公司最高辦公室報告工作。最下層的部門的銷售額，一般不超過 5,000 萬～6,000 萬美元，如果超過這個限度，這個事業部就分為兩個事業部。當時，通用電氣公司占統治地位的管理哲學是控制幅度，這個幅度要「小到一個人足以管理的程度」。這套高度分權的利潤中心結構，在當時曾大大促進了公司的發展。

隨後通用電氣公司又碰到了一個新問題，即公司的銷售額大幅度增長了，但每股的紅利並沒有隨之增長，與此同時，公司的投資報酬率也下降了。出現這種情況的原因是：①由於事業部數目的猛增，事業部之間在使用各種資源時發生了重複。②在 20 世紀 60 年代的繁榮時期，公司沒有對各下屬企業的前途進行充分的比較就投資，而實

際上並非所有下屬企業都需要投資；有些企業可能在將來被淘汰，因此，不需要大量投資，而另一些企業因為很有發展前途，則應為其今後的發展進行大量投資。

鑒於上述情況，通用電氣公司開始革故鼎新。從20世紀70年代初期公司開始制定戰略性計劃，並建立了一套制定戰略性計劃的機構、程序和原則。

(二) 制定戰略計劃的機構、程序和原則

從組織機構上來說，通用電氣公司在傳統的事業部和大組的機構上，又建立了一種制定計劃的機構——戰略（計劃）經營單位。這些經營單位的規模不一，大組、部門都可成為戰略經營單位。通用在全公司共建立了43個戰略（計劃）經營單位。從定義上來說，一個戰略計劃經營單位，必須有一致的業務，相同的競爭對象，有市場重點以及所有的主要業務職能（製造、設計、財務和經銷），所有這些都由戰略（計劃）經營單位的經理負責。在建立了戰略計劃經營單位之後，通用電氣公司就形成了雙重機構和雙重任務，即新建的戰略（計劃）經營單位是計劃機構，其職責是制定戰略，原有的組織機構的任務是執行戰略。

建立了制定戰略的機構之後，下一步就是採用一種制定計劃的程序。制定戰略計劃的程序，主要是靠一步一步地進行全面的分析。通用公司認為，經過這種分析，就會出現非常有效的戰略。

制定戰略計劃過程中的各個分析步驟，也使通用電氣公司找到了發展業務和進行多樣化生產的機會。通用電氣公司下屬的戰略計劃經營單位兼併了考克斯廣播公司，這使得通用電氣公司在廣播和可視電話方面有了新的市場。公司之所以如此快地完成這次兼併，是由於通過戰略性的分析，預計到在這方面有發展機會。

在採用了制定戰略計劃的程序之後，還需要規定一些共同遵守的原則，以保證計劃的制定。這些原則可以從以下幾個方面加以說明：

（1）所有管理人員都要參與戰略計劃的制定和學習。通用電氣公司的320名高級管理人員，要集中4天時間研究和制定戰略計劃；428名未來的計劃人員，要集中用2周時間全部完成戰略計劃的制定工作；全公司1萬名各級經理人員，要接受一天的瞭解戰略計劃的視聽訓練。公司認為，這樣做的時間代價雖大，但卻是成功的關鍵。

（2）制定計劃時間表，以便對各種戰略計劃進行檢查，並通過預算針對不同的發展機會分配公司的資源。對戰略計劃的審查是為了使其付諸實施，通過預算針對不同的發展機會分配資源，是為了從物質上保證戰略性計劃的實施。

（3）用投資矩陣圖（又稱業務屏幕）來聲明投資的輕重緩急。每年通用電氣公司都用上述矩陣圖安排自己的投資。戰略計劃經營單位用頂上的橫軸估價工業的吸引力，用邊上的縱軸來估價自己的企業在該行業中的競爭。對投資增長類的企業在投資時予以優先照顧；對選擇增長類的企業（即還有一定發展前途的企業）在投資時排在第二位；對選擇盈利類則要求它們在投資同利潤之間保持平衡；對業務萎縮類的企業，則逐漸撤回投資。

（4）對戰略計劃經營單位的經理人員實行獎勵制度。把獎勵與戰略性的任務聯繫起來，有助於克服那種不顧企業本身的實際潛力而使業務盲目擴大的傾向。

(三) 20 世紀 90 年代的戰略管理

1. 建立大部

20 世紀 90 年代，為了應付迅速變化的外界環境和日益擴大的規模，公司建立了一個新的管理層——大部。這個管理層介於公司執行辦公室和每個單獨的戰略計劃經營單位之間。全公司共分 6 個大部，即：消費品和服務大部、工業產品和零件大部、動力系統大部、國際部、技術系統材料大部和猶他國際公司。其中規模最小的猶他國際公司，年銷售額約為 10 億美元，其他大部有些年銷售額超過 40 億美元。大部的經理人員對下屬各戰略計劃經營單位的經營好壞負有責任。大部經理人員負有審查下屬各戰略計劃經營單位的戰略的責任，並負責制定大部戰略。大部的戰略不僅包括向各戰略業務單位分配資源，而且還要在各戰略計劃經營單位所主管的業務範圍之外制定業務發展計劃。

為了處理更加複雜的情況，公司將原來在一個管理層制定戰略性計劃的做法，擴大到若干管理層制定戰略性計劃，甚至在不同的業務之間制定戰略性計劃。現在公司除有 40~50 個戰略（計劃）經營單位的計劃之外，還有 6 個大部的戰略性計劃和 1 個全公司的戰略性計劃。這些上層的計劃不是下層計劃簡單的綜合，每個管理層的計劃都有不同的範疇。

2. 制定資源計劃

處理複雜業務的第二個辦法，是在多種業務之間制定戰略性計劃，其形式之一是制定資源計劃。即在公司和大部一級，對各種不同業務部門的職能——財務、人事、技術、生產和銷售等進行觀察，以求找出節省資源的方法。

3. 國際協調

在各種業務之間統一計劃的第三種形式是進行國際協調。通用電氣公司將世界範圍的計劃協調起來，並採用一種正式的程序去進行協調。

通用電氣公司認為，從 70 年代的分權管理發展到 80 年代的戰略性計劃的制定，又發展到 90 年代的戰略性經營管理，由於這種管理制度的演變，適應了公司規模和經營多樣化的發展，因而給公司帶來了巨大利益。

(四) 思考與評點

美國通用電氣公司作為一家全球性的大公司，在其戰略管理方面有許多可借鑑的地方。

（1）制定戰略計劃：通用電氣公司制定戰略計劃是根據公司面臨環境的變化和自身不斷發展的需要。這一點可從其選擇利潤高速增長戰略和分權組織結構表現出來。

（2）制定戰略計劃的機構、程序和原則：有了戰略計劃，並不等於一切都成功。其實施機構和實施程序、原則也是非常重要的，而這一過程也是一個不斷實踐，不斷改進的過程。

（3）變化的戰略管理：通過比較分析通用電氣公司在 70、80、90 年代的不同的戰略管理，我們可看出，戰略管理的制定並不是一成不變的，而是不同的形勢下，需要重新制定發展戰略，以適應不斷變化的市場和激烈的競爭。

二、FCC 發展模式及其對重慶摩配行業的啟示：標杆分析

重慶摩配行業在經歷了一段黃金時期之后逐漸走向衰退，這裡有市場結構發生變化的原因。但是與此同時，日本的 FCC 公司卻仍然保持著強勁的發展勢頭，這讓我們不得不思考其中的原因。

(一) FCC 公司概況

日本 FCC 株式會社創立於 1939 年，是生產摩托車離合器和汽車離合器的一家專業公司，擁有世界級專業水平的開發技術和生產技術。目前全世界有 23 個生產和銷售機構，資產總額接近 10 億美元。其經營理念是：用世界領先的離合器技術為全球服務；基本策略是：在有需求的地方生產，根據需求量生產。

1. 全球體系的建立

從 20 世紀 90 年代開始，FCC 加快了其全球擴張的速度，特別在東南亞，是 FCC 公司擴張的重點（如表 10-1）。

表 10-1　　　　　　　　　FCC 全球擴張步伐

年份	地點	持有股份	主要產品	投資額
1994	中國成都	100%	摩托車離合器	US $ 8,000,000
1995	中國上海	90%	汽車，摩托車離合器	US $ 9,800,000
	英國	90%	汽車，摩托車離合器	
1997	印度	50%	汽車，摩托車離合器	
1998	巴西	100%	摩托車離合器	
2000	美國			
2001	印度尼西亞	100%	汽車，摩托車離合器	
2002	美國			
2003	美國			
2005	臺灣	70%	摩托車離合器(增加投資)	NT $ 195,000,000
	越南	70%	汽車，摩托車離合器	US $ 10,000,000
2006	中國廣東	100%	汽車離合器	US $ 4,000,000

2. 客戶集中化

FCC 公司生產的摩托車離合器、汽車離合器及其他產品多與本田公司產品配套（圖 10-1）。國內摩托車離合器主要配套於五羊—本田（WY125，WH125，SCR100），天津本田（TH90，AME100），新大洲本田的產品，包括 100cc~250cc 的摩托車和踏板車的配套離合器。

單位：億日元

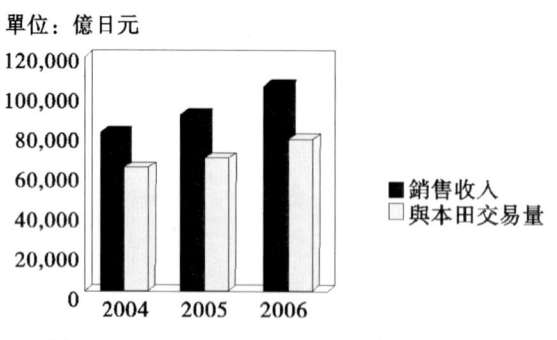

```
120,000
100,000
 80,000
 60,000
 40,000
 20,000
      0    2004   2005   2006
```

■ 銷售收入
□ 與本田交易量

圖 10－1　FCC 公司銷售收入和與本田的交易量

本田公司持有 FCC 公司 20.66% 的股份，是 FCC 公司最大的股東，也是公司最大的客戶。FCC 與本田的交易量占到 FCC 公司年度純銷售收入的 73% 以上。

表 10－2　　　　　　　　　　FCC 的擴張緊跟本田

地點	本田進入時間	FCC 進入時間
美國	1959	1988
泰國	1964	1989
英國	1965	1995
臺灣	1969	1992
菲律賓	1973	1993
印度尼西亞	1974	2001
巴西	1977	1998
中國	1982	1994
印度	1984	1997
越南	1997	2005

通過與本田公司在資本、技術、產品和人力資源等方面的全方位合作，使得 FCC 獲得了穩定的發展。

3. 成功之道

（1）高質量。以生產流程標準化、生產技術標準化、生產環境標準化（溫度和濕度）等保障產品的高質量。

（2）低成本。以技術研發、全球化生產（當地生產戰略）、生產規模等措施保證低成本。

（3）各種零部件以及某些生產設備的自製。加強自製體系的建設，以取得低成本和高質量。

（4）亞洲特別是中國是最主要的市場。亞洲市場的增長速度遠大於其他地區的增長（圖 10－2），是 FCC 增長的主要貢獻區域，也是其亞洲擴張戰略的結果（圖 10－3）。

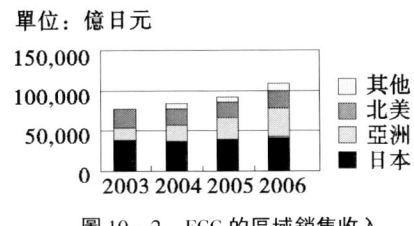

圖 10－2　FCC 的區域銷售收入

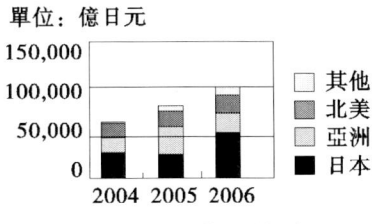

圖 10－3　FCC 的區域投資

(二) 標杆分析

我們嘗試用麥肯錫 7S 戰略評估模型分析標杆企業 FCC（如表 10－3 所示），並與重慶摩配企業進行對比，以此發現重慶摩配企業的問題。

表 10－3　麥肯錫 7S 戰略評估模型

	FCC	重慶摩配企業
戰略	離合器全球化製造	中國市場為主，國外市場為輔
結構	本田公司持有 FCC 公司 20.66% 的股份，是 FCC 公司最大的股東，治理結構完善	個人股東為主，治理結構較完善
員工	業內公認職業經理人隊伍	員工素質較高，但團隊效率較差
技能	很強的計劃能力 質量管理、基礎管理能力很強 有品牌優勢	客戶關係有一定優勢，具有一定國際市場經驗 質量控制能力較差 基礎管理能力較差 沒有品牌優勢
系統	強調規範化、數字化、成本管理	職能強化、流程弱化
風格	客戶導向型	任務型
共享價值觀	用世界領先的離合器技術為全球服務	企業文化不明顯

此外，FCC 與重慶摩配企業相比還具備以下一些特點（如表 10－4）。

表 10－4　FCC 與重慶摩配企業對比表

	FCC	重慶摩配企業
產品線	摩托車離合器為主、汽車離合器及其他產品為輔	摩托車離合器
質量體系	生產流程標準化 生產技術標準化 生產環境標準化（溫度，濕度）	標準化程度差
成本控制	技術研發 全球化生產（當地生產戰略） 生產規模 生產設備自製	技術研發幾乎沒有 區域生產 沒有達到經濟規模 設備外購

表 10-4（續）

	FCC	重慶摩配企業
研發主要方向	摩擦材料 開發離合器新產品 協同開發 + 整車匹配能力 工藝改善 + 設備研製	新產品
研發費用	每年增加約 10%，累計投入 1,070 萬美元	很少
客戶	本田是公司最大的客戶。2006 年 FCC 與本田的交易量占到 FCC 公司年度純銷售收入的 73% 以上	客戶分散化 優質客戶少

（三）對重慶摩配企業的建議

通過以上分析，我們認為 FCC 的經驗主要表現為以下幾個方面：

（1）依靠自己的研發和生產體系取得競爭優勢；

（2）與本田的戰略聯盟關係仍是其快速發展的主要力量；

（3）積極開拓新的銷售網路取得了很好的業績。

FCC 的發展模式對重慶摩配企業有很大的借鑑意義，為此我們提出以下建議：

第一，客戶集中化。FCC 的一個重要特點就是客戶對象非常集中，本田作為其戰略客戶與 FCC 形成了良好的共生、共贏關係。重慶摩配企業無不是客戶分散化的經營模式。這樣表面看起來可以得到一個比較高的總市場份額，但是由於摩托車行業產品的多樣化和個性化特點，使得摩配企業的產品狀態非常多，單品種產品都很難達到規模經濟，這不利於企業生產穩定和質量保證，另外也使得企業不能對重點客戶進行重點服務，優質客戶逐漸流失。所以，重慶摩配企業首要的任務就是對眾多客戶進行重點管理，可以考慮運用「20/80」原則進行分類，即占企業銷售收入 80% 的客戶為重點客戶。另外，遠期還應該重點考慮與某些具有優勢的企業（如 YAMAHA，鈴木等）建立戰略合作夥伴關係。

第二，產品集中化。在客戶集中化的基礎之上，減少產品狀態，形成單品種的規模經濟。

第三，優化區域市場結構。當前全球摩托車行業的發展主要在亞洲特別是中國和東南亞地區，FCC 近年來的發展重心主要就在亞洲。歐美市場雖然成長性不好，但由於其需求都是高端產品，利潤率較高，且具有消費示範作用，所以從長期來看，要樹立良好的品牌形象，獲得穩定的利潤，歐美市場也是很重要的。重慶摩配企業在中國市場上有著獨特的優勢，應牢牢把握這一優勢，以中國市場為基礎，通過加強基礎管理提高產品質量，降低成本，提高利潤水平；東南亞市場為發展重點，積極開拓，以優勢產品搶占市場，獲取較高市場份額和利潤；遠期與國際大客戶結成戰略聯盟開拓歐美市場。

第四，與客戶進行協同開發。摩托車行業的產品開發變化很大，只有與客戶進行協同開發才能保證與客戶產品的更好匹配。

第五，加強基礎管理。重慶的摩配企業基本上都是民營企業，在基礎管理上還十分欠缺，這導致產品質量和成本控制都比較差，使得企業缺乏競爭力。通過加強標準化等基礎管理，優化企業管理流程以提高產品質量，降低成本。

第六，加強研發力度。重慶摩配企業在新產品開發上普遍存在著盲目開發的現象，對開發成本不能進行很好的經濟分析，導致研發工作浪費與低效率並存。

第七，關鍵零部件自製。重慶摩配企業很少有零件自製，這使得企業對供應商依賴性很大，加上由於企業產品狀態過多，導致採購工作難度很大。所以，有必要對一些關鍵零部件進行自製，緩解採購的壓力，使生產更順暢。

第八，提高計劃水平。重慶摩配企業目前在採購上的問題主要就是計劃水平太低，企業的生產計劃不準確，經常調整，使得採購難度加大，甚至經常出現停工待料的情況。

三、國美、蘇寧的崛起與衰退：商業模式

在中國家電連鎖業，有一個類似阿喀琉斯的「英雄神話」——高擎規模化發展、資本化運作的併購，近幾年斥資百億連下永樂、大中等一干區域家電連鎖，盡顯連戰連捷、所向披靡的「霸主」風範，號稱已經占據了除南京以外幾乎所有重點城市絕對優勢的領導地位，形成了多品牌自競爭的格局，這就是始終號稱位列家電連鎖第一的國美電器。

風光背後，必有隱憂！一直呈粗放式經營、輕資產重資本運作的國美電器，在數據說話的資本市場卻遠沒口頭上來得那麼輕鬆！在其2008年度一季度報表中，國美電器僅實現營業收入121.76億元（人民幣，下同），比上年同期增長20.7%；而一直被國美號稱已「邊緣化」的對手——蘇寧電器在之前一個月發布的季報卻顯示實現營業收入126.38億元，比去年同期增長41.95%，從而在營業收入規模和增長速度兩個指標上全面超越國美，顛覆了家電連鎖行業的排位。雖然這還不能說明全年最終的排名座次，但2008年的首份季報已經徹底暴露了「家電巨人」的外強中干，而細讀季報，也不難找出國美的「阿喀琉斯之踵」，甚至，還不止一個。

（一）1＋1＜2，彰顯併購戰的疲軟綜合徵

國美之霸氣，「規模最大」乃其第一競爭「利器」，而當在規模上喪失領先地位時，國美的「核心競爭力」毫無疑問將大打折扣。

早在國美永樂合併的2006年，雙方發布的年報顯示，當年國美電器實現營業收入247.29億元，稅前利潤10.68億元，而蘇寧電器實現營業收入249.27億元，稅前利潤11.22億元。由此，蘇寧電器超越國美電器成為國內銷售規模最大的上市家電連鎖企業。不過由於所得稅稅負不同，蘇寧電器2006年淨利潤為7.2億元，低於國美電器的8.19億元，其中蘇寧電器所得稅為3.66億元，國美電器所得稅為1.256億元。蘇寧電器不僅在營業收入、稅前利潤上超過了國美電器，而且在毛利率水平上也略勝一籌。2006年，國美電器毛利率為9.54%，蘇寧電器則達到了10.42%。

當時，國美對外解釋的理由為「尚未計入併購永樂后的銷售額和利潤」。換言之，

如果不併購永樂，國美將在2007年度伊始就已經丟掉了家電連鎖第一的寶座。據國美年報顯示，僅2007年淨關閉門店數量就達到43家，其中國美21家、永樂22家，由此可見，合併初期業界質疑的門店重合帶來的整合壓力全面凸顯，併購諸多後遺症開始顯現。「1＋1＜2」已經成為無法遮掩的事實。而與此同時，蘇寧電器在原先永樂的大本營上海，取得了全國最快速的增長，目前僅3C＋旗艦店數量就達到了10家，銷售總額和盈利能力甚至已經超過了蘇寧的大本營——南京。

永樂之後，國美併購戰車不斷啟動，大中、黑天鵝、北人、蜂星等一干區域家電連鎖又悉數落於國美囊中，而最近國美又假手龍脊島拍下了三聯的控股權，國美以這種吸食「興奮劑」的方式不斷地加重家電連鎖霸主的砝碼，外表依然風光，而其中甘苦自知。因為蘇寧依靠自營開店緊緊跟隨，並未如想像中那樣被拋開「安全的距離」。

（二）單店效益低下，造血能力不足

根據蘇寧和國美季報顯示，蘇寧一季度財報公布門店數量為662家，平均單店產出為1,909萬元；國美一季度財報公布門店746家，國美多於蘇寧84家，但總營收低於蘇寧，平均單店產出為1,632萬元，比蘇寧低近15％。

2008年3月，蘇寧電器新開連鎖店32家，在全國155個地級以上城市擁有連鎖店。根據一季度財務報表顯示，蘇寧一季度可比店面銷售增長12％，國美可比店面同比增長3.17％，遠遠低於蘇寧的銷售增長。另外，根據2007年兩家的財務報表顯示，國美單店增長0.76％，而蘇寧增長16.5％；國美2007年坪效為1.72萬元，蘇寧為1.9萬元，國美占據了數量優勢，卻輸了份額和內在競爭力。

持有國美股份的美林證券在國美發布一季度報表後就曾發布評測報告認為，雖然國美2008年第一季度毛利率上升2.08個百分點，達到15.36％，但不斷增加的銷售成本、綜合開銷及行政費用依然令人感到擔憂。

眾所周知，計算連鎖企業經營質量的核心指標就是單店產出或坪效產出，同樣的單店，家電連鎖和供應商投入一致的情況下，高產出的績優店無疑扮演著血液流通的角色，對投資者和供應商的回報率更高。國美的併購策略和粗放式經營使其在這一指標上明顯落後，高度重複的併購店面彼此蠶食，造成不必要的消耗，勢必將嚴重影響國美的造血能力，使之呈現明顯的「內虛」症狀，同時對於供應商的選擇站隊產生更深遠的影響。

（三）供應鏈日益繃緊下的「達摩克利斯」之劍

國美的季報也並非如想像中那麼不堪，至少其季報顯示的綜合毛利潤達到18.70億元，比上年同期增長39.55％；營運利潤達到約5.32億元，比上年同期增長61.21％；公司權益所有者所占淨利潤達到5.13億元，比上年同期增長203.09％。利潤的增加和國美營業收入的不利局面形成了鮮明的對比。

根據零售業的特性，家電連鎖的利潤一方面來自市場銷售的主營業務收入，另一方面來自業務外收入即供應商費用。國美營收低迷而利潤大幅增長無外乎兩大原因：要麼是已經利用自認為的壟斷優勢提高了終端零售市場價格，奪利於消費者，這就使國美宣稱的「已為中國消費者節省100億元」成為笑談；要麼是利用品牌的優勢向供

應商重複收費，強勢議價，獲取高額業務外收入。經筆者研究，主要原因還是來自於后者。

根據一季度財報顯示，蘇寧營業費率為9.26%，國美為10.99%，國美營運成本整體上高於蘇寧，說明國美成本控制上不如蘇寧，但國美在利潤上卻大於蘇寧。在雙方銷售產品價格基本相同，銷售額蘇寧占據優勢的情況下，說明國美營業外收入遠遠大於蘇寧，營業外收入主要來源向工廠收取的費用，這部分利潤非常驚人，基本沒有成本。

早在國美併購永樂的2006年，國美來自供應商的收入就從2005年的4.93億元大幅增加到9.29億元，增幅高達89%；而付款時間則從2005年的112天，進一步延長到2006年的135天，已經長達四個半月。這些成為國美堅持的規模化效應的終極體現，但可惜並非體現在營運的控制和為消費者服務能力的提升上，而是集中歸結到了供應商原本不堪重負的費用負擔上。

根據2008年一季度財報顯示，國美其他業務收入為7.26億元，同比增長71.93%，而其他業務收入銷售占比竟然高達5.96%。家電連鎖的營業外收入，基本來自工廠交納的各種費用，蘇寧在對工廠收取的各種費用上一直保持比較低的水平，並且呈現下降趨勢。2007年，蘇寧其他業務利潤率僅為3.76%，國美則一直居高不下，並且大幅度增加，盤剝供應商利潤，這也是國美一直跟工廠關係緊張的最直接原因。當國美逐步喪失實質營收的規模優勢，同時在供應商博弈過程中喪失強勢地位之時，國美利潤來源的主體將有可能迅速萎縮乃至崩塌。

進到國美、蘇寧，空曠的店面、凋零的人氣、千篇一律的佈局，充分體現著「電器成為米舖」的經營理念。瘋狂的門店擴張背後，是經營模式的單一：假日促銷，外借銀行，下壓廠家。

四、小天鵝＋GE：戰略合作

不斷曝出的戰略合作敗局幾乎讓人們喪失了信心。然而，無錫小天鵝與美國GE的合作卻在2007年9月得以升級，其背後有哪些鮮為人知的體驗？有過與十多家外資企業合作經歷的小天鵝，能給我們哪些啟發？

1999年的冬天，昆明一家酒店裡，一場商業論壇正在舉行。按照會議日程，時任小天鵝集團副總裁的徐源是當天第二位發言嘉賓，排在他前邊的是美國通用電氣（GE）中國投資部總裁陳家樹。不巧的是，當天堵車，陳家樹遲了一點，偶然成了徐源的聽眾。會后，陳家樹對徐源說：「徐先生，您的企業理念不錯，看來我們能探討做點生意了。」兩年后的2001年，GE拿來了他們制定的節能型滾筒洗衣機美國國家技能標準，雙方一拍即合，共同研發，真正意義上的合作由此開始。

2005年底，兩者合作成立的無錫小天鵝通用電器公司正式投產。小天鵝持股100%，以貼牌形式與GE並肩戰鬥。

到了2007年9月30日，小天鵝將這一合作組建的公司30%股權轉讓給GE（中國），雙方的合作進一步升級。在新的合資公司，有了股權保證的GE也將有更多的支持和投入，而小天鵝則將獲得合資公司70%的收益。

長達 8 年之久的接觸，步步升級的合作，兩個戰略合作夥伴用實際行動勾畫出了怎樣的合作軌跡？

(一)「搶」到的機遇

小天鵝與 GE 的合作儘管帶有偶然色彩，卻並非是簡單的「撞大運」。事實上，前期的鋪墊長達兩年之久。在那次商業論壇半年之後的 2000 年 5 月，GE 總部派出 8 位工程師來訪。他們既參觀了工廠，又詳細地和小天鵝的高層們交流了一些管理問題，諸如：小天鵝洗衣機產量從 3 萬臺，到 10 萬臺，再到 100 萬臺，其中遇到過哪些質量問題？又是如何改進的？第一步改進到什麼程度？之後又是如何繼續改進的？他們甚至看了小天鵝的質量改進記錄。但一直到握手說「再見」時，訂單的事對方卻只字未提，這讓小天鵝頗感失望。又過了半年，GE 終於發出合作信號：請小天鵝空運一臺洗衣機樣品到美國，並主動承擔運費。小天鵝為此付出的成本總共不過 400 多美元，但卻為之後的合作真正奠定了基礎。

2001 年，雙方的合作正式開始了。第一步，GE 的十多位專家以及小天鵝的工程師共同組成了一個十幾人的小組，從產品定型開始，進行大容量滾筒洗衣機的研發。

2003 年，十幾人的小組變成了一個獨立的部門，開始進行產品試製和小批量生產。在這一過程中，GE 的審慎和專業精神給徐源留下了深刻的印象。「美國人和我們的思維方式不一樣，他們首先考慮的是風險。」徐源回憶說。當小天鵝把開發設計的理念和流程做好之後，GE 馬上從德國和義大利等國找來專利專家進行鑒定：類似的東西世界上有沒有？這是否會侵犯別人的專利？為此他們不惜花費大量時間。為了符合美國消費者的消費習慣，GE 又把各國專家做出的方案拿到美國進行檢驗和調研，最後才選定了產品型號。而這當中，已經充分考慮到各類消費者的情況，並落實到了諸如玻璃門的設計這樣的細節——因為美國不少年輕女性有留指甲的習慣，不能讓她弄壞了指甲。

接下來，確定加工中的參數。每調整一個零件，就牽一發而動全身，一個個試驗搞下來太慢。而 GE 有現成的六西格瑪，於是小天鵝的管理人員，甚至包括配套工廠的人員都參加了相應培訓。「如果不是美國人堅持，我們可能做不到。」徐源深有感觸地說，「這些系統問題一解決，我們很快在幾萬個數據中找到了最佳參數。而如果沒有工具，靠我們一個個做實驗，恐怕一輩子也做不出來。」

經過幾年的努力，產品終於出爐，並通過了 GE 的標準檢測。當小天鵝咬牙報了價格，GE 卻一分錢都沒還。「雙方都應該有合理的利潤，我們不願意因為價格而損失了產品質量。」GE 如是說。2005 年底，小天鵝通用電器公司正式成立，工廠投產，為 GE 貼牌生產滾筒洗衣機。雙方的合作初見成效。

(二) 不僅要「藥」，更要「處方」

2005 年 2 月，美國規格最高的家電展——拉斯維加斯國際家電展開幕，世界一流家電商雲集。作為展覽會唯一的洗滌類新產品，小天鵝與 GE 聯合設計開發的 10 公斤大容量滾筒洗衣機在最顯著的位置展出，吸引了眾多訂貨商的眼球，並獲得了幾萬臺的訂單。一炮打響！半年後，依靠 GE 針對消費者的持續溝通和推廣，訂單量上升到 20 多萬臺。

滾筒洗衣機產品甚至轉變了美國人的消費觀念——以往，美國人習慣於使用攪拌型洗衣機。但美國政府提倡節能，GE 本身沒有洗衣機工廠，但作為美國的支柱企業，GE 認為自己有責任開發出節能的產品，這也正是它與小天鵝攜手的初衷。在美國，這款產品的廣告非常清楚：「買這款洗衣機，等於 12 年不要錢」——因為 12 年節約下來的能源正好是洗衣機的價錢。而且每銷售一臺洗衣機，美國能源部便獎勵 100 美元，廠家則把這種獎勵轉移給了消費者。這正是一種促銷的好辦法。

儘管此時小天鵝與 GE 的戰略合作還停留在 OEM 階段，但小天鵝卻收穫頗豐。無論從研發還是生產，雙方都實現了真正的合作，而非單純的接訂單，這為小天鵝日後實力的壯大也奠定了良好的基礎。而把握質量、注重細節、運用工具等觀念的學習也讓小天鵝打開了思路。

GE 創造市場的做法更讓小天鵝大受啓發。而且，GE 是先讓消費者接受產品，然后果斷投入進行批量生產。而當時的中國廠商還習慣於先將產品小批量推向市場，觀看消費者的反響后再大批量生產。后一種做法往往使仿製品很快跟上，大大地損失了利潤。

(三) 莫種下毀滅的種子

2006 年，小天鵝通用電器公司為 GE 生產滾筒洗衣機 25 萬臺。GE 董事長杰夫·伊梅爾特對此次合作也公開讚賞：「雙方都很成功。我們都能實現各自的目標，創造雙贏的局面。」

但更多的合作都沒能如此順利。「慣例」是「合廠容易合心難」。歷經小天鵝與中外企業間戰略合作談判，並參與多家合資、合作公司管理的徐源，更是深有感觸：「可以說很多失敗的合作是在開始就埋下了毀滅的種子，只要有適宜的條件種子就會發芽。」

如何才能避免埋下毀滅的種子？如何才能達成合作的雙贏？小天鵝的經驗是：

第一，合作和技術引進不僅要引進「硬件」，也要引進「軟件」。

第二，不同國家、不同企業間的文化不同，思維方式也不同。但只有合作雙方都有一個長遠的打算，才會有合作的基礎，誠心誠意把合作企業搞好，才能有雙方夢寐以求的利潤，而不應一開始就只想著利潤。

第三，引進國外先進技術，從而得到市場和利潤，幾乎是所有中國企業開展戰略合作的初衷，但一開始不能步子過大。引進太超前會帶來很多問題，不僅影響到合作企業的利潤，甚至會影響到合作雙方的信心，乃至造成誤解。

第四，在合作中，必須正視雙方的差異，利用有效溝通手段，建立好的機制來保證雙方的溝通和合作。

在中國公司，人們習慣於上級命令，下級服從，即使上級沒有道理。而外資企業則不同，上下級之間，以及決策過程中的矛盾會借助於獨立董事和第三方仲介進行調查，然后決定誰是誰非。為了從機制上解決類似問題，小天鵝通用電氣公司成立了兩個委員會：一是決策委員會，企業的投資項目等在委員會討論，若經否定就不再拿到董事會上討論；二是薪酬委員會，決定高管的工資等。

中國企業往往因為缺資金、缺技術而饑不擇食，匆匆忙忙選擇了合作夥伴。更有些企業認為外方不瞭解中國的法律，也不瞭解國情，自己可以換湯不換藥。但實際上，

跨國公司進入中國,往往都對政治、經濟、法律及人文環境有過深入的調研,對戰略合作也有自己的考慮。

資料來源:改編自劉宏軍. 小天鵝+GE升級版的幕后[J]. 中外管理, 2007 (11).

第二節　工業企業戰略規劃

一、金鼎公司企業發展面臨的問題

金鼎街是一條布滿了大公司和大部委的街道,按理說,應是一條日夜通明的星光大道。可是每當夜幕降臨,華燈初上之時,伴隨著上班一族的匆匆離去,這條街也逐漸空落下來。等到夜幕深垂的午夜時分,街道兩旁一改白天的喧鬧繁華,儼然變成了一座毫無生氣的死城。

金鼎街上有一家日本料理餐廳,取名為「津津」,不禁讓人聯想起「津津樂道」之美意,只是「津津」是如何「料理」顧客的呢?這裡不但飯菜的味道差強人意,而且價錢更是貴得離譜。可就是這樣一家餐廳卻日日爆滿,一個「飯點」翻幾次臺、換幾撥客人是太平常的事情了。為什麼?因為整條街只有這麼一家「看上去很美」的餐廳,顧客沒有選擇。

我們要談的就是管理這條街的房地產商金鼎公司。這是一個典型的國有企業,企業老總曾是政府工作人員,80年代下海經商,背靠強大的政府資源開發了幾塊黃金寶地,其中,最重要的就是掌握了壟斷性資源——金鼎街。在這條街上,他們連續開發了好幾座寫字樓,雖然有些是典型的「處女作」——不但樓的外觀土氣,而且內部格局也並不科學,可是照樣租售火暴。

二十多年來,伴隨著中國房地產業的迅速崛起,金鼎公司也於20世紀90年代末發展成為當地金融密集區首屈一指的房地產開發商。在房地產業內群雄紛紛涉足網路、高科技、文化、金融等行業,走上多元化經營道路時,金鼎公司也坐不住了,跟風似的創辦了自己的生物、微電子企業等,總之,是聽說什麼賺錢就做什麼。

結果幾年下來,錢是砸進去不少,卻始終沒有預期的財源滾滾,這些產業反倒都成了「雞肋」——留著是累贅,扔了又可惜。另外,他們「發家」的主業房地產也逐漸顯出后勁不足、「老本」不夠的問題。金鼎街還是那條金鼎街,只是歷史機遇過去了,單純靠資源、憑關係發展的時代過去了。

此時,金鼎公司面臨著一系列的問題:

(1) 我們的核心優勢在哪裡?

(2) 形成什麼樣的核心競爭力才能使其房地產業務持續並快速增長?

(3) 房地產主業是否應該向其他城區或城市擴張?

(4) 如何通過房地產核心業務樹立起公司品牌,並將品牌效應向其他業務延伸?

(5) 金鼎公司目前的文化、金融、商業等眾多多元化業務中並未發展建設成為另一可能的長期核心業務,是否應該選擇一個「黑馬」品種集中打造?

（6）金鼎公司目前的幾十個分公司應該如何整合，如何做加減法？

（7）對於需要剝離的業務應該採取什麼樣的方案才能保證戰略的有序推進？

（8）公司集團層面和各分公司層面應該建立什麼樣的管理體系才能夠更好地適應企業戰略發展的需要？

二、澄清戰略

通過對戰略目標、職能戰略、組織結構等多方面進行內部訪談的結果進行整理和歸納，金鼎公司的成功因素可歸結為「天時、地利、人和」三大要素。

1. 天時

正逢房地產業走出低谷，寫字樓及住宅市場需求旺盛，金鼎公司抓住了市重點工程開發的契機。其控股子公司成功上市融資，進一步促進了集團公司的迅速發展。

2. 地利

金鼎公司屬於當地政府的骨幹企業，能以較低成本獲取土地，加之良好的政府關係和社會資源使它在土地開發上運作順利，真是「不愁吃」「不愁穿」，完全沒有生存競爭壓力。

3. 人和

人和是最關鍵的。金鼎公司管理團隊風氣正，凝聚力強，在發展過程中又培養了一批業務素質過硬的年輕隊伍。員工有強烈的歸屬感和自豪感，公司上下一派務實敬業的工作作風。

總之，金鼎公司利用自己的區位優勢，抓住了歷史機遇，擴大了規模，鍛煉了隊伍，已具備較強的區域開發能力，並累積了一定的品牌效應。但是，其成功經驗，「天時、地利、人和」在新環境下並不具備較高的繼承性。

發展至今天，金鼎公司面臨著新的轉型挑戰，見圖10-4。

```
┌─────────────────────────────────┐
│  典型國企的歷史，可用三句話來概括  │
├─────────────────────────────────┤
│         政府任務很重              │
│         遺留問題很多              │
│         發展目標很大              │
└─────────────────────────────────┘
                ▼
┌─────────────────────────────────┐
│  國企改革的任務，也可用三句話來概括 │
├─────────────────────────────────┤
│  從"政府任務型"向"市場導向型"轉變 │
│  從"資源優勢型"向"能力優勢型"轉變 │
│  從"本埠型公司"向"全國性公司"轉變 │
└─────────────────────────────────┘
```

圖10-4　金鼎公司面臨的戰略轉型問題

在這樣一個轉型的特殊歷史時期，不能否認的是：金鼎公司對自己下一步如何發展作了非常慎重的考慮，也提出了非常明確的戰略目標，概括而言，就是「M年做大，N年做強」。毫無疑問，這句口號足以讓公司上下每個員工為之歡欣鼓舞，如果，它真

的可以實現的話。然而，如果仔細琢磨一下這八個字，恐怕一連串的疑問就會讓人覺得這口號喊起來底氣不足：為什麼說 M 年做大？憑什麼 N 年做強？怎樣叫「大」？怎樣算「強」？如何實現這個戰略？還有一層更深的顧慮是：金鼎公司畢竟是一個國有企業，畢竟還要完成很多政府和國家交予的任務，有時難免會承擔許多其他完全市場型企業不需承擔的壓力……總而言之，這是一個不切實際的戰略目標。

通過實際分析，金鼎公司得出這一空洞戰略的原因可歸納為三點：

（1）戰略的提出來自政府的指導因素、自身的經驗和一時的感覺這三個方面，缺乏科學的論證過程和評估標準；

（2）金鼎公司總部缺乏強有力的參謀團隊，目前也缺乏建立戰略規劃團隊的機制；

（3）戰略的制定和執行過程缺乏廣泛的溝通，很難得到來自基層員工的認同。

在對金鼎公司有了較為透澈的認識後，可提出適合金鼎公司的戰略制定方法。圖 10-5 展示了金鼎公司制定科學戰略的分解過程。

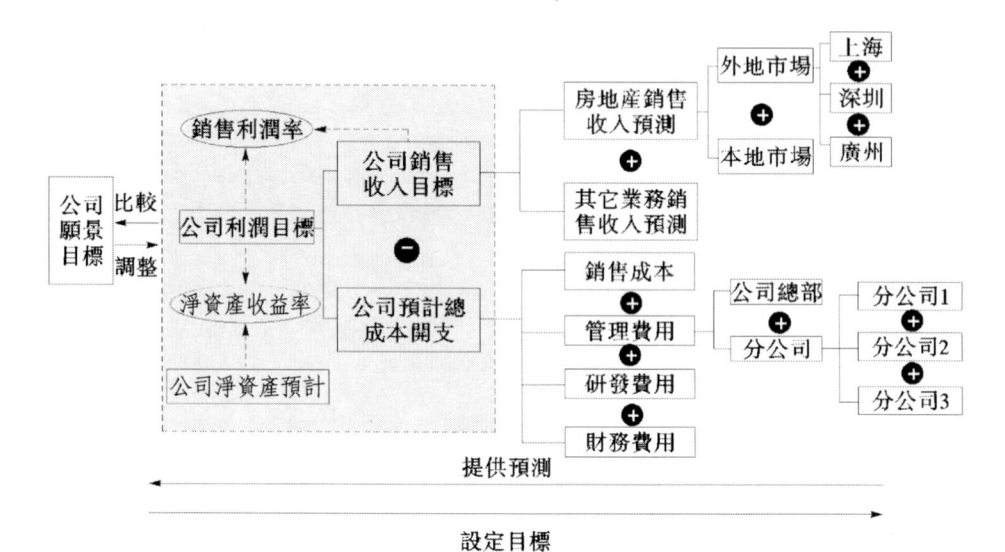

圖 10-5　戰略目標組成與制定示意圖

三、環境分析

在戰略環境分析階段，分析國內房地產標杆企業以及中國所有上市房地產企業，可以提出房地產業「做強」至少應該達到的五大指標，它們分別是：

（1）資本雄厚，總資產規模至少達到 100 億元。

（2）房地產主營業務市場地位突出，房地產主營業務年銷售收入至少達到 80 億元。

（3）企業盈利能力強，淨資產收益率至少達到 10%。

（4）不靠關係吃飯。房地產開發業務能夠擺脫地域性，立足若干房地產核心市場。

（5）體現公司綜合能力的品牌優勢突出。公司品牌具備廣泛的知名度、良好的美

譽度以及一定的顧客忠誠度。

表 10-5 就展示了金鼎公司與某標杆企業 A 進行對比後，兩者間的異同。可以看出，面對強大的市場競爭，金鼎公司現有能力還沒有形成強大的競爭優勢。

表 10-5　　用麥肯錫 7S 戰略評估模型分析標杆企業 A 和金鼎公司

	標杆企業 A	金鼎公司
戰略	①專做房地產業，尋求通過資本運作獲得企業所需的資源。 ②細分住宅市場。	集中在房地產開發，做大做強，戰略受政府指導成分多。
結構	全國性品牌，地方性運作；法人治理結構完善。	法人治理結構較完善。
員工	有一支業內公認的較強的職業經理人隊伍。	①人員素質較高，但結構單一，職業化程度較低。 ②員工敬業精神和忠誠度高。
技能	較強的項目前期策劃、運作能力形成品牌優勢，表現在從建築質量、品質控制、行銷策劃、物業管理各方面，有品牌溢價。	①政府關係是強項，規劃、協調能力強，有一定的國際合作經驗。 ②區域開發能力較強，但是品牌優勢還未確立，市場化程度低。
系統	強調規範化、數字化、成本管理，該優勢體現在品牌溢價上。	強調規範化嚴格管理，但職能部門功能弱化。
風格	①重行銷，重炒作，文化鮮明張揚。 ②給顧客的第一印象：年輕的、活力的、親和的、溫馨的。	高調做事，低調做人。
共享價值觀	①優質永遠——歷練自我的大氣口號。 ②為理想去實現——造物主般的美好追求。 ③每一天我們持續超越——我們其實挑戰的是自己！建築無限生活。	沒有形成企業文化。

結合房地產業自身的營運特點，將金鼎公司的內部運作劃分為六大環節，即投資策劃、土地獲取、土地開發、規劃設計、施工管理和銷售管理。這六大環節形成了企業的價值鏈，在對這條價值鏈進行解剖式的分析後，顧問團隊得出金鼎公司部分環節具備明顯優勢、但關鍵環節存在劣勢的結論。具體環節優劣勢分析見圖 10-6。

企業戰略管理

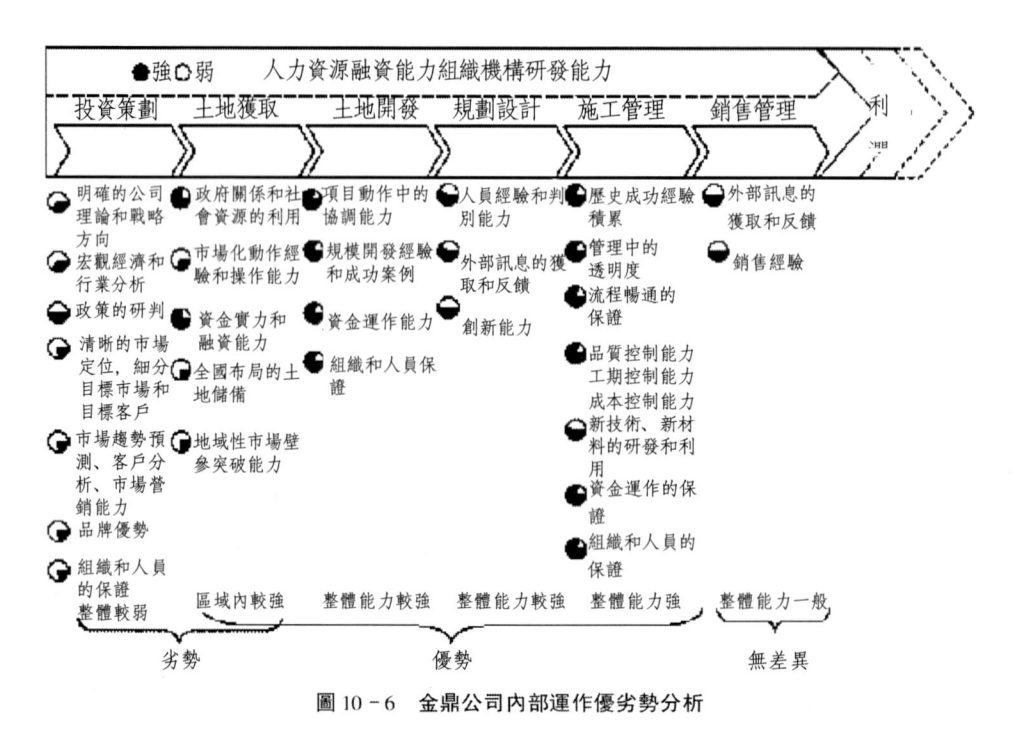

```
●強 ○弱    人力資源 融資能力 組織機構 研發能力
投資策劃 → 土地獲取 → 土地開發 → 規劃設計 → 施工管理 → 銷售管理 → 利潤
```

投資策劃：
- ● 明確的公司理論和戰略方向
- ● 宏觀經濟和行業分析
- ● 政策的研判
- ◐ 清晰的市場定位，細分目標市場和目標客戶
- ◐ 市場趨勢預測、客戶分析、市場營銷能力
- ◐ 品牌優勢
- ◐ 組織和人員的保證
  整體較弱

土地獲取：
- ● 政府關係和社會資源的利用
- ● 市場化動作經驗和操作能力
- ● 資金實力和融資能力
- ● 全國布局的土地儲備
- ◐ 地域性市場壁壘突破能力
  區域內較強

土地開發：
- ● 項目動作中的協調能力
- ● 規模開發經驗和成功案例
- ● 資金運作能力
- ● 組織和人員保證
  整體能力較強

規劃設計：
- ● 人員經驗和判別能力
- ◐ 外部訊息的獲取和反饋
- ● 創新能力
  整體能力較強

施工管理：
- ● 歷史成功經驗積累
- ● 管理中的透明度
- ● 流程暢通的保證
- ◐ 品質控制能力 工期控制能力 成本控制能力
- ◐ 新技術、新材料的研發和利用
- ● 資金運作的保證
- ● 組織和人員的保證
  整體能力強

銷售管理：
- ● 外部訊息的獲取和反饋
- ◐ 銷售經驗
  整體能力一般

劣勢 ／ 優勢 ／ 無差異

圖 10－6　金鼎公司內部運作優劣勢分析

從圖10－6可以看出，金鼎公司在價值鏈前端環節呈較弱狀態，價值鏈中間各環節呈較強狀態，部分關鍵環節的能力有弱化的危險，將導致未來總利潤的下降。另外，可以發現，企業更多可複製的能力都體現在中間環節。如果我們從為企業貢獻利潤程度大小的角度來分析這條價值鏈，會發現，價值鏈中各環節對利潤的貢獻率從前端到后端逐級遞減。即越靠近價值鏈前端，企業就要承擔越大的風險，同時也會獲得越大的利潤回報。那麼，如何增強金鼎公司在前端環節的競爭優勢，就是企業制定戰略時應著重考慮的關鍵。借助對企業價值鏈進行剝離式的分析方法，我們從看似紛繁無序的現狀中逐漸找出問題的癥結。

另外，通過對業務收入和利潤構成的分析發現，過去幾年中，業務收入組合結構並沒有明顯變化，公司業績存在高度依賴單一行業和單一市場的風險。雖然金鼎公司也曾在生物、微電子等領域開展了多元化業務，但在這些新業務上的收入與成為第二主業的標準——新業務收入占總收入的15%——還相距甚遠，所以，金鼎公司目前仍沒有第二主業。總之，金鼎公司目前只是一個房地產公司，而不是一個投資控股公司。雖然在社會資源、專業人才、品牌累積等方面具備一定潛在的、形成核心競爭力的優勢，但作為投資控股公司的核心競爭力仍待培養。

四、制定戰略

結合該企業的實際情況，建議金鼎公司將核心競爭力的培養分解成對「三個競爭力」的提高：就是要使企業實現兩個轉變，即從「政府任務型」向「市場導向型」轉變和從「資源優勢型」向「能力優勢型」轉變。圖10－7從治理結構競爭力、管理競

爭力和市場競爭力這三個層面具體闡述了兩個轉變的過程。

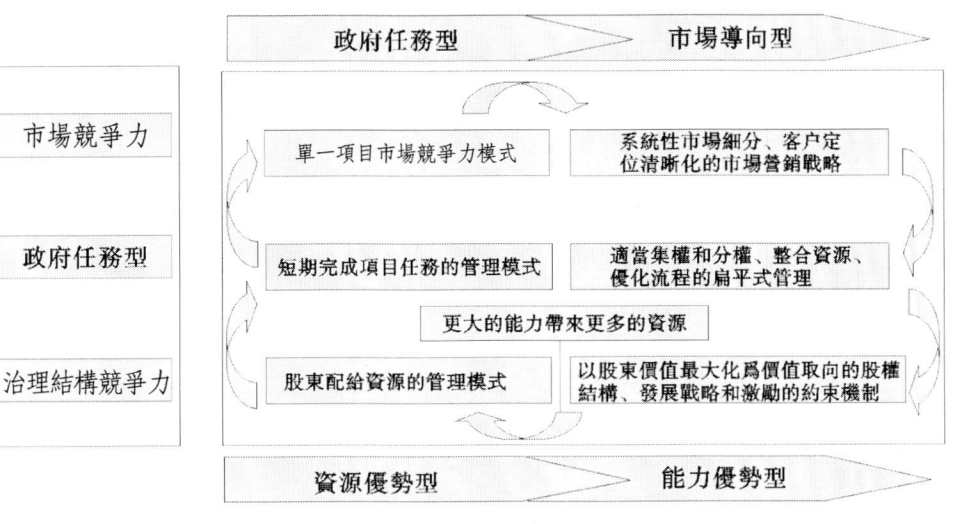

圖 10-7　金鼎公司實現兩個轉變的具體過程

在明確了企業核心競爭力培養方向及方法后，金鼎公司將工作重心轉移到建立清晰的願景、使命和價值觀上。作為企業文化的核心、企業戰略的總綱，這三個環節因為和企業的經營管理沒有直接聯繫，不能產生直接效益，而往往無法得到來自企業高層的重視。對於這三個環節認識的缺失，將使企業對未來的發展失去方向感。特別是正處於轉型階段的中國企業，提出符合企業自身狀況的願景、使命和價值觀是企業統一思想、提高企業凝聚力的有力手段，更是制定中長期戰略規劃的當務之急。相應地，一個合格的發展戰略也一定能夠很好地回答企業的願景、使命和價值觀等問題，並且明確地指出了實現這些目標的途徑。

從目前所涉足的業務領域來看，金鼎公司存在著缺乏層次性、管理不均衡的問題，這也反應了金鼎公司的發展戰略缺少清晰的近期計劃和長遠規劃。針對企業現存的其他業務和潛在業務作的評估，除了考慮諸如行業吸引力和競爭狀況等通常因素外，主要將焦點集中在現實資源、核心能力、現存市場以及風險關聯度這四個方面：

1. 現實資源

金鼎公司多元化發展戰略的制定、新業務的選擇要受到公司現實資源狀況的約束。金鼎公司的資源包括人、財、物三個主要方面，如果脫離企業的現實資源制定多元化戰略，無疑是紙上談兵。

2. 核心能力

主要指金鼎公司的核心競爭力。核心競爭力作為一種組織能力，是能決定組織結構是否成功的關鍵性因素。金鼎公司在選擇新業務領域時，應謹慎考慮主業已形成的核心競爭力能否最大可能地移植到這塊新的業務上。

3. 現存市場

多元化戰略的制定可以圍繞著現存的市場和客戶群來建立，滿足同一群客戶不同

的產品需求往往是企業做業務延伸或多元化的首選，經營風險的降低和行銷成本的減少將直接增加企業的營利能力。這裡需要特別指出的是，許多企業在進行多元化戰略時往往僅考慮到新業務在成本上與現有業務的關聯度，如設備可以通用、原有領導班子和大量員工可以直接涉足新領域等，而忽略了更重要的一點：客戶資源的共享性，即原有的客戶是否有成為新產品的客戶的可能。

4. 風險關聯度

在制定企業多元化發展戰略時必須考慮業務與所在產業的風險關聯度，而不是僅僅憧憬著新業務能夠帶來的豐厚回報。一般情況下，我們總能找出足夠的理由讓企業選擇一個新的業務領域，所以此時應該反覆權衡的是，以企業目前的實力能否承受多元化戰略失敗的后果以及過程中的風險。

評估結果發現，金鼎公司現有業務中的物業經營業務在現實資源、核心能力和市場關聯度上相關度均較大，風險關聯度較小。其他業務的發展則均沒有幫助企業建立房地產業務的核心能力，因此應當對其進行戰略性調整。顧問團隊為金鼎公司在今后十年內發展的不同階段分別設定了戰略目標，見圖 10-8。

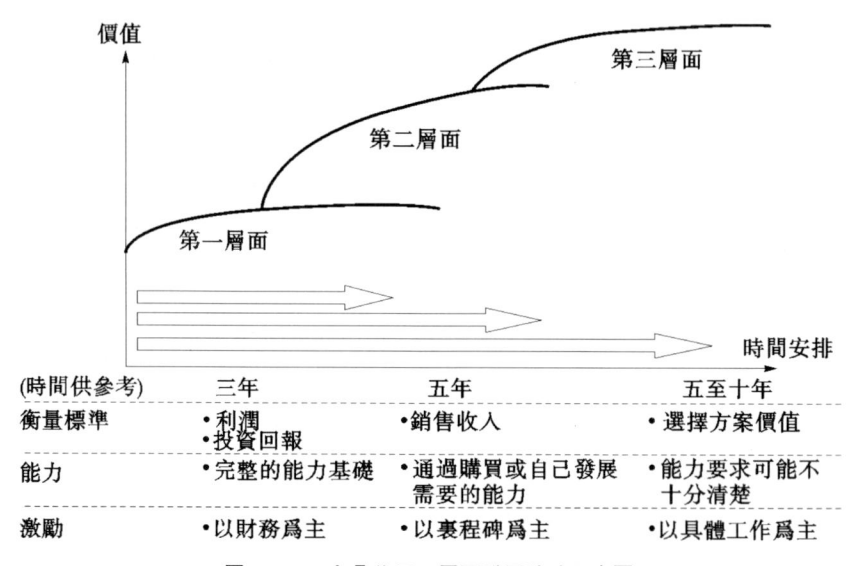

(時間供參考)	三年	五年	五至十年
衡量標準	・利潤 ・投資回報	・銷售收入	・選擇方案價值
能力	・完整的能力基礎	・通過購買或自己發展需要的能力	・能力要求可能不十分清楚
激勵	・以財務為主	・以裏程碑為主	・以具體工作為主

圖 10-8　金鼎公司三層面發展戰略示意圖

如圖 10-8 所示，金鼎公司應爭取在未來三年內，集中精力將房地產開發業務做強，以增加盈利能力為目標，在這一領域中真正培育出自己的核心競爭力；隨后，借助金鼎公司目前在核心業務領域的實力，配合第一層面業務，在資源分配上適當傾斜，建立以銷售收入增長為主和盈利能力提高為輔的目標，爭取在三到五年內使新業務領域成為穩定的現金流來源；在第三層面上，金鼎公司應依託前兩個階段所累積的資金、儲備的人才對新業務機會進行評估，以少量投資、增大選擇的可能性與靈活性為主，待時機成熟和政策許可時進入新領域。

應該說明的是，戰略目標並不單純指效益目標，一個系統而全面的戰略目標還應

該包括企業的成長目標和管理層的管理目標。以第一層面的三年期戰略目標為例，效益目標主要從年淨資產收益率、主營業務收入、淨利潤和淨資產四個方面制定。成長目標結合企業現有資源和潛力，主要通過以下三點來衡量：

（1）確立全國一流的房地產開發和物業管理的品牌地位。

（2）形成核心競爭力，有較強的投資策劃能力和市場行銷能力，形成從投資策劃到市場行銷縱貫價值鏈的綜合能力。企業完成從「政府任務型」向「市場主導型」、由「資源優勢型」向「能力優勢型」的轉變。

（3）具備走出所在地區，實現跨地區擴張的整體開發能力。

在管理目標上，依據金鼎公司已具備的制度體系和人才現狀，顧問團隊也提出了三點要求：

（1）形成較強的戰略規劃和管理能力，完善組織結構和管理機制。

（2）有健全的考核和激勵制度，形成充滿活力的企業文化。

（3）有系統的人力資源管理體系，具備豐厚的專業人才和管理人才的儲備。

在戰略制定這一階段，金鼎公司制定了業務領域戰略、經營地域戰略、競爭戰略、新業務戰略、核心業務戰略、品牌戰略、人才戰略、財務戰略等局部戰略方案，這些戰略共同構建了金鼎公司發展的整體戰略。

五、實施戰略

區別於人力資源、渠道行銷等項目的是，企業戰略實施階段的主要工作是強化公司高層對新戰略的認同和理解。在此基礎上，協助客戶解決在戰略澄清階段發現的問題，圍繞新的戰略，調整或重建組織架構，修正或完善各類管理制度，並幫助各職能部門在新戰略指導下重新定位等。

對於金鼎公司而言，戰略實施計劃整體建議為：以培養金鼎公司核心競爭力為目標，在未來×年內做強核心主業——房地產開發業務的同時，實現經營模式從以開發為主到開發和物業經營服務並重的轉變，保持企業長期穩定發展。

如何培養金鼎公司的核心競爭力呢？正如前文提到的，金鼎公司的核心競爭力體現在管理競爭力、市場競爭力和治理結構競爭力三方面，因此，應從提升這三種競爭力入手。

（1）市場競爭力：從投資策劃、品牌建設等關鍵環節入手，通過組織統一，人才培養，市場實踐等綜合手段強化金鼎公司整體的市場競爭力。

（2）管理競爭力：從提高金鼎公司總體戰略規劃能力、建立激勵和考核制度、關鍵管理制度和流程入手，通過新設立的關鍵職能部門，突出管理重心和重點工作，增強管理關鍵環節的綜合能力。

（3）治理結構競爭力：從金鼎公司未來的治理結構著手，管理模式在現階段形成「強總部」的集權操作型管理模式，強化職能部門的能力和權力。通過對組織結構的調整，形成總部對人、財、物等關鍵要素的統一管理。接下來，顧問團隊協助金鼎公司制定了具體的操作方案，主要從改善企業內組織流程、財務管理和人力資源三個環節開始，結合企業戰略應伴隨公司發展有階段性地推進和深入的特點，將工作任務細化

為不同時間段內應完成的相應指標。這樣一來，就將原本龐大得讓人不知如何下手的戰略實施問題，分解成一件件分得清輕重緩急的具體工作，讓金鼎公司高管人員一目了然，用他們自己的話說，就是「每一腳踩下去都是實的」。

例如針對原集團公司「弱總部」的突出問題，將組織結構調整的核心集中在強化總部職能管理的任務上來，通過成立總經理辦公室等舉措，將企業現在較弱的職能和一些涉及整個集團系統的關鍵要素的管理集中在高層。通過總部的集權管理，可以較快地改變弱、散的現狀，樹立集團職能的權威，實現集團高層的戰略意圖。而在解決總部人才問題上，以業務骨幹為重點培養對象，通過短期內幾個成功項目的運作，有針對性地提升總部職能部門相關能力。

資料來源：改編自李雪．諮詢的真相［M］．北京：機械工業出版社，2003．

第三節　商業企業戰略規劃

易初蓮花面對的是競爭性的市場，既有沃爾瑪、家樂福等跨國商業巨頭的圍追堵截，又有各種業態的侵吞蠶食，它只有具備某種或某些競爭優勢，才能在獲取市場份額和實現利潤方面比對手做得更好。

一、價值鏈分析

按波特的價值鏈理論對零售企業的價值鏈進行分析，可以把零售企業的基本業務活動分為九種類型（見圖10－9），分別討論它們對產生競爭優勢的作用。這九種價值活動都是價值創造的來源，我們將直接創造價值的活動稱為基礎活動，包括內部后勤、銷售經營、外部后勤、市場和促銷、服務五種；將間接創造價值對基礎活動給予支持的活動稱為輔助活動，包括採購、技術開發、人力資源、基礎設施四種。

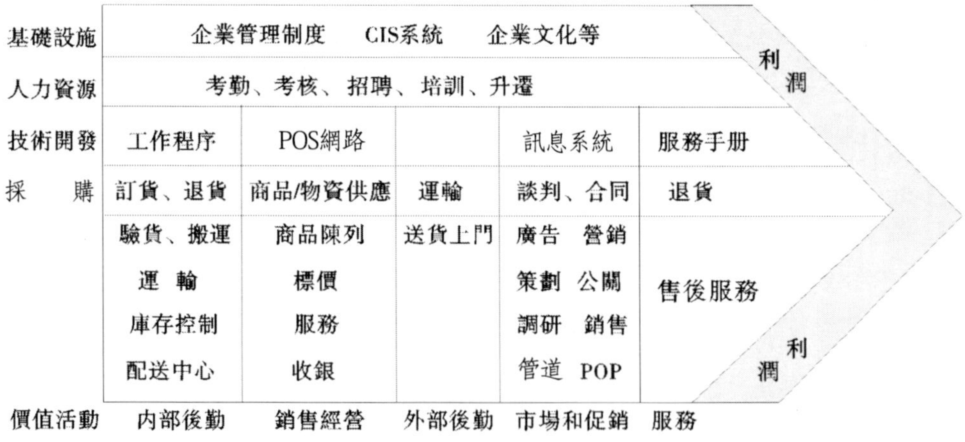

基礎設施	企業管理制度　　CIS系統　　企業文化等					利
人力資源	考勤、考核、招聘、培訓、升遷					潤
技術開發	工作程序	POS網路		訊息系統	服務手冊	
採　　購	訂貨、退貨	商品/物資供應	運輸	談判、合同	退貨	
	驗貨、搬運 運輸 庫存控制 配送中心	商品陳列 標價 服務 收銀	送貨上門	廣告　營銷 策劃　公關 調研　銷售 管道　POP	售後服務	利 潤
價值活動	內部後勤	銷售經營	外部後勤	市場和促銷	服務	

圖10－9　零售企業的價值鏈

下面我們分別討論各種活動對於成本領先優勢和差異化優勢的貢獻。

二、九種價值活動對競爭優勢的影響

(一) 基礎活動

1. 內部后勤

內部后勤是指與收貨、存儲和分配相關的各種活動，如驗貨、搬運、儲存、庫存控制、車輛調度、向分店送貨、向供應商退貨等。對於零售企業來說，內部后勤對於控制成本至關重要，保持低水平的庫存，提高商品週轉率，降低儲存損耗，快捷的運輸都能有效地降低成本。目前在國內大型連鎖商店中，建立配送中心是提高競爭力的一個有力手段。

商品配送中心就是一個高效的內部后勤系統。連鎖商業之所以發展迅速，它的優勢就在於通過統一採購、統一結算、統一配送，以達到規模效益。配送中心通過先進的管理、技術和現代化的信息網路，對商品的採購、進貨、儲存、分析、加工和配送等業務過程，進行統一規範的管理，使整個商品運動過程高效、協調有序，從而提高效率，降低費用，實現最佳的經濟效益。易初蓮花在開店前選址時，必須考慮的三個原則中，就有一個物流問題：從配送中心的倉庫如果要送貨到那邊，有沒有能力處理；如果可以處理的話，是不是有一條成本最優化的道路？易初蓮花已確定要在上海青浦建立一個4萬~5萬平方米的巨型配貨中心。該中心負責向大上海區各門店配送日常貨物，包括 DC 商品和 CROSS DOCK 商品兩大類別，所有的物流環節運作都由易初蓮花內部負責。近年來，隨著中國連鎖商業的蓬勃發展，商品配送中心建設在全國部分大中城市紛紛展開，截至 1997 年底，全國已有 400 多家商品配送中心。

內部后勤活動除了對建立成本優勢會取得明顯的效果外，對建立差異化優勢也有一定的幫助。易初蓮花通過快速迅捷的配送中心送貨，使得各分店很少出現斷貨的現象，它的鮮活食品也總是保持最新鮮的狀態，有力地配合了易初蓮花對顧客「保證滿意」的承諾。

2. 銷售經營

銷售經營指與將商品銷售給顧客有關的各種活動，如店面和商圈的選擇、店面設計、商品陳列、店員服務、收銀、安全保衛等工作，它們對取得成本優勢和差異化優勢有著同等重要的作用。不同的競爭戰略將導致完全不同的銷售經營活動。

作為採用低成本領先、差異化取勝戰略的超市，也就是採用聚焦戰略的易初蓮花大型連鎖超市，在低成本方面著意避免在繁華的黃金地帶開店，以降低租金成本；採用簡潔的裝修，大包裝的商品種類，如倉儲式貨架；採用開架經營的形式，以減少服務人員；嚴格的管理措施以防止失竊，降低損耗率等，總之一切從降低成本的角度出發，從而降低商品價值中的營運成本，在創造的價值總額不變的情況下，增加了顧客的消費者剩餘，滿足了消費者求廉的心理。

差異化方面則會根據消費者的需求和心理特點，採用有特色的經營活動吸引消費者。如有的消費者崇尚名牌，追求高檔，超市則選擇引進品牌開「店中店」，以裝修豪華氣派、服務細心體貼、環境幽雅舒適等服務特色來滿足顧客追求虛榮的心理；有些

消費者把購物作為休閒的一部分，超市則提供良好的購物環境，配套設置休息場所、咖啡廳、兒童樂園等作為經營特色，或者以經營某些特色商品作為差異化優勢。總之，只要把握住消費者需求，任何一種經營活動都可以形成一種差異化優勢，條件是這種差異化給消費者帶來的價值增值大於創造這種差異化所付出的成本，這樣才能增加消費者剩餘，形成長久的差異化優勢。

3. 外部后勤

外部后勤指將產品發送給顧客有關的各種活動。這種活動在某些零售企業中幾乎不存在，因為顧客在商店買了東西后基本是自己帶回家。但是對某些大件商品來說，外部后勤就顯得很重要。現在的百貨商場對於家電等大型商品都有送貨上門的承諾，而家具零售店的送貨服務幾乎是必不可少的。這時，送貨是否及時，服務是否周到，安裝是否專業，則體現了商店對外部后勤的管理水平，這裡就可以產生差異化優勢來。

易初蓮花為方便市民購物，各個連鎖超市特別開設了免費購物大巴，每天往返大型居民住宅區、周邊交通關鍵站點和易初蓮花之間，免費接送市民到超市休閒購物，形成了一道獨特的風景線。這樣的舉動，使易初蓮花既在上海市民中留下良好的印象，又增加了客流量，取得經濟效益和社會效益的雙得益。

4. 市場和促銷

市場和促銷指與提供一種購買方式和引導消費者購買有關的各種活動，如廣告、促銷活動、促銷隊伍、定價策略、銷售渠道、公共關係等活動。不同的競爭戰略導致不同的促銷手段和定價策略等活動。易初蓮花在追求低成本領先方面，主要依靠低價格來吸引消費者，那麼必然要控制促銷活動等方面的開支，從而達到降低成本的目的。如多採用店面廣告（POP），少使用公共媒體廣告（如報紙、電視等）；多採用自動化輔助設備，減少服務人員；多從廠家直接進貨，減少商品流通層次等。而有限的促銷活動也是為公司的戰略目標服務，如經常性的商品打折，讓利於民的活動，不斷強化消費者心中的平價形象，培養顧客的忠誠度。顧客一旦能夠從超市獲得最大的消費者剩餘，必然會對超市產生滿意心理，根據消費者心理調查分析，一個滿意的顧客會向至少10個人訴說，並再次光臨。

廣告商品快訊是易初蓮花最重要的促銷手段，因為快訊商品的銷售額占到整個商品銷售額的40%，即1%的商品的銷售額占到全部商品的40%。快訊每兩週出一期，不間斷進行，印刷精美，有實物照片、價格、品名，有促銷主題，有文字描述促銷，有重點商品介紹。

5. 服務

服務指提供售後服務以增加或保持產品價值有關的各種活動，例如，安裝維修、培訓、零部件供應和產品退換等。需求孕育市場，服務贏得顧客，通過在為客戶服務中實現財富增值，這是硬道理。售後服務往往是產生差異化優勢的一個重要途徑，特別是對於一些專業商店來說。如賣電腦的專業商店，提供可靠的售後服務則為競爭優勢的核心來源；賣空調的商店，其安裝人員的技術和服務則會成為廣告的賣點之一；出售高速度複印機的商店，能否提供良好的維修服務則是客戶滿意的關鍵。良好的售后服務將創造價值的範疇延伸到了產品售出之後，使得消費者剩余繼續增加，這時增

加的消費者剩餘是超出消費者期望的，它將使消費者變得更加忠誠。反之，如果售后服務低劣，那麼它將減少消費者已獲得的消費者剩餘，使消費者產生后悔、不值的感覺，從而使公司的競爭優勢受到打擊。

易初蓮花推行「十步原則」。所謂「十步原則」，就是公司要求員工在十步之內無論遇到員工還是顧客，都要與其目光接觸，並微笑地問候對方。「We care for you」是易初蓮花中懸掛最多的標語之一，這是對顧客做出的承諾。易初蓮花努力做到提供廉價商品的同時，讓顧客享受到超值服務。

(二) 輔助活動

1. 採購

採購雖然不直接創造價值，但對降低成本和建立差異化起著非常重要的作用。雖然採購活動存在於價值鏈所包括的所有活動之中，但對於零售企業來說，商品的售價影響最大的因素就是商品的採購成本，一個企業如果要採取總成本領先戰略，那麼首先就要控制採購成本，採購成本又和採購企業的砍價能力有關，根據競爭結構的分析，零售商對供應商的砍價能力取決於：①購買數量；②購買渠道；③供應商的多少；④所購商品的差異化。因而大批量的購買，從生產廠家直接進貨，選擇標準化的商品，有充分的供應商以供選擇等都有助於採購成本的降低。

易初蓮花一般直接從工廠以最低價格採購商品，由於採購數量巨大，信譽良好，付款及時，供應商也願意以最低價出售給易初蓮花。易初蓮花對採購人員的管理也非常嚴格。分管商品採購的副總裁告誡每一位採購人員：「你們在和供應商談判時態度要堅決。你們不是在為商店討價還價，而是在為顧客討價還價，要為顧客爭取最低的價錢」。易初蓮花對採購出差費用的規定是，不得超過採購金額的1%，同時對採購人員吃回扣的行為深惡痛絕。到過易初蓮花辦公室的人都可以看到牆上的很大的標語：「公司禁止任何員工以任何理由接受供應商的任何饋贈，包括金錢、禮物、請客等，一經發現，立即予以除名」。另外，採購也可以創造差異化優勢。易初蓮花採購的商品盡量選擇當地的名牌產品，使產品質量有保證。

2. 技術開發

價值鏈上的每一項價值活動都包含技術成分，技術的進步往往會帶來成本的優勢和差異化優勢的巨大變化。連鎖經營這種新型零售業態的出現，是零售產業的又一次革命，這種現代流通技術，逐步取代傳統流通模式，是現代商業的基本發展趨勢。可以說，沒有連鎖經營，就沒有像沃爾瑪、家樂福這樣超級零售巨無霸的出現。而連鎖經營的發展，又促進了像配送中心這樣新技術的出現，配送中心的存在又依賴於現代信息技術的發展。試想，沒有電腦，沒有網路技術，配送中心將如何動作？配送中心和信息系統的應用使得企業的后勤管理上升到一個新的高度，無法想像沒有這項技術的企業如何與之競爭。據美國零售業協會的一項調查顯示，有80%的零售業者認為：「POS系統是零售業的唯一方向」。任何一家進入中國零售市場的外資企業，都採用了POS系統，售貨員只需用掃描器對商品上的條形碼輕輕一掃，商品信息即被輸入電腦處理，十分簡單、快捷、準確，不僅減輕了收銀員的勞動，減少了顧客的等候時間，

還能使訂貨、分送、進貨、銷售、庫存等商業信息得到一元化的管理,管理者可以得出綜合決策信息。

事實上,任何一種管理上的創新都可以視為技術開發,管理也是一項技術。每一種新業態的出現,都會給創新者帶來成本優勢,或者差異化優勢,或者二者有之。如倉儲式、特許經營、超級市場、10元店等。隨著競爭者的不斷加入,成本優勢或差異化優勢就會慢慢消失,迫使經營者不斷地創新。例如隨著互聯網的發展和電子商務的興起,網上購物又成為潮流。雖然現在的網上商店大部分虧損,但誰又能斷言它明天不會取代今天的超級市場呢?因此,不斷的管理創新和技術創新已成為當今零售企業成功的必要條件之一。

在易初蓮花,條形碼的應用在管理中不可或缺。從縱向到橫向,從商品的流通、供應商的選擇到客戶及員工的管理,都已充分使用條形碼。對條形碼的使用主要體現在以下方面:① 商品流通的管理;② 客戶的管理;③ 供應商的管理;④ 員工的管理。條形碼作為一種信息載體,配合先進的電腦技術及自動識別技術,提高了易初蓮花超市的管理層次,使超市的行政架構得以精簡,減少工作強度及人力。清晰貨品的進、銷、存和流向等資料,對穩定超市的季節性變化至關重要,而產品資料的即時性收集,更會加快超市的運作頻率,並使得超市的各項報告數據更精確。

3. 人力資源

人力資源管理包括人員的招聘、雇傭、培訓、開發和報酬等各種活動,它貫穿整個價值鏈的所有活動中,可以說,沒有了人力資源,價值的創造就無從談起。零售企業之所以能低價買進商品,高價賣出商品,其中商品本身並沒有發生變化,是因為商品在流通的過程中凝聚著員工的勞動,才能產生價值增值。因此,對人力資源管理的好壞直接關係到商品增值的多少。在國外,零售商業是一個資本技術構成水平較高,人力資源成本占其總成本50%以上的高人才行業。中國商業需要集傳統商業經驗和現代市場理論與方法於一身,既具有開拓、創新精神,又擁有勤勉、務實態度的高智力人才,企業的業績更主要來自一群受過良好職業培訓,認同公司理念,和公司共命運,同患難的員工的努力。

但國內商業企業長期忽視人力資源的開發,員工素質低下,知識結構層次低,缺乏職業技能培訓,有市場觀念、懂管理、善經營的高層管理人才更是缺少。據估計,國內零售企業在經營策略、促銷方式、服務意識和信息處理等方面平均比西方先進企業至少落後20年。種種落後反應在市場上面就是競爭能力的低下,競爭優勢的缺乏。易初蓮花的領先和其高度重視人力資源的大量投入是分不開的。

在易初蓮花,每一個員工和管理人員都有一整套完整的培訓計劃。普通員工進入公司后會立即安排在崗培訓,每週專項培訓播放培訓影片;表現突出的員工有機會得到晉升,參加管理層培訓,包括16周的在崗培訓,3周的管理系列課程學習,以及分店管理實習;提升為店長助理后,還可以參加零售管理研討會,參與高校培訓課程項目。

4. 基礎設施

企業基礎設施由大量的活動組成,包括企業總體目標、經營方針、管理風格、組

織結構、企業文化、制度、規章、公共關係、企業形象、管理系統等，和其他輔助活動不同，企業基礎設施是對整個價值鏈起作用而影響價值增值，而不是單個活動起作用。企業基礎設施如果和公司的競爭戰略相適應，將是競爭優勢的一個主要來源。每一種競爭戰略都要求相應的基礎設施與之配合，才能獲得成功。如成本領先戰略意味著嚴格的控制系統、勤儉節約的工作作風、一絲不苟的質量意識、結構分明的組織層次和職責劃分，而差異化戰略則要求扁平化的組織結構、輕鬆愉快的工作氣氛、強調部門之間的協作和溝通、重視主觀評價和激勵。實踐證明，企業文化和競爭戰略相適應，有助於順利實施競爭戰略，並強有力地鞏固已獲得的競爭優勢，反之則會對競爭戰略的實施起阻礙作用。

節約是企業文化的一部分，公司總裁謝漢人先生認為節約並不是吝嗇，而是為了環保。他用「一石三鳥」這個詞來形容節約的好處，一來可以降低企業的營運成本，二來可以節約有限的自然資源（木材、水），三還可以教人們養成節儉的好習慣。去過易初蓮花總部辦公室的人都知道那是一個再普通不過的環境。辦公室的地上鋪了瓷磚，除此以外沒有什麼裝修。整個辦公區域甚至沒有一間一間的包間隔斷，一張張的辦公桌是連在一起的。總裁、副總裁和普通職員一起在一個開放的大辦公室裡辦公。員工呈交報告時要盡可能地把所有內容「濃縮」在一張紙上，一張紙要盡量兩面都使用。這裡由企業文化所間接創造的價值也成為易初蓮花的競爭優勢之一。

資料來源：改編自黃曙《易初蓮花大型連鎖超市的競爭優勢挖掘》，復旦大學碩士學位論文。

思考題

1. 你對重慶摩配行業有什麼建議？
2. 上網查閱比較重慶摩托車行業與廣州摩托車行業發展模式，有什麼異同？
3. 查閱相關資料，蘇寧與國美的商業模式是怎樣的？現在面臨著怎樣的問題？
4. 國美和蘇寧的競爭力來源於什麼呢？當一個商圈支撐不了兩個巨頭維持生存的基本銷售量時怎麼辦？以價格來刺激需求，無異是對消費者需求的一種透支，當這種透支需要償還時，國美和蘇寧又拿什麼來面對消費者和供應商呢？
5. 中國的家電市場確實有支持國美達到1,200億銷售收入的潛力，但隨著規模的擴大，國美的邊際收益實際上已經下降。可以預測，隨著連鎖規模的擴張，總有邊際收益為負的時候，而且為期不會太遠，當這個時候來臨時，國美與蘇寧要如何面對？
6. 商業的基本規則在於各方在整個市場的價值鏈中找到自己的定位，賺取合適的利潤。當總是試圖從別人的腰包中掏取自己的利潤時，它破壞的是整個商業運作的規則。「得道多助，失道寡助」，國美也好、蘇寧也好，能否具備持續的競爭力，關鍵在於能不能在價值鏈中建立自己真正的競爭優勢。那麼國美、蘇寧應該如何定位呢？
7. 小天鵝與GE戰略合作成功的主要經驗有哪些？小天鵝在幾次合作中學到了什麼？GE在合作中最重視的是什麼？合作雙方在合作過程中出現的問題主要有哪些？應如何解決？歸納本案例的操作步驟與關鍵點。
8. 你認為金鼎公司還有別的戰略選擇麼？金鼎公司在戰略實施中還有哪些哪些需

要注意的?

9. 易初蓮花的競爭優勢主要有哪些?

10. 商業企業競爭的核心在哪裡?

11. 結合本節的內容,分析前面國美、蘇寧案例的商業模式與傳統超市的經營有什麼異同?國美、蘇寧的這種模式能否移植到易初蓮花上?

參考文獻

［1］ ALCHAIN A, DEMSETZ H. Production, information costs and economic organization ［J］. American Economic Review, 1972, December: 777－795.

［2］ AMIT R, SCHOEMAKER P J H. Strategic assets and organizational rent ［J］. Strategic Management Journal, 1993, 14 (1), 33－46.

［3］ BARNEY J B, BARNEY. Is the resource－based view a useful perspective for strategic management research ［J］. Cademy of Management Review, 2001, 26 (1): 41－56.

［4］ BARNEY J B. Organization culture can it be a source of competitive advantage ［J］. Academy Management Review, 1986, 11: 656－665.

［5］ BARNEY J B. Gaining and sustaining competitive advantage ［M］. 2nd ed. NJ: Prentice Hall, 2002.

［6］ BARNEY J B. Strategic factor markets: expectations, luck and business strategy ［J］. Management Science, 1986, 32: 1231－1241.

［7］ BARNEY J B, HESTERLY W S. Strategic management and competitive advantage ［M］. NJ: Prentice Hall, 2005.

［8］ CHAMBERLIN E. The theory of monopolistic competition ［M］. Cambridge, MA: Harvard Unversity Press, 1933.

［9］ GRANT R M. Contemporary stragy analysis ［M］. 1st to 6th Eds. Cambridge. MA: Blackwell Publisher, 1991, 1995, 1998, 2002, 2005, 2008.

［10］ LEONARD－BARTON D. Core capabilities and core rigidities: a paradox in managing new product development ［J］. Strategic Management Journal, 1992, 13 (summer special Issue): 111－125.

［11］ MARKIDES C C. Diversification, refocusing and economic performance ［M］. Cambridge, The MIT Press, 1995.

［12］ PENROSE E. The theory of the growth of the firm ［M］. Oxford, England: Blackwell, 1959.

［13］ PORTER M E. Competitive advantage ［M］. New York: Free Press, 1985.

［14］ PRAHALAD C K, HAMEL G. The corecompetence of corporations ［J］. Harvard Business Review, 1990, May: 79－91.

［15］ RICHARD P RUMELT. Strategy, structure and economic performance ［M］. Harvard Business Press, Cambridge, MA, 1974.

［16］ROBINSON J. The economic of imperfect competition ［M］. London: Macmillan, 1933.

［17］TARUN KHANNA K PALEPU. Why focused strategies may be wrong for emerging markets ［J］. Harvard Business Review. July – Aug, 1997: 41 – 51.

［18］TEECE D J, PISANO G, SHUEN A. Dynamic capabilities and strategic management ［J］. Strategic Management Journal, 1997, 18: 509 – 533.

［19］WERNERFELT. The resource – based view 0f the firm. ten years after ［J］. Strategic Management Journal, 1995, 16: 171 – 174.

［20］WERNERFELT B. A resource – based view of the firm ［J］. Strategic Management Journal, 1984, 5: 171 – 180.

［21］陳幼其. 戰略管理教程 ［M］. 上海: 立信會計出版社, 2003.

［22］大衛·J. 科利斯, 辛西婭·A. 蒙哥馬利. 公司戰略: 企業的資源與範圍 ［M］. 王永貴, 楊永恆, 譯. 大連: 東北財經大學出版社, 2001.

［23］丁寧. 企業戰略管理 ［M］. 北京: 清華大學出版社, 北京交通大學出版社, 2005.

［24］董大海. 企業戰略管理 ［M］. 大連: 大連理工大學出版社, 2002.

［25］董大海. 戰略管理 ［M］. 3 版. 大連: 大連理工大學出版社, 2006.

［26］高紅岩. 戰略管理學 ［M］. 北京: 清華大學出版社; 北京交通大學出版社, 2007.

［27］格蘭特. 當代戰略分析第四版 ［M］. 北京: 機械工業出版社, 2005.

［28］郭松克, 肖飛等. 企業戰略管理 ［M］. 北京: 中國財政經濟出版社, 2006.

［29］韓伯棠, 張平淡. 企業戰略管理 ［M］. 北京: 高等教育出版社, 2004.

［30］簡新華. 產業經濟學 ［M］. 武漢: 武漢大學出版社, 2001.

［31］姜左, 馬揚. 拉長電影產業鏈條 ［J］. 瞭望新聞周刊, 2004 (24): 52 – 53.

［32］蔣運通. 企業戰略管理——理論過程與實踐 ［M］. 北京: 企業管理出版社, 2006.

［33］金潤圭, 楊蓉, 等. 企業戰略與管理 ［M］. 上海: 立信會計出版社, 2007.

［34］康榮平, 柯銀斌. 企業多元化經營 ［M］. 北京: 經濟科學出版社, 1999.

［35］康斯坦丁諾斯·C. 馬吉士. 是否多元化? ［A］//小喬治·斯托爾克, 等. 哈佛商業評論精粹譯叢: 企業成長戰略 ［C］. 趙錫軍, 譯. 北京: 中國人民大學出版社, 1999: 91 – 92.

［36］李福海. 戰略管理學 ［M］. 成都: 四川大學出版社, 2007.

［37］李敬. 多元化戰略 ［M］. 上海: 復旦大學出版社, 2002.

［38］梁東. 企業戰略管理 ［M］. 北京: 機械工業出版社, 2007.

［39］劉冀生. 企業戰略管理 ［M］. 北京: 清華大學出版社, 2007.

［40］劉志迎. 現代產業經濟學教程 ［M］. 北京: 科學出版社, 2007.

［41］馬浩. 戰略管理學精要 ［M］. 北京: 北京大學出版社, 2008.

［42］邁克爾・波特. 競爭優勢［M］. 夏忠華, 譯. 北京：中國財政經濟出版社, 1988.

［43］邁克爾・波特. 競爭戰略［M］. 陳小悅, 譯. 北京：中國財政經濟出版社, 1997.

［44］邁克爾・古爾德, 安德魯・坎貝爾, 馬庫斯・亞歷山大. 公司層面戰略：多業務公司的管理與價值創造［M］. 黃一義, 等, 譯. 北京：人民郵電出版社, 2004.

［45］任浩. 戰略管理——現代的觀點［M］. 北京：清華大學出版社, 2009.

［46］譚忠富, 侯建朝, 等. 企業戰略管理——理論與案例［M］. 北京：經濟管理出版社, 2008.

［47］王迎軍. 企業戰略管理［M］. 天津：南開大學出版社, 2003.

［48］吳照雲, 等. 戰略管理［M］. 北京：中國社會科學出版社, 2008.

［49］希爾, 瓊斯, 周長輝. 戰略管理［M］. 7版. 北京：中國市場出版社, 2007：90－102.

［50］［美］羅伯特・格蘭特. 公司戰略管理［M］. 3版. 胡挺, 張海峰, 譯. 北京：光明日報出版社, 2001.

［51］徐飛, 黃丹. 企業戰略管理［M］. 北京：北京大學出版社, 2008.

［52］楊錫懷, 冷克平, 王江. 企業戰略管理［M］. 2版. 北京：高等教育出版社, 2004.

［53］楊錫懷, 等. 企業戰略管理［M］. 北京：高等教育出版社, 2004.

［54］楊錫懷, 冷克平, 等. 企業戰略管理理論與案例［M］. 2版. 北京：高等教育出版社, 2004.

［55］楊錫懷, 冷克平, 王江. 企業戰略管理理論與案例［M］. 2版. 北京：高等教育出版社, 2006.

［56］張秀嶼. 企業戰略管理［M］. 北京：北京大學出版社, 2005.

［57］趙順龍, 吳琨, 等. 企業戰略管理［M］. 北京：經濟管理出版社, 2008.

［58］代宏坤. 企業業務戰略制定新方法［J］. 商業時代, 2007（15）.

［59］黃丹. 戰略管理［M］. 北京：清華大學出版社, 2005.

［60］李玉剛. 戰略管理［M］. 北京：科學出版社, 2005.

［61］孟衛東. 戰略管理［M］. 北京：科學出版社, 2004.

［62］王玉. 企業戰略管理教程［M］. 上海：上海財經大學出版社, 2005.

［63］王迎軍. 戰略管理［M］. 天津：南開大學出版社, 2003.

［64］王方華. 企業戰略管理［M］. 上海：復旦大學出版社, 2003.

［65］眾行管理資訊研發中心. 管理工具全解［M］. 廣州：廣東經濟出版社, 2004.

［66］周三多. 管理學［M］. 4版. 北京：高等教育出版社, 2014.

國家圖書館出版品預行編目(CIP)資料

企業戰略管理 / 李成文 主編. -- 第二版.
-- 臺北市：財經錢線文化出版：崧博發行, 2018.11
　面；　公分
ISBN 978-957-680-262-1(平裝)
1.企業管理 2.策略管理
494　107018643

書　　名：企業戰略管理
作　　者：李成文 主編
發 行 人：黃振庭
出 版 者：財經錢線文化事業有限公司
發 行 者：崧博出版事業有限公司
E-mail：sonbookservice@gmail.com
粉絲頁　　　　　網　址：
地　　址：台北市中正區延平南路六十一號五樓一室
8F.-815, No.61, Sec. 1, Chongqing S. Rd., Zhongzheng Dist., Taipei City 100, Taiwan (R.O.C.)
電　　話：(02)2370-3310　傳　真：(02) 2370-3210
總 經 銷：紅螞蟻圖書有限公司
地　　址：台北市內湖區舊宗路二段 121 巷 19 號
電　　話：02-2795-3656　傳真：02-2795-4100　網址：
印　　刷：京峯彩色印刷有限公司（京峰數位）

　　本書版權為西南財經大學出版社所有授權崧博出版事業有限公司獨家發行電子書及繁體書繁體版。若有其他相關權利及授權需求請與本公司聯繫。

定價：500元
發行日期：2018 年 11 月第二版
◎ 本書以POD印製發行